**建筑与市政工程施工现场专业人员职业标准培训教材**

# 材料员通用与基础知识
## （第2版）

建筑与市政工程施工现场专业人员职业标准培训教材编审委员会　编

主　编　丁宪良

副主编　赵瑞霞　闫小春

主　审　梁　栋　荆新华

U0235984

黄河水利出版社

·郑州·

# 内 容 提 要

　　本书是建筑与市政工程施工现场专业人员职业标准培训教材,全书分为两大部分:第一部分材料员通用知识,包括工程材料的基本知识,施工图识读的基本知识,工程施工工艺和方法,工程项目管理的基本知识;第二部分材料员基础知识,包括建筑力学的基本知识,工程预算的基本知识,物资管理的基本知识,质量控制的统计分析方法。

　　本书可作为材料员岗位培训用书,也可供土建类工程技术人员学习使用。

## 图书在版编目(CIP)数据

　　材料员通用与基础知识/丁宪良主编;建筑与市政工程施工现场专业人员职业标准培训教材编审委员会编. —2 版. —郑州:黄河水利出版社,2018.2

　　建筑与市政工程施工现场专业人员职业标准培训教材

　　ISBN 978 - 7 - 5509 - 1992 - 1

　　Ⅰ.①材…　Ⅱ.①丁…　②建…Ⅲ.①建筑材料 - 高等职业教育 - 教材　Ⅳ.①TU5

　　中国版本图书馆 CIP 数据核字(2018)第 044737 号

出　版　社:黄河水利出版社　　　　　　　　　　　网址:www.yrcp.com
　　　　地址:河南省郑州市顺河路黄委会综合楼 14 层　　邮政编码:450003
发行单位:黄河水利出版社
　　　　发行部电话:0371 - 66026940、66020550、66028024、66022620(传真)
　　　　E-mail:hhslcbs@126.com
承印单位:河南承创印务有限公司
开本:787 mm×1 092 mm　　1/16
印张:16.5
字数:400 千字　　　　　　　　　　　　　　　印数:1—3 000
版次:2018 年 2 月第 2 版　　　　　　　　　　印次:2018 年 2 月第 1 次印刷

定价:50.00 元

# 建筑与市政工程施工现场专业人员职业标准培训教材
## 编审委员会

主　任：张　冰

副主任：刘志宏　　傅月笙　　陈永堂

委　员：（按姓氏笔画为序）

　　　　丁宪良　　王　铮　　王开岭　　毛美荣　　田长勋

　　　　朱吉顶　　刘　乐　　刘继鹏　　孙朝阳　　张　玲

　　　　张思忠　　范建伟　　赵　山　　崔恩杰　　焦　涛

　　　　谭水成

# 序

　　为了加强建筑工程施工现场专业人员队伍的建设，规范专业人员的职业能力评价方法，指导专业人员的使用与教育培训，提高其职业素质、专业知识和专业技能水平，住房和城乡建设部颁布了《建筑与市政工程施工现场专业人员职业标准》(JGJ/T 250—2011)，并自2012年1月1日起颁布实施。我们根据《建筑与市政工程施工现场专业人员职业标准》(JGJ/T 250—2011)配套的考核评价大纲，组织建设类专业高等院校资深教授、一线教师，以及建筑施工企业的专家共同编写了《建筑与市政工程施工现场专业人员职业标准培训教材》，为2014年全面启动《建筑与市政工程施工现场专业人员职业标准》的贯彻实施工作奠定了一个坚实的基础。

　　本系列培训教材包括《建筑与市政工程施工现场专业人员职业标准》涉及的土建、装饰、市政、设备4个专业的施工员、质量员、安全员、材料员、资料员5个岗位的内容，教材内容覆盖了考核评价大纲中的各个知识点和能力点。我们在编写过程中始终紧扣《建筑与市政工程施工现场专业人员职业标准》(JGJ/T 250—2011)和考核评价大纲，坚持与施工现场专业人员的定位相结合、与现行的国家标准和行业标准相结合、与建设类职业院校的专业设置相结合、与当前建设行业关键岗位管理人员培训工作现状相结合，力求体现当前建筑与市政行业技术发展水平，注重科学性、针对性、实用性和创新性，避免内容偏深、偏难，理论知识以满足使用为度。对每个专业、岗位，根据其职业工作的需要，注意精选教学内容、优化知识结构，突出能力要求，对知识和技能经过归纳，编写了《通用与基础知识》和《岗位知识与专业技能》，其中施工员和质量员按专业分类，安全员、资料员和材料员为通用专业。本系列教材第一批编写完成19本，以后将根据住房和城乡建设部颁布的其他岗位职业标准和施工现场专业人员的工作需要进行补充完善。

　　本系列培训教材的使用对象为职业院校建设类相关专业的学生、相关岗位的在职人员和转入相关岗位的从业人员，既可作为建筑与市政工程现场施工人员的考试学习用书，也可供建筑与市政工程的从业人员自学使用，还可供建设类专业职业院校的相关专业师生参考。

　　本系列培训教材的编撰者大多为建设类专业高等院校、行业协会和施工企业的专家和教师，在此，谨向他们表示衷心的感谢。

　　在本系列培训教材的编写过程中，虽经反复推敲，仍难免有不妥甚至疏漏之处，恳请广大读者提出宝贵意见，以便再版时补充修改，使其在提升建筑与市政工程施工现场专业人员的素质和能力方面发挥更大的作用。

**建筑与市政工程施工现场专业人员职业标准培训教材编审委员会**
2013年9月

# 前　言

　　《建筑与市政工程施工现场专业人员职业标准》(JGJ/T250－2011,以下简称《职业标准》)是整个标准体系里的第一个,也是住建部第一个关于技术人员的行业标准。

　　《职业标准》自 2012 年 1 月 1 日起正式实施。

　　河南省建设教育协会为满足企业岗位培训需要,组织编写了本套培训教材,根据有关规范、标准的变化,2017 年 11 月在 2013 年版本基础上进行了修订。本教材包括通用知识和基础知识两大部分,具体内容包括工程材料的基本知识、施工图识读、绘制的基本知识、工程施工工艺和方法、工程项目管理的基本知识、建筑力学的基本知识、工程预算的基本知识、物资管理的基本知识、抽样统计分析的基本知识等。本书主编由河南建筑职业技术学院赵瑞霞担任;副主编由河南建筑职业技术学院金巧兰、丁宪良担任;主审由焦作市职业教育中心学校梁栋担任;副主审由焦作市职业教育中心学校荆新华担任。

　　教材编写具体分工是:工程材料的基本知识:赵瑞霞(其中沥青材料及沥青混合料由徐珊珊编写);施工图识读、绘制的基本知识:闫小春;工程施工工艺和方法:丁宪良(其中第一节由郭学杰编写);工程项目管理的基本知识:张照方;建筑力学的基本知识:徐向东;建筑构造的基本知识:刘萍;工程预算的基本知识:金巧兰(其中市政工程的工程量计算由王丽编写,建筑设备安装工程的工程量计算由曲晓萍编写);物资管理的基本知识:张照方;抽样统计分析的基本知识:刘萍。

　　本书用于材料员岗位培训,也可作为土建类工程技术人员学习资料使用。

　　限于编者的水平,书中难免有不足之处,恳请广大同仁和读者批评指正。

编　者

2018 年 1 月

# 前　言

# 目　录

# 第一篇 材料员通用知识

# 第一章 工程材料的基本知识

**【学习目标】**

1. 掌握无机胶凝材料的种类及特性。

2. 掌握通用水泥的品种、主要技术性质及应用。

3. 了解特性水泥的主要品种、特性及应用。

4. 掌握混凝土的种类，普通混凝土的组成材料和主要技术要求。

5. 掌握混凝土配合比的概念，了解其他混凝土的品种、特性及应用。

6. 掌握常用混凝土外加剂的品种及应用。

7. 掌握砌筑砂浆的种类、组成材料、技术性质及应用。

8. 了解砂浆配合比的概念。

9. 了解石材的种类、性质及应用。

10. 掌握砖、砌块的种类、主要技术性质及应用。

11. 掌握钢结构、钢筋混凝土结构用钢的品种及特性。

12. 掌握沥青和沥青混合料的品种、应用。

13. 掌握防水材料的品种及特性。

14. 了解保温材料的特性及应用。

## 第一节 无机胶凝材料

在一定条件下，经过自身一系列物理、化学作用后，能将散粒或块状材料黏结成整体，并使其具有一定强度的材料，统称为胶凝材料，在建筑工程中应用极其广泛。

胶凝材料按化学性质不同可分为有机胶凝材料和无机胶凝材料两大类。无机胶凝材料是以无机化合物为主要成分的一类胶凝材料，如石灰、石膏、水泥等；有机胶凝材料是以天然或合成高分子化合物为基本组成的一类胶凝材料，如沥青、树脂等。

无机胶凝材料按硬化条件的不同分为气硬性无机胶凝材料和水硬性无机胶凝材料两大类。气硬性无机胶凝材料只能在空气中凝结、硬化，保持并发展其强度，如石灰、石膏、水玻璃等。水硬性无机胶凝材料既能在空气中硬化，又能很好地在水中硬化，保持并继续发展其强度，如各种水泥。

# 一、气硬性胶凝材料

## (一)石灰

石灰是人类在建筑中最早使用的胶凝材料之一,因其原材料蕴藏丰富、分布广、生产工艺简单、成本低廉、使用方便,所以至今仍被广泛应用于建筑工程中。

### 1. 生石灰

生石灰是一种白色或灰色块状物质,其主要成分是氧化钙。正常温度下煅烧得到的石灰具有多孔结构,内部孔隙率大,晶粒细小,表观密度小,与水作用速度快。实际生产中,若煅烧温度过低或煅烧时间不充足,则 $CaCO_3$ 不能完全分解,将生成欠火石灰,使用欠火石灰时,产浆量较低,质量较差,降低了石灰的利用率;若煅烧温度过高或煅烧时间过长,将生成颜色较深、表观密度较大的过火石灰,过火石灰熟化十分缓慢,使用时会影响工程质量。

### 2. 石灰的熟化及硬化

#### 1)石灰的熟化(消解)

生石灰与水作用生成熟石灰,经熟化所得的氢氧化钙(熟石灰)即石灰熟化。石灰熟化时放出大量的热量,同时体积膨胀 1~2.5 倍。

过火石灰熟化极慢,为避免过火石灰在使用后因吸收空气中的水蒸气而逐步水化膨胀,使硬化砂浆或石灰制品产生隆起、开裂等破坏,在使用前应将较大尺寸的过筛网等除去(同时可除去较大的欠火石灰块),之后让石灰浆在储灰池中陈伏两周以上,使较小的过火石灰充分熟化。陈伏期间,石灰浆表面应留有一层水,与空气隔绝,以免石灰碳化。

#### 2)石灰的硬化

石灰在空气中的硬化包括干燥、结晶和碳化三个交错进行的过程。

石灰硬化慢、强度低、不耐水。

### 3. 石灰的品种

建筑工程所用的石灰有三个品种:建筑生石灰、建筑生石灰粉和建筑消石灰粉。根据氧化镁的含量不同有钙质生石灰、镁质生石灰、钙质消石灰粉、镁质消石灰粉、白云石质消石灰粉。

根据建筑行业标准将石灰分成优等品、一等品、合格品三个等级。

### 4. 石灰的特性

(1)保水性和可塑性好。生石灰熟化成的石灰浆具有良好的保水性和可塑性,用来配制建筑砂浆可显著提高砂浆的和易性,便于施工。

(2)吸湿性强。生石灰吸湿性强,保水性好,是传统的干燥剂。

(3)凝结硬化慢、强度低。石灰浆的碳化很慢,且 $Ca(OH)_2$ 结晶量很少,因而硬化慢、强度很低。如 1:3 的石灰砂浆 28 d 抗压强度通常只有 0.2~0.5 MPa,不宜用于重要建筑物的基础。

(4)耐水性差。由于 $Ca(OH)_2$ 能溶于水,所以长期受潮或受水浸泡会使硬化的石灰溃散。所以,石灰不宜在潮湿的环境中应用。

(5)硬化时体积收缩大。石灰浆在硬化过程中要蒸发掉大量水分,易出现干缩裂缝,除调成石灰乳做薄层粉刷外,不宜单独使用。使用时常在其中掺加砂、麻刀、纸筋等,以抵抗收缩引起的开裂和增加抗拉强度。

5.石灰的应用

生石灰经加工处理后可得到很多品种的石灰,如生石灰粉、消石灰粉、石灰乳、石灰膏等,不同品种的石灰具有不同的用途。

石灰可制成石灰砂浆和石灰乳涂料,用于墙体砌筑或内墙、顶棚抹面以及用作内墙及天棚粉刷的涂料;石灰粉与黏土按一定比例拌和,可制成石灰土,或与黏土、砂石、炉渣等填料拌制成三合土,夯实后主要用在一些建筑物的基础、地面的垫层和公路的路基上;制作碳化石灰板,可做非承重的内隔墙板、天花板;也可制作成灰砂砖、粉煤灰砖、砌块等硅酸盐制品。

6.石灰的储存

生石灰会吸收空气中的水分和 $CO_2$ 生成 $CaCO_3$ 固体,从而失去黏结力,所以在工地上储存时要防止受潮,且不宜太多太久。另外,石灰熟化时要放出大量的热,因此应将生石灰与可燃物分开保管,以免引起火灾。通常进场后可立即陈伏,将储存期变为陈伏期。

## (二)石膏

石膏是一种以硫酸钙为主要成分的气硬性无机胶凝材料。石膏制品具有质轻、强度较高、隔热、耐火、吸声、美观及易于加工等优良性质。

石膏品种主要有建筑石膏、高强石膏、粉刷石膏、无水石膏等。其中,以半水石膏为主要成分的建筑石膏和高强石膏在建筑工程中应用较多,最常用的是以 β 型半水石膏为主要成分的建筑石膏。

1.建筑石膏的分类和技术要求

1)分类

按原材料种类分为三类:天然建筑石膏,代号为 N;脱硫建筑石膏,代号为 S;磷建筑石膏,代号为 P。

2)技术要求

根据《建筑石膏》(GB/T 9776—2008)规定,建筑石膏按 2 h 抗折强度分为 3.0、2.0、1.6 三个等级。其中强度、细度和凝结时间三个指标均应满足各等级的技术要求。

建筑石膏按产品名称、代号、等级及标准编号的顺序进行产品标记。例如,等级为 2.0 的天然建筑石膏表示为:建筑石膏 N2.0GB/T 9776—2008。

建筑石膏在贮运过程中,应防止受潮及混入杂物。不同等级的石膏应分别贮运,不得混杂。建筑石膏自生产之日起,在正常贮运条件下,贮存期为 3 个月,超过 3 个月,强度将降低 30% 左右,超过贮存期限的石膏应重新进行质量检验,以确定其等级。

2.建筑石膏的特性

(1)凝结硬化快。建筑石膏与水拌和后,在常温下几分钟可初凝,30 min 以内可达终凝。为满足施工操作的要求,一般需加硼砂或用石灰活化的骨胶、皮胶和蛋白胶等做缓凝剂。

(2)微膨胀性。建筑石膏硬化过程中体积略有膨胀,硬化时不出现裂缝,所以可以不掺加填料而单独使用,可以浇筑成型制得尺寸准确、表面光滑、图案饱满的构件或装饰图案,且可锯可钉。

(3)孔隙率大。建筑石膏质轻、隔热、吸声性好,且具有一定的调温调湿性,是良好的室内装饰材料,但石膏制品的强度低、吸水率大。

(4)耐水性、抗冻性差。建筑石膏制品软化系数小(0.2~0.3)、耐水性差,若吸水后受冻,将因水分结冰而崩裂,故建筑石膏的耐水性和抗冻性都较差,不宜用于室外。

(5)防火性好。石膏硬化后的结晶物 $CaSO_4 \cdot 2H_2O$ 受火烧时,结晶水蒸发吸收热量,并在表面生成具有良好绝热性的无水石膏,起到阻止火焰蔓延和温度升高的作用,所以石膏有良好的防火性。但石膏不宜长期在65℃以上的高温部位使用,以免二水石膏缓慢脱水分解而降低强度。

3. 建筑石膏的应用

建筑石膏不仅具有如上所述的许多优良性能,而且具有无污染、保温绝热、吸声、阻燃等方面的优点,一般做成石膏抹面灰浆、建筑装饰制品和石膏板等。除可用于室内抹灰及粉刷外,还可用于生产装饰制品,但更多的用于制作石膏板,如石膏蜂窝板、防潮石膏板、石膏矿棉复合板等。建筑石膏若配以纤维增强材料、黏结剂等还可制成石膏角线、线板、角花、灯圈、罗马柱、雕塑等艺术装饰石膏制品。

## 二、通用水泥

水泥是一种粉状材料,加水拌和成塑性浆体后,能在空气中和水中硬化,并形成稳定性化合物的水硬性胶凝材料。水泥作为胶凝材料,可用来制作混凝土、钢筋混凝土和预应力混凝土构件,也可配制各类砂浆用于建筑物的砌筑、抹面、装饰等。不仅大量应用于工业和民用建筑,还广泛应用于公路、桥梁、铁路、水利和国防等工程,被称为建筑业的粮食,在国民经济中起着十分重要的作用。

水泥按矿物组成可分为硅酸盐水泥、铝酸盐水泥、硫铝酸盐水泥、铁铝酸盐水泥、氟铝酸盐水泥等。按水泥的用途及性能分为通用水泥、专用水泥、特性水泥三类。

### (一)通用硅酸盐水泥的定义和品种

以硅酸盐水泥熟料和适量石膏,以及规定的混合材料共同磨细制成的水硬性胶凝材料称为通用硅酸盐水泥。

通用硅酸盐水泥按混合材料的品种和掺量分为以下六种:硅酸盐水泥(P·Ⅰ、P·Ⅱ)、普通硅酸盐水泥(P·O,简称普通水泥)、矿渣硅酸盐水泥(P·S·A、P·S·B,简称矿渣水泥)、火山灰质硅酸盐水泥(P·P,简称火山灰水泥)、粉煤灰硅酸盐水泥(P·F,简称粉煤灰水泥)、复合硅酸盐水泥(P·C,简称复合水泥)。

### (二)硅酸盐系列水泥的水化与凝结硬化

水泥加水拌和后,水泥颗粒立即与水发生化学反应并放出一定的热量。此时的水泥浆既有可塑性又有流动性,随着反应的进行,水化物膜层增厚并相互连接,浆体逐渐失去流动性,产生初凝。继而完全失去可塑性,即为终凝。水泥浆逐渐产生强度并发展成为坚硬的水泥石,这一过程称为水泥的硬化。

在四种水泥熟料矿物成分中,$C_3A$ 的水化最快,能使水泥瞬间产生凝结。为了方便施工使用,通常在水泥熟料中加入掺量为水泥质量3%~5%的石膏,目的是达到缓凝。

硅酸盐水泥与水作用后生成的主要水化反应产物有:水化硅酸钙和水化铁酸钙凝胶、氢氧化钙、水化铝酸钙和水化硫铝酸钙晶体。

硬化水泥石是由未水化的水泥颗粒、凝胶体、晶体、水（自由水和吸附水）和孔隙（毛细孔和凝胶孔）组成的。

### （三）通用硅酸盐水泥的技术标准

1. 化学指标

通用硅酸盐水泥的化学指标包括不溶物、烧失量、三氧化硫、氧化镁、氯离子，其含量应符合《通用硅酸盐水泥》国家标准第1号修改单（GB 175—2007/XG1—2009）。

2. 标准稠度用水量

水泥净浆标准稠度用水量是指水泥净浆达到标准规定的稠度时所需的加水量，常以水和水泥质量之比的百分数表示。标准法是以试杆沉入净浆并距底板（6±1）mm 时的水泥净浆为标准稠度净浆。水泥的标准稠度用水量一般为 24%～33%。测定水泥凝结时间和体积安定时必须采用标准稠度的水泥浆。

3. 凝结时间

水泥的凝结时间分为初凝时间和终凝时间。初凝时间是指从水泥加水到标准净浆开始失去可塑性的时间，终凝时间是指从水泥加水到水泥浆标准净浆完全失去可塑性的时间。

水泥的凝结时间在工程施工中有重要作用。为有足够的时间对混凝土进行搅拌、运输、浇筑和振捣，初凝时间不宜过短。为使混凝土尽快硬化具有一定强度，以利于下道工序的进行，故终凝时间不宜过长。

国家标准规定，通用水泥的初凝时间不得早于 45 min；硅酸盐水泥终凝时间不迟于 6.5 h，其余五种水泥的终凝时间不得迟于 10 h。

4. 体积安定性

水泥体积安定性是指水泥在凝结硬化过程中体积变化的均匀性。当水泥浆体在硬化过程中体积发生不均匀变化时，会导致水泥混凝土膨胀、翘曲、产生裂缝等，即所谓体积安定性不良。安定性不良的水泥会降低建筑物质量，甚至引起严重事故。

造成水泥体积安定性不良的原因是水泥熟料中游离氧化钙、游离氧化镁过多或石膏掺量过多。游离氧化钙和游离氧化镁是在高温烧制水泥熟料时生成的，处于过烧状态，水化很慢，它们在水泥硬化后开始或继续进行水化反应，其水化产物体积膨胀，使水泥石开裂。过量石膏会与已固化的水化铝酸钙作用，生成钙矾石，体积膨胀，使已硬化的水泥石开裂。

国家标准规定，由游离氧化钙引起的水泥体积安定性不良可采用沸煮法检验。沸煮法包括试饼法和雷氏法两种。当试饼法和雷氏法结论有矛盾时，以雷氏法为准。

5. 强度及强度等级

水泥强度是选用水泥的主要技术指标，国家规定按水泥胶砂强度检验方法（ISO 法）来测定其强度，并按规定龄期的抗压强度和抗折强度来划分水泥的强度等级。

通用硅酸盐水泥的强度等级及各龄期强度值的规定分别见表 1-1。各龄期强度不得低于表 1-1 中规定的数值。强度等级中带 R 的为早强型水泥。

6. 碱含量（选择性指标）

水泥中碱含量过高，当使用活性骨料时，易发生碱－骨料反应，造成工程危害时，应使用低碱水泥。水泥中的碱含量按 $Na_2O + 0.685K_2O$ 计算，当使用活性骨料或用户要求提供低碱水泥时，水泥中的碱含量不得大于0.60%或由供需双方商定。

7. 细度(选择性指标)

细度是指水泥颗粒的粗细程度。水泥的颗粒越细,水泥水化速度越快,强度也越高;但水泥太细,其硬化收缩较大,磨制水泥的成本也较高。因此,细度应适宜。国家标准规定:硅酸盐水泥和普通水泥的细度用比表面积表示,其比表面积应不小于 300 m²/kg;其他四种水泥的细度用筛析法,要求在 0.08 mm 方孔筛筛余不大于 10% 或 0.045 mm 的筛余量不大于 30%。

国家标准规定:化学指标、安定性、凝结时间、强度均符合规定的为合格品;反之,不符合上述任一技术要求者为不合格品。

**(四)通用硅酸盐水泥的特性**

通用硅酸盐水泥的特性见表 1-2。

**(五)通用硅酸盐水泥的适用范围**

通用硅酸盐水泥的适用范围见表 1-3。

**(六)通用硅酸盐水泥的储存和运输**

水泥在储存和运输时不得受潮和混入杂质,通用硅酸盐水泥的有效储存期为 90 d。过期水泥和受潮结块的水泥,均应重新检测其强度后才能决定如何使用。

表 1-1　通用硅酸盐水泥的强度等级及各龄期的强度要求

| 品种 | 强度等级 | 抗压强度(MPa) | | 抗折强度(MPa) | |
| --- | --- | --- | --- | --- | --- |
| | | 3 d | 28 d | 3 d | 28 d |
| 硅酸盐水泥 | 42.5 | 17.0 | 42.5 | 3.5 | 6.5 |
| | 42.5R | 22.0 | 42.5 | 4.0 | 6.5 |
| | 52.5 | 23.0 | 52.5 | 4.0 | 7.0 |
| | 52.5R | 27.0 | 52.5 | 5.0 | 7.0 |
| | 62.5 | 28.0 | 62.5 | 5.0 | 8.0 |
| | 62.5R | 32.0 | 62.5 | 5.5 | 8.0 |
| 普通水泥 | 42.5 | 17.0 | 42.5 | 3.5 | 6.5 |
| | 42.5R | 22.0 | 42.5 | 4.0 | 6.5 |
| | 52.5 | 23.0 | 52.5 | 4.0 | 7.0 |
| | 52.5R | 27.0 | 52.5 | 5.0 | 7.0 |
| 矿渣水泥、粉煤灰水泥、火山灰水泥、复合水泥 | 32.5 | 10.0 | 32.5 | 2.5 | 5.5 |
| | 32.5R | 15.0 | 32.5 | 3.5 | 5.5 |
| | 42.5 | 15.0 | 42.5 | 3.5 | 6.5 |
| | 42.5R | 19.0 | 42.5 | 4.0 | 6.5 |
| | 52.5 | 21.0 | 52.5 | 4.0 | 7.0 |
| | 52.5R | 23.0 | 52.5 | 4.5 | 7.0 |

表 1-2　通用硅酸盐水泥的特性

| 品种 | 硅酸盐水泥 | 普通水泥 | 矿渣水泥 | 火山灰水泥 | 粉煤灰水泥 | 复合水泥 |
|---|---|---|---|---|---|---|
| 主要特性 | ①凝结硬化快 ②早期强度高 ③水化热大 ④抗冻性好 ⑤干缩性小 ⑥耐腐蚀性差 ⑦耐热性差 | ①凝结硬化较快 ②早期强度较高 ③水化热较大 ④抗冻性较好 ⑤干缩性较小 ⑥耐腐蚀性较差 ⑦耐热性较差 | ①凝结硬化慢 ②早期强度低，后期强度增长较快 ③水化热较低 ④抗冻性差 ⑤干缩性大 ⑥耐腐蚀性较好 ⑦耐热性好 ⑧泌水性大 | ①凝结硬化慢 ②早期强度低，后期强度增长较快 ③水化热较低 ④抗冻性差 ⑤干缩性大 ⑥耐腐蚀性较好 ⑦耐热性好 ⑧抗渗性较好 | ①凝结硬化慢 ②早期强度低，后期强度增长较快 ③水化热较低 ④抗冻性差 ⑤干缩性较小，抗裂性较好 ⑥耐腐蚀性较好 ⑦耐热性好 | 与所掺两种或两种以上混合材料的种类、掺量有关，其特性基本上与矿渣水泥、火山灰水泥、粉煤灰水泥的特性相似 |

表 1-3　通用硅酸盐水泥的选用

| 混凝土工程特点或所处的环境条件 | | 优先选用 | 可以使用 | 不宜使用 |
|---|---|---|---|---|
| 普通混凝土 | 在普通气候环境中的混凝土 | 普通水泥 | 矿渣水泥 火山灰水泥 粉煤灰水泥 普通水泥 | |
| | 在干燥环境中的混凝土 | 普通水泥 | 矿渣水泥 | 粉煤灰水泥 火山灰水泥 |
| | 在高湿环境中或长期处在水下的混凝土 | 矿渣水泥 | 普通水泥 火山灰水泥 粉煤灰水泥 复合水泥 | |
| | 厚大体积的混凝土 | 粉煤灰水泥 矿渣水泥 火山灰水泥 复合硅酸盐水泥 | 普通水泥 | 硅酸盐水泥 |

| 混凝土工程特点或所处的环境条件 | | 优先选用 | 可以使用 | 不宜使用 |
|---|---|---|---|---|
| 有特殊要求的混凝土 | 快硬高强(≥C40)的混凝土 | 硅酸盐水泥 | 普通水泥 | 矿渣水泥<br>火山灰水泥<br>粉煤灰水泥<br>复合水泥 |
| | 严寒地区的露天混凝土和处在水位升降范围内的混凝土 | 普通水泥 | 矿渣水泥 | 火山灰水泥<br>粉煤灰水泥 |
| | 严寒地区处在水位升降范围内的混凝土 | 普通水泥 | | 火山灰水泥<br>矿渣水泥<br>粉煤灰水泥<br>复合水泥 |
| | 有抗渗性要求的混凝土 | 普通水泥<br>火山灰水泥 | | 矿渣水泥 |
| | 有耐磨性要求的混凝土 | 硅酸盐水泥<br>普通水泥 | 矿渣水泥 | 火山灰水泥<br>粉煤灰水泥 |

## 三、特性水泥

### (一)快硬硅酸盐水泥

凡是由硅酸盐水泥熟料和适量石膏共同磨细制成的,以 3 d 抗压强度表示强度等级的水硬性胶凝材料称为快硬硅酸盐水泥(简称快硬水泥)。

快硬硅酸盐水泥的特点:凝结硬化快,早期强度高,水化热高且集中。快硬硅酸盐水泥适用于配制早强、高强混凝土的工程,紧急抢修的工程和低温施工工程,但不宜用于大体积混凝土工程。

快硬水泥易受潮变质,故储存和运输时应特别注意防潮,且储存时间不宜超过一个月。

### (二)铝酸盐水泥

铝酸盐水泥又称高铝水泥,是以铝矾土和石灰石为主要原料,经高温煅烧所得的以铝酸钙为主要矿物的水泥熟料,经磨细制成的水硬性胶凝材料,代号为 CA。国家标准《铝酸盐水泥》(GB 201—2000)根据 $Al_2O_3$ 含量将铝酸盐水泥分为:CA – 50、CA – 60、CA – 70、CA – 80 四类。

1. 铝酸盐水泥的技术指标

(1)细度为比表面积不小于 300 $m^2/kg$,或 45 $\mu m$ 的方孔筛筛余量不大于 20%。

(2)凝结时间:CA – 50、CA – 70、CA – 80 的初凝时间不得早于 30 min,终凝时间不得迟于 6 h;CA – 60 的初凝时间不得早于 60 min,终凝时间不得迟于 18 h。

(3)强度:各类型铝酸盐水泥各龄期的强度值不得低于标准中规定的数值。

2. 铝酸盐水泥的特性与应用

铝酸盐水泥具有快凝、早强、高强、低收缩、耐热性好和耐硫酸盐腐蚀性强等特点,适用于工期紧急的工程、抢修工程、冬季施工的工程和耐高温工程,还可以用来配制耐热混凝土、耐硫酸盐混凝土等。但铝酸盐水泥的水化热大、耐碱性差,不宜用于大体积混凝土,不宜采用蒸汽等湿热养护。

**(三)膨胀水泥**

一般水泥在凝结硬化过程中会产生不同程度的收缩,使水泥混凝土构件内部产生微裂缝,影响混凝土的强度及其他许多性能。而膨胀水泥在硬化过程中能够产生一定的膨胀,消除由收缩带来的不利影响。

膨胀水泥主要在凝结硬化过程中,膨胀组分使水泥产生一定量的膨胀值。目前常用的是以钙矾石为膨胀组分的各种膨胀水泥。

按膨胀值大小,可将膨胀水泥分为膨胀水泥和自应力水泥两大类。膨胀水泥的膨胀值较小,主要用于补偿水泥在凝结硬化过程中产生的收缩,因此又称为无收缩水泥或收缩补偿水泥。自应力水泥的膨胀值较大,在限制膨胀的条件下(如配有钢筋时),由于水泥石的膨胀作用,使混凝土受到压应力,从而达到了预应力的目的,同时增加了钢筋的握裹力。

**(四)白色硅酸盐水泥**

以适当成分的生料烧制部分熔融,所得以硅酸钙为主要成分、氧化铁含量少的硅酸盐水泥熟料,掺入适量石膏、0~10%的混合材料(石灰石、窑灰)磨细制成的水硬性胶材料,称为白色硅酸盐水泥,简称白水泥,代号 P·W。

白水泥的性能和普通硅酸盐水泥基本相同。另白度应不低于87,强度等级有32.5、42.5、52.5 三个等级。

对以上主要技术要求,国家标准还规定:凡三氧化硫、初凝时间、安定性中任一项不符合标准规定或强度低于最低等级的指标时为废品;凡细度、终凝时间、强度和白度中任一项不符合标准规定时为不合格品。水泥包装标志中水泥品种、生产者名称和出厂编号不全的也属于不合格品。白水泥的有效储存期为 3 个月。

**(五)彩色硅酸盐水泥**

彩色硅酸盐水泥简称彩色水泥,根据其着色方法不同,有三种生产方式:一是在水泥生料中加入着色物质,煅烧成彩色水泥熟料,再加入适量石膏共同磨细;二是染色法,将白色硅酸盐水泥熟料或硅酸盐水泥熟料、适量石膏和碱性着色物质共同磨细制得彩色水泥;三是将干燥状态的着色物质直接掺入白水泥或硅酸盐水泥中。当工程使用量较少时,常用第三种方式。

白色和彩色硅酸盐水泥,主要用于建筑装饰工程中,常用于配制各种装饰混凝土和装饰砂浆,如水磨石、水刷石、人造大理石、干粘石等饰面、雕塑和装饰部件等制品。

# 第二节　混凝土

## 一、混凝土概述

混凝土是由胶凝材料,粗、细骨料,水和外加剂以及矿物掺合料,按适当比例配和,拌制、浇筑成型后,经一定时间养护、硬化而成的具有所需形状、一定强度的人造石材。

（一）混凝土的分类

**1. 按所用胶结材料分类**

混凝土按所用胶结材料可分为聚合物浸渍混凝土、聚合物胶结混凝土、沥青混凝土、硅酸盐混凝土、石膏混凝土及水玻璃混凝土等。

**2. 按表观密度分类**

（1）重混凝土。表观密度大于 2 800 kg/m³，主要用作核能工程的屏蔽结构材料。

（2）普通混凝土。表观密度为 2 000～2 800 kg/m³，是用普通的天然砂石为骨料配制而成的，主要用作各种建筑的承重结构材料。

（3）轻混凝土。表观密度小于 2 000 kg/m³，主要用作轻质结构材料和隔热保温材料。

**3. 按用途分类**

混凝土按用途可分为结构混凝土、装饰混凝土、防水混凝土、道路混凝土、防辐射混凝土、耐热混凝土、耐酸混凝土、大体积混凝土、膨胀混凝土等。

**4. 按强度等级分类**

（1）普通混凝土。强度等级一般在 C60 以下。其中抗压强度小于 30 MPa 的混凝土为低强度混凝土，抗压强度为 30～60 MPa（C30～C60）的混凝土为中强度混凝土。

（2）高强混凝土。抗压强度等于或大于 60 MPa。

（3）超高强混凝土。抗压强度在 100 MPa 以上。

**5. 按生产和施工方法分类**

混凝土按生产和施工方法可分为泵送混凝土、喷射混凝土、碾压混凝土、真空脱水混凝土、离心混凝土、压力灌浆混凝土、预拌混凝土（商品混凝土）等。

（二）混凝土的特点

混凝土是当代最大宗的、最重要的建筑材料，它具备下列优点：

（1）组成材料中砂、石等地方材料占 80% 以上，符合就地取材和经济原则。

（2）易于加工成型。新拌混凝土有良好的可塑性和浇筑性，可满足设计要求的形状和尺寸。

（3）匹配性好。各组成材料之间有良好的匹配性，如混凝土与钢筋、钢纤维或其他增强材料，可组成共同的具有互补性的受力整体。

（4）可调整性强。因混凝土的性能取决于其组成材料的质量和组合情况，因此可通过调整其组成材料的品种、质量和组合比例，达到所要求的性能，即可根据使用性能的要求与设计来配制相应的混凝土。

（5）钢筋混凝土结构可代替钢、木结构，从而节省大量的钢材和木材。

（6）耐久性好，维修费少。

由于混凝土有上述重要优点，所以广泛应用于工业与民用建筑工程、水利工程、地下工程、公路、铁路、桥涵及国防军事各类工程中。但混凝土自重大、比强度小、抗拉强度低、变形能力差和易开裂等缺点，也是有待研究改进的。

二、普通混凝土

普通混凝土的基本组成材料是天然砂、石子、水泥和水，为改善混凝土的某些性能还常加入适量的外加剂或掺合料。

## （一）普通混凝土的组成材料

在混凝土中,砂、石起骨架作用,因此称为骨料。水泥和水形成的水泥浆,包裹在砂粒表面并填充砂粒间的空隙而形成水泥砂浆,水泥砂浆又包裹在石子表面并填充石子间的空隙。在混凝土硬化前,水泥浆起润滑作用,赋予混凝土拌和物一定的流动性,便于施工。硬化后,则将骨料胶结成一个坚实的整体,并产生一定的力学强度。

### 1. 水泥

水泥在混凝土中起胶结作用,是最重要的材料,正确、合理地选择水泥的品种和强度等级,是影响混凝土强度、耐久性及经济性的重要因素。配制混凝土用的水泥应符合现行国家标准的有关规定。采用何种水泥,应根据工程特点和所处的环境条件选用。

水泥强度等级的选择应与混凝土的设计强度等级相适应。原则上配制高强度等级的混凝土,选用高强度等级的水泥;配制低强度等级的混凝土,选用低强度等级的水泥。若水泥强度等级过低,会使水泥用量过大而不经济;若水泥强度等级过高,则水泥用量会偏少,给混凝土的和易性及耐久性带来不利影响。对一般强度等级的混凝土,水泥强度等级宜为混凝土强度等级的 1.5 ~ 2.0 倍,对于较高强度等级的混凝土,水泥强度等级宜为混凝土强度等级的 0.9 ~ 1.5 倍。

### 2. 细骨料(砂)

细骨料是指粒径为 0.15 ~ 4.75 mm 的岩石颗粒,有天然砂和人工砂两大类。

天然砂按其产源不同可分为河砂、湖砂、山砂和海砂。河砂表面比较圆滑、洁净。建筑工程中一般多采用河砂做细骨料。

机制砂由机械破碎各种硬质岩石、筛分制成,俗称人工砂。随着天然资源的减少和节能环保的要求,使用机制砂将成为发展方向。

根据我国 GB/T 14684—2001《建筑用砂》的规定,砂按细度模数($M_x$)大小分为粗、中、细三种规格;按技术要求分为Ⅰ类、Ⅱ类、Ⅲ类三种类别。

#### 1)砂的颗粒级配及粗细程度

砂的颗粒级配是指不同粒径的砂子相互间的搭配情况。良好的颗粒级配是在粗颗粒砂的空隙中由中颗粒砂填充,中颗粒砂的空隙再由细颗粒砂填充,这样逐级地填充,使空隙率达到最小程度。

砂的粗细程度是指不同粒径的砂粒混合在一起的平均粗细程度,在砂用量一定的条件下,细砂的总表面积较大,而粗砂的总表面积较小。砂子的总表面积越大,则需要包裹砂粒表面的水泥浆就越多。一般用粗砂拌制混凝土比用细砂拌制混凝土所需的水泥浆省。

在拌制混凝土时,砂的颗粒级配和粗细程度应同时考虑。当砂中含有较多的粗颗粒,并以适量的中颗粒及少量的细颗粒填充其空隙,则可达到空隙率及总表面积均较小,这是比较理想的,不仅水泥用量少,而且可以提高混凝土的密度与强度。

砂的颗粒级配和粗细程度常用筛分析的方法进行测定。用级配区表示砂的颗粒级配,用细度模数表示砂的粗细程度。

细度模数越大,表示砂越粗,普通混凝土用砂的细度模数范围一般为 3.7 ~ 1.6,其中 $M_x$ 为 3.7 ~ 3.1 的为粗砂,$M_x$ 为 3.0 ~ 2.3 的为中砂,$M_x$ 为 2.2 ~ 1.6 的为细砂。

根据 0.6 mm 筛孔的累计筛余百分率,将细度模数为 3.7 ~ 1.6 的普通混凝土用砂分成

1 区、2 区、3 区三个级配区。1 区为粗砂区,2 区为中砂区,3 区为细砂区。

一般认为,处于 2 区的砂,属于中砂,粗细适中,级配较好,宜优先选用;1 区的砂偏粗,应适当提高砂率,并保证足够的水泥用量,以满足混凝土的工作性;3 区的砂偏细,宜适当降低砂率,以保证混凝土的强度。

在实际工程中,若砂的级配不符合级配区的要求,可采用人工掺配的方法来改善,即将粗、细砂按适当比例进行试配,掺合使用;或将砂过筛,筛除过粗或过细的颗粒,使之达到级配要求。

2)含泥量、有害物质含量

混凝土中用砂要求洁净、有害杂质少。砂中所含有的泥、泥块、有害物质(云母、轻物质、有机物、硫化物及硫酸盐、氯盐等)会对混凝土的性能有不利的影响,其含量应不超过有关规范的规定。

3)砂的坚固性

砂的坚固性是指砂在自然风化和其他外界物理化学因素作用下抵抗破裂的能力。按标准《建筑用砂》(GB/T 14684—2011)规定,用硫酸钠溶液检验,砂样经 5 次循环后其质量损失应符合规定。

人工砂采用压碎指标法进行检验,压碎指标是测定粗骨料抵抗压碎能力的强弱指标。压碎指标越小,粗骨料抵抗受压破坏的能力越强。

3. 粗骨料

粒径大于 4.75 mm 的称为粗骨科。普通混凝土常用的粗骨料有碎石和卵石(砾石)。卵石、碎石按技术要求分为Ⅰ类、Ⅱ类、Ⅲ类。Ⅰ类宜用于强度等级大于 C60 的混凝土,Ⅱ类宜用于强度等级为 C30 ~ C60 及抗冻、抗渗或有其他要求的混凝土,Ⅲ类宜用于强度等级小于 C30 的混凝土。

(1)含泥量和泥块含量及有害杂质含量。

粗骨料中含泥量及泥块含量对混凝土的作用与砂子相同,粗骨料中也常含有一些有害杂质,如硫化物、硫酸盐、氯化物和有机质。它们的含量均应符合规定。

(2)针片状颗粒。

粗骨料中针片状颗粒不仅本身受力时容易折断,影响混凝土的强度,而且会增大骨料的空隙率,使混凝土拌和物的和易性变差,所以针片状颗粒含量不能太多,应符合规定。

(3)最大粒径及颗粒级配。

粗骨料公称粒级的上限称为该粒级的最大粒径。为了节约水泥,粗骨料的最大粒径在条件许可的情况下,尽量选大值。《混凝土质量控制标准》(GB 50164—2011)规定,对于混凝土结构,粗骨料最大公称粒径不得超过构件截面最小尺寸的 1/4,且不得超过钢筋间最小净间距的 3/4;对于混凝土实心板,骨料的最大粒径不得超过板厚的 1/3,且不得超过 40 mm;对于泵送混凝土,当泵送高度在 50 m 以下时,粗骨料最大粒径与输送管内径之比对碎石不宜大于 1:3,卵石不宜大于 1:2.5;泵送高度为 50 ~ 100 m 时,管径比不宜大于 1:5,卵石不宜大于 1:4。

粗骨料的级配也是通过筛分析试验来确定的。普通混凝土用碎石和卵石根据累计筛余百分率划分颗粒级配,分为连续粒级和单粒级两种。连续粒级是指颗粒的尺寸由大到小连续分布,每一粒级颗粒都占一定的比例。连续粒级配置的混凝土和易性好,不易发生离析现象且较密实,目前使用较多。

单粒级是由小颗粒的粒级直接和大颗粒的粒级相配,中间为不连续的粒级。这种粒级能降低空隙率,节约水泥,但混凝土拌和物易离析,施工困难,工程应用较少。可组合成连续粒级,也可与连续粒级配合使用。

(4)骨料的强度和坚固性。

为保证混凝土强度的要求,粗骨料都必须质地坚实、具有足够的强度。碎石的强度可采用岩石立方体强度和压碎指标两种方法来检验。

当混凝土强度等级为 C60 及以上时,应进行岩石抗压强度检验。压碎指标、表示粗骨料抵抗受压破坏的能力,其值越小,表示抵抗压碎的能力越强。一般用于经常性生产质量的控制。

粗骨料的坚固性是指在自然风化和其他外界物理化学因素作用下抵抗破裂的能力。骨料越密实,强度高,吸水率小时,其坚固性越好。采用硫酸钠溶液法检验。

(5)表观密度、连续级配松散堆积空隙率、吸水率和碱骨料反应、含水状态

粗骨料的表观密度不小于 2 600 kg/m³;连续级配松散堆积空隙率:Ⅰ类≤43%、Ⅱ类≤45%、Ⅲ类≤47%;吸水率:Ⅰ类≤1.0% ,Ⅱ类、Ⅲ类≤2.0% 。

经碱集料反应试验后,试件无裂缝、酥裂、胶体外溢等现象,在规定的试验龄期膨胀率应小于0.10% 。含水状态同砂。

4. 混凝土拌合用水及养护用水

混凝土用水,按水源可分为饮用水、地表水、地下水、海水以及工业废水和生活污水。拌制及养护混凝土宜采用饮用水;地表水和地下水经检验合格后方可使用。海水中含有较多的硫酸盐和氯盐,,因此,海水可用于拌制素混凝土,但不宜用于装饰混凝土。未经处理的海水严禁用于拌制钢筋混凝土和预应力钢筋混凝土。混凝土拌合用水不应有漂浮明显的油脂和泡沫,不应有明显的颜色和异味。混凝土企业设备洗刷水不宜用于预应力混凝土、装饰混凝土、加气混凝土和暴露于腐蚀环境的混凝土;也不得用于配制碱活性的混凝土。对混凝土用水的质量要求是:不影响混凝土的凝结和硬化;无损于混凝土的强度发展及耐久性;不加快钢筋锈蚀;不引起预应力钢筋脆断;不污染混凝土表面。混凝土用水中的物质含量限制值应符合 JGJ 63—2006 的规定。

**(二)混凝土拌和物的和易性**

混凝土的性能包括两个部分:一是混凝土硬化之前的性能,即混凝土拌和物的和易性;二是混凝土硬化之后的性能,包括强度、变形性能和耐久性等。

1. 和易性的概念

和易性是指混凝土拌和物易于施工操作(搅拌、运输、浇筑、捣实),并能获得质量均匀、成型密实的混凝土性能。和易性是一项综合的技术指标,包括流动性、黏聚性和保水性等三方面的含义。

流动性是指混凝土拌和物在自重或机械振捣作用下能产生流动,并均匀密实地填满模板的性能。流动性反映混凝土拌和物的稀稠程度。若拌和物太干稠,流动性差,施工困难;若拌和物过稀,流动性好,但容易出现分层离析,混凝土强度低,耐久性差。

黏聚性是指混凝土各组成材料间具有一定的黏聚力,不致产生分层和离析的现象,使混凝土保持整体均匀的性能。若混凝土拌和物黏聚性差,骨料与水泥浆容易分离,造成混凝土

不均匀,振捣密实后会出现蜂窝、麻面等现象。

保水性是指混凝土拌和物在施工中具有一定的保水能力,不产生严重的泌水现象。保水性差的混凝土拌和物,在施工过程中,一部分水易从内部析出至表面,在混凝土内部形成泌水通道,使混凝土的密实性变差,降低混凝土的强度和耐久性。

混凝土拌和物的流动性、黏聚性、保水性,三者之间互相关联又互相矛盾。当流动性增大时,黏聚性和保水性变差;反之黏聚性、保水性变大,则会导致流动性变差。实际工程中,在保证混凝土技术性能的前提下,要综合考虑。

1)坍落度法

坍落度试验适用于骨料最大粒径不大于 40 mm,坍落度值不小于 10 mm 的塑性混凝土拌合物。

混凝土拌合物根据坍落度值大小分为五级:S1 为 10 ~ 40 mm,S2 为 50 ~ 90 mm,S3 为 100 ~ 150 mm,S4 为 160 ~ 210 mm,S5 为 ≥220 mm。混凝土根据扩展直径分为六级:F1 ≤ 340 mm,F2 为 350 ~ 410 mm,F3 为 420 ~ 480 mm,F4 为 490 ~ 550 mm,F5 为 560 ~ 620 mm,F6 为 ≥630 mm。

选择混凝土拌和物的坍落度,要根据结构类型、构件截面大小、配筋疏密、输送方式和施工捣实方法等因素来确定。在满足施工要求的前提下,一般尽可能采用较小的坍落度。混凝土浇注地点的坍落度可参考水工混凝土施工规范的规定选择。

2)维勃稠度法

坍落度值小于 10 mm 的干硬性混凝土拌合物应采用维勃稠度法测定。具体见《普通混凝土拌合物性能试验方法》(GB/T 50080—2016)。所测维勃稠度越小,表明拌合物越稀,流动性越好,反之,维勃稠度越大,表明拌合物越稠,越不易振实。混凝土拌合物维勃稠度等级划分和稠度允许偏差见 GB 50164—2011。

### (三)混凝土的强度

强度是混凝土最重要的力学性质,因为混凝土主要用于承受荷载或抵抗各种作用力。混凝土的强度包括抗压强度、抗拉强度、抗弯强度、抗剪强度及与钢筋的黏结强度等。其中混凝土的抗压强度最大,抗拉强度最小。因此,在结构工程中混凝土主要承受压力。

1. 混凝土的抗压强度与强度等级

混凝土立方体抗压强度是指按照国家标准《普通混凝土力学性能试验方法标准》(GB/T 50081—2016),制作 150 mm × 150 mm × 150 mm 的标准立方体试件,在标准条件(温度(20 ±2)℃,相对湿度≥95%)下,养护到 28 d 龄期,用标准试验方法测得的抗压强度值,以 $f_{cu}$ 表示。

混凝土立方体抗压强度标准值是指按标准方法制作和养护的边长为 150 mm 的立方体试件,在 28 d 龄期,用标准试验方法测其抗压强度,在抗压强度总体分布中,具有 95% 强度保证率的立方体试件抗压强度。根据混凝土立方体抗压强度标准值(以 $f_{cu,k}$ 表示),将混凝土划分为 19 个强度等级。混凝土强度等级采用符号 C 与立方体抗压强度标准值(以 MPa 计)表示。共分为:C15、C20、C25、C30、C35、C40、C45、C50、C55、C60、C65、C70、C75、C80。如 C25,表示混凝土立方体抗压强度标准值为:$f_{cu,k}$ ≥25 MPa,即大于等于 25 MPa 的概率为 95% 以上。

测定混凝土立方体抗压强度,也可以采用非标准尺寸的试件,可按照换算系数进行换算。

### 2. 混凝土的轴心抗压强度

在实际工程中，混凝土结构构件大部分是棱柱体或圆柱体。为了使测得的混凝土强度接近构件的实际情况，在计算钢筋混凝土轴心受压时，常用轴心抗压强度 $f_{cp}$ 作为设计依据。

国家标准 GB/T 50081—2016 规定，采用 150 mm × 150 mm × 300 mm 的棱柱体作为标准试件，在标准养护条件下养护 28 d 龄期，按照标准试验方法测得的抗压强度，即为轴心抗压强度。轴心抗压强度 $f_{cp}$ 为立方体抗压强度 $f_{cu}$ 的 7/10 ~ 8/10。

### 3. 混凝土的抗拉强度

混凝土的抗拉强度只有抗压强度的 1/10 ~ 1/20，且随着混凝土强度等级的提高，这个比值有所降低。因此，在钢筋混凝土结构设计中一般不考虑抗拉强度。但混凝土的抗拉强度对抵抗裂缝的产生有着重要意义，是结构计算中确定混凝土抗裂度的重要指标，有时也用来间接衡量混凝土与钢筋间的黏结强度，并预测由于干湿变化和温度变化而产生的裂缝。我国采用劈裂法间接测定抗拉强度。

### 4. 混凝土与钢筋的黏结强度

在钢筋混凝土结构中，混凝土用钢筋增强，为使钢筋混凝土这类复合材料能有效工作，混凝土与钢筋之间必须要有适当的黏结强度。这种黏结强度主要来源于混凝土与钢筋之间的摩擦力、钢筋与水泥之间的黏结力与钢筋表面的机械啮合力。黏结强度与混凝土质量有关，与混凝土抗压强度成正比。此外，黏结强度还受其他许多因素影响，如钢筋尺寸及钢筋种类；钢筋在混凝土中的位置（水平钢筋或垂直钢筋）、加载类型（受拉钢筋或受压钢筋），以及环境的干湿变化、温度变化等。

### 5. 影响混凝土强度的因素

硬化后的混凝土受压破坏可能有三种形式：骨料与水泥石界面的黏结处破坏、水泥石本身受压破坏和骨料受压破坏。常见的普通混凝土受力破坏一般出现在骨料和水泥石的界面上。

#### 1）水泥实际强度与水灰比

水泥强度等级和水灰比是决定混凝土强度的最主要因素，也是决定性因素。在配合比相同的条件下，水泥强度等级越高，配制的混凝土强度也越高。在水泥强度等级相同的条件下，混凝土强度主要取决于水灰（胶）比。若水灰比过大，混凝土硬化后，多余的水分蒸发后在混凝土内部形成过多的孔隙，将降低混凝土的强度；若水灰比过小，拌和物过于干稠，施工困难大，会出现蜂窝、孔洞，导致混凝土强度严重下降。因此，在满足施工要求并保证混凝土均匀密实的条件下，水灰比越小，水泥石强度越高，混凝土强度越高。

#### 2）骨料

当骨料级配良好、砂率适当时，由于组成了坚强密实的骨架，有利于混凝土强度的提高。当混凝土骨料中有害杂质较多、品质低、级配不好时，会降低混凝土的强度。

由于碎石表面粗糙有棱角，在坍落度相同的条件下，用碎石拌制的混凝土比用卵石的强度要高。

骨料的强度影响混凝土的强度，一般骨料强度越高所配制的混凝土强度越高，这在低水灰比和配制高强度混凝土时特别明显。骨料粒形以三维长度相等或相近的球形或立方体为好，若含有较多扁平颗粒或细长的颗粒，将导致混凝土强度下降。

3）养护温度及湿度

混凝土浇捣成型后，必须在一定时间内保持适当的温度和湿度以使水泥充分水化，这就是混凝土的养护。养护温度高，水泥水化速度加快，混凝土强度的发展也快；反之，在低温下混凝土强度发展迟缓。所以，冬季施工时，要特别注意保温养护，以免混凝土早期受冻破坏。

周围环境的湿度对水泥的水化作用能否正常进行有显著影响。湿度适当，水泥水化反应顺利进行，使混凝土强度得到充分发展。因为水是水泥水化反应的必要成分，如果湿度不够，水泥水化反应不能正常进行，甚至停止水化，严重降低混凝土强度，而且使混凝土结构疏松，形成干缩裂缝，增大了渗水性，从而影响混凝土的耐久性。

《混凝土结构工程施工质量验收规范》（GB 50204—2015）规定，在混凝土浇筑完毕后的12 h 内应对混凝土加以覆盖和浇水，其浇水养护时间，硅酸盐水泥、普通硅酸盐水泥和矿渣水泥拌制的混凝土不得少于7 d；对掺用缓凝型外加剂或有抗渗要求的混凝土的强度不得少于14 d，浇水次数应能保持混凝土处于潮湿状态。

4）龄期

龄期是指混凝土在正常养护条件下所经历的时间。在正常养护的条件下，混凝土的强度将随龄期的增长而不断发展，最初 7~14 d 内强度发展较快，以后逐渐缓慢，28 d 达到设计强度。以后若能长期保持适当的温度和湿度，强度的发展可延续数十年之久。

5）试验条件对混凝土强度测定值的影响

试验条件是指试件的尺寸、形状、表面状态及加荷速度等。试验条件不同，会影响混凝土强度的试验值。

（1）试件的尺寸。相同配合比的混凝土，试件的尺寸越小，测得的强度越高，试件尺寸影响强度的主要原因是试件尺寸大时，内部孔隙、缺陷等出现的概率也大，导致有效受力面积的减小及应力集中，从而引起强度的降低。

（2）试件的形状。当试件受压面积（$a \times a$）相同，而高度（$h$）不同时，高宽比（$h/a$）越大，抗压强度越小。

（3）表面状态。混凝土试件承压面的状态也是影响混凝土强度的重要因素。当试件受压面上有油脂类润滑剂时，试件受压时的环箍效应大大减小，试件将出现直裂破坏（见图 1-1），测出的强度值也较低。

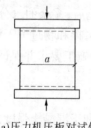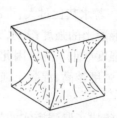

(a)压力机压板对试件的　　　　(b)试件破坏后残存的　　　　(c)不受压板约束时试件的
　　约束作用　　　　　　　　　棱锥试体　　　　　　　　　　破坏情况

**图 1-1　混凝土受压试验**

（4）加荷速度。加荷速度越快，测得的混凝土强度值也越大，当加荷速度超过1.0 MPa/s时，这种趋势更加显著。因此，我国标准规定混凝土抗压强度的加荷速度为0.3~1.0 MPa/s，且应连续均匀地进行加荷。

（四）混凝土的变形性能

混凝土的变形主要分为两大类，即非荷载变形和荷载变形。非荷载变形指物理化学因素引起的变形，包括化学收缩、干湿变形、温度变形等。荷载变形可分为短期荷载作用下的变形，长期荷载作用下的变形——徐变。

（五）混凝土的耐久性及改善措施

混凝土的耐久性是指混凝土在使用环境中保持长期性能稳定的能力。混凝土除应具有设计要求的强度，以保证其能安全地承受设计的荷载外，还应具有与自然环境及使用条件相适应的经久耐用的性能。

1. 混凝土的耐久性

混凝土耐久性主要包括抗渗、抗冻、抗侵蚀、抗碳化、抗碱－骨料反应及抗风化等性能。

1）混凝土的抗渗性

混凝土的抗渗性是指混凝土抵抗有压介质（水、油、溶液等）渗透作用的能力。混凝土的抗渗性用抗渗等级表示。抗渗等级有 P4、P6、P8、P10、P12 等五个等级，分别表示能抵抗 0.4 MPa、0.6 MPa、0.8 MPa、1.0 MPa、1.2 MPa 的静水压力而不渗透。

混凝土渗水的主要原因与孔隙率的大小、空隙的构造有关。

提高混凝土抗渗性的主要措施是提高混凝土的密实度和改善混凝土中的孔隙结构，减少连通孔隙，这些可通过采用低的水灰比、选择好的骨料级配、充分振捣和养护、掺入引气剂等方法来实现。

2）混凝土的抗冻性

混凝土的抗冻性是指混凝土在饱和水状态下，能经受多次冻融循环而不破坏，同时不严重降低其所具有的性能的能力。混凝土的抗冻性用抗冻等级来表示。混凝土的抗冻等级有 F10、F15、F25、F50、F100、F150、F200、F250 和 F300 等九个等级，分别表示混凝土能承受冻融循环的最大次数不小于 10、15、25、50、100、150、200、250 次和 300 次。

混凝土的密实度、孔隙率、孔隙构造和孔隙的充水程度是影响抗冻性的主要因素。低水灰比、密实的混凝土和具有封闭孔隙的混凝土（如引气混凝土）抗冻性较高。

3）混凝土的抗侵蚀性

当混凝土所处环境中含有侵蚀性介质时，混凝土便会遭受侵蚀。通常有软水侵蚀、硫酸盐侵蚀、镁盐侵蚀、碳酸侵蚀、一般酸侵蚀与强碱侵蚀等，其侵蚀机制同水泥的腐蚀。随着混凝土在地下工程、海岸与海洋工程等恶劣环境中的应用，对混凝土的抗侵蚀性提出了更高的要求。

混凝土的抗侵蚀性与所用水泥品种、混凝土的密实程度和孔隙特征等有关，密实和孔隙封闭的混凝土，环境水不易侵入，抗侵蚀性较强。

4）混凝土的碳化

混凝土的碳化是指混凝土内水泥石中的 $Ca(OH)_2$ 与空气中的 $CO_2$，在湿度适宜时发生化学反应，生成 $CaCO_3$ 和水。

混凝土的碳化是 $CO_2$ 由表及里逐渐向混凝土内部扩散的过程。碳化消耗了混凝土中的 $Ca(OH)_2$，碱度降低减弱了对钢筋的保护作用。这是因为混凝土中水泥水化生成大量 $Ca(OH)_2$，减弱了钢筋的保护作用，易引起钢筋锈蚀。碳化作用还会增加混凝土的收缩，引起混凝土表面出现微细裂缝，从而降低混凝土的抗拉、抗折强度及抗渗能力。碳化产生的碳酸钙填充了水泥石的孔隙,提高了混凝土碳化层的密实度,对提高抗压强度有利。

影响碳化速度的主要因素有环境中 $CO_2$ 的浓度、水泥品种、水灰比、环境湿度等。当环境中的相对湿度为 50% ~75% 时,碳化速度最快,当相对湿度小于 25% 或大于 100% 时,碳化将停止。

提高混凝土抗碳化的措施:合理选择水泥品种,降低水灰比,掺入减水剂或引气剂,保证混凝土保护层的质量与厚度,加强振捣与养护。

5)混凝土的抗碱 – 骨料反应

碱 – 骨料反应是指水泥、外加剂等混凝土构成物及环境中的碱与骨料中碱活性矿物,在潮湿环境下缓慢发生并导致混凝土开裂破坏的膨胀反应。

碱 – 骨料反应必须具备以下三个条件:一是水泥中碱的含量大于 0.6%,二是骨料中含有一定的活性成分,三是有水存在。

2. 改善混凝土耐久性的措施

混凝土所处的环境和使用条件不同,对其耐久性的要求也不相同,混凝土的密实程度是影响耐久性的主要因素,其次是原材料的性质、施工质量等。改善混凝土耐久性的主要措施有:

(1)合理选择水泥品种,根据混凝土工程的特点和所处的环境条件,合理选用水泥。

(2)选用质量良好、技术条件合格的砂石骨料。

(3)控制水胶比及保证足够的水泥用量是保证混凝土密实度、提高混凝土耐久性的关键。混凝土的最大水灰比和最小水泥用量的限值,应满足《普通混凝土配合比设计规程》(JGJ 55—2011)以及《混凝土结构设计规范》(GB 50010—2010)等的规定。

(4)掺入减水剂或引气剂,改善混凝土的孔隙率和孔结构,对提高混凝土的抗渗性和抗冻性具有良好作用。

(5)改善施工操作,保证施工质量。

### 三、普通混凝土配合比设计

混凝土配合比设计是指混凝土中水泥、粗细骨料和水等各组成材料用量之间的比例关系。常用的表示方法有两种:一种是以 1 $m^3$ 混凝土中各组成材料的质量来表示;另一种是以各组成材料相互间的质量比来表示(以水泥质量为1),将上例换算成质量比为:水泥:砂:石子:水 = 1:2.4:4:0.6(或水泥:砂:石子 = 1:2.4:4,水灰比 = 0.6)。

配合比设计的基本要求:达到混凝土结构设计的强度等级;满足混凝土施工所要求的和易性;满足工程所处环境和使用条件对混凝土耐久性的要求;符合经济原则,节约水泥,降低成本。

在设计混凝土配合比之前,必须通过调查研究,预先掌握基本资料方能计算。初步配合比是借助于经验公式、图表算出或查得各种材料的用量,以便采用该数据在实验室进行验证。

根据试验用拌和物的数量,按初步配合比称取实际工程中使用的材料进行试拌,若经试配和易性以及强度不符合设计要求,可做调整,直至满足要求。由于施工现场砂石常含一定量水分,应根据现场砂石含水率对配合比设计值进行修正。

# 第三节　建筑砂浆

建筑砂浆是由胶凝材料、掺合料、细骨料和水按照一定比例配制而成的材料。与普通混凝土相比,砂浆又称无粗骨料混凝土。建筑砂浆在建筑工程中是一项用量大、用途广泛的建筑材料。

根据用途,建筑砂浆分砌筑砂浆、抹面砂浆、装饰砂浆及特种砂浆。根据胶结材料的不同可分为水泥砂浆、石灰砂浆、混合砂浆和聚合物水泥砂浆等。

## 一、砌筑砂浆

将砖、石、砌块等黏结成为砌体的砂浆称为砌筑砂浆。它起着黏结砌块、传递荷载的作用,是砌体的重要组成部分。

### (一)砂浆的组成材料

#### 1.水泥

普通水泥、矿渣水泥、火山灰水泥、粉煤灰水泥以及砌筑水泥等都可以用来配制砂浆。水泥的技术指标应符合《通用硅酸盐水泥》(GB 175—2007)和《砌筑水泥》(GB/T 3183—2003)的规定。水泥是砌筑砂浆的主要胶凝材料,应根据使用部位的耐久性要求来选择水泥品种。M15 及以下强度等级的砂浆宜选用 32.5 级的通用硅酸盐水泥或砌筑水泥;M15 以上强度等级的砂浆宜选用 42.5 级的通用硅酸盐水泥。

#### 2.掺合料

为了改善砂浆的和易性和节约水泥,可在砂浆中掺入适量掺合料配制成混合砂浆。常用的材料有石灰膏、电石膏、粉煤灰、粒化高炉矿渣粉、硅灰、沸石粉等无机塑化剂,或松香皂、微沫剂等有机塑化剂。

生石灰熟化成石灰膏时,应用孔径不大于 3 mm×3 mm 的网过滤,熟化时间不得少于7 d;磨细生石灰粉的熟化时间不得小于 2 d,消石灰粉不得直接用于砂浆中。石灰膏、黏土膏和电石膏试配时的稠度应为(120±5)mm。粉煤灰、粒化高炉矿渣粉、硅灰、沸石粉应分别符合国家的有关规定。

#### 3.砂

砂浆用砂应符合普通混凝土用砂的技术要求。由于砌筑砂浆层较薄,对砂子的最大粒径应有所限制。对于毛石砌体宜用的粗砂,砖砌体以使用中砂为宜,粒径不得大于 2.5 mm。对于光滑抹面及勾缝用的砂浆则应使用细砂,最大粒径一般为 1.2 mm。

#### 4.水

砂浆拌和用水的技术要求与混凝土拌和用水相同。

#### 5.外加剂

外加剂应符合国家现行有关标准的规定,引气型外加剂还应有完整的型式检验报告,并经砂浆性能试验合格后,方可使用。

### (二)砂浆的基本性质

#### 1.新拌砂浆的和易性

新拌砂浆的和易性是指新拌砂浆能在基面上铺成均匀的薄层,并与基面紧密黏结的性能。和易性良好的砂浆便于施工操作,灰缝填筑饱满密实,与砖石黏结牢固,砌体的强度和整体性较好,既能提高劳动生产率,又能保证工程质量。新拌砂浆的和易性包括流动性和保水性两个方面。

1)流动性(稠度)

流动性(稠度)是指砂浆在自重或外力作用下流动的性能。砂浆的流动性用沉入度表示。稠度越大,则流动性越大,但稠度过大会使硬化后的砂浆强度降低;稠度越小,则不利于施工操作。

2)保水率

新拌砂浆能够保持水分的能力称为保水性。保水率好的砂浆在施工过程中不易离析,能够形成均匀迷失的砂浆胶结层,保证砌体具有良好的质量。

2.硬化砂浆的技术性质

1)砂浆强度等级

按《建筑砂浆基本性能试验方法标准》(JGJ/T 70—2009),砂浆的强度等级是以边长为70.7 mm×70.7 mm×70.7 mm 的立方体试块,按规定方法成型并标准养护至28 d的平均抗压强度平均值来表示。水泥砂浆强度等级分为 M30、M25、M20、M15、M10、M7.5、M5 七个等级,水泥混合砂浆强度等级分为 M15、M10、M7.5、M5。

砌筑砂浆的实际强度主要取决于所砌筑的基层材料的吸水性,可分为下述两种情况:

(1)基层为不吸水材料(如致密的石材)时,影响强度的因素主要取决于水泥强度和水灰比。

(2)基层为吸水材料(如砖)时,由于基层吸水性强,即使砂浆用水量不同,经基层吸水后,保留在砂浆中的水分几乎是相同的,因此砂浆的强度主要取决于水泥强度和水泥用量,而与用水量无关。

此外,砂的质量、混合材料的品种及用量、养护条件(温度和湿度)都会影响砂浆的强度和强度增长。

砌筑砂浆的黏结力越大,则整个砌体的强度、耐久性、稳定性及抗震性越好。一般砂浆抗压强度越大,则其与基材的黏结力越强。此外,砂浆的黏结力也与基层材料的表面状态、清洁程度、润湿状况及施工养护条件有关。因此,在砌筑前应做好有关的准备工作。

2)砂浆的抗冻性

砂浆的抗冻性是指砂浆抵抗冻融循环作用的能力,砂浆受冻遭损由其内部孔隙中水的冻结膨胀引起孔隙破坏而致,密实的砂浆和具有封闭性孔隙的砂浆都具有较好的抗冻性。有抗冻性要求的砌体工程,砌筑砂浆应进行冻融试验。

## 二、普通抹面砂浆

抹面砂浆是涂抹于建筑物或构筑物表面的砂浆的总称。砂浆在建筑物表面起着平整、保护、美观的作用。抹面砂浆一般用于粗糙和多孔的底面,且与底面和空气的接触面大,所以失去水分的速度更快,因此要有更好的保水性。与砌筑砂浆不同,抹面砂浆对强度要求不高,而对于和易性以及与基底材料的黏结力较好,故胶凝材料比砌筑砂浆多。

为了保证抹灰层表面平整,避免开裂脱落,抹面砂浆常分为底层、中层和面层,分层涂抹,各层的成分和稠度要求各不相同。底层砂浆主要起与基层牢固黏结的作用,要求稠度较稀,其组成材料常随基底而异,如一般砖墙、混凝土墙、柱面常用混合砂浆砌筑。对混凝土基底,宜采用混合砂浆或水泥砂浆。中层砂浆主要起找平作用,较底层砂浆稍稠。面层砂浆主要起装饰作用,一般要求采用细砂拌制的混合砂浆、麻刀石灰砂浆或纸筋砂浆。在容易碰撞或潮湿的地方应采用水泥砂浆。

## 三、砌筑砂浆的配合比

### (一)现场配制水泥混合砂浆的配合比计算

1. 计算砂浆的试配强度($f_{m,0}$)

砂浆的试配强度应按下式计算

$$f_{m,0} = k \cdot f_2 \tag{1-1}$$

式中  $f_{m,0}$——砂浆的试配强度,精确至 0.1 MPa;

　　　$f_2$——砂浆强度等级值,精确至 0.1 MPa;

　　　$k$——系数,施工水平优良 $k = 1.15$,一般 $k = 1.20$,较差 $k = 1.25$。

2. 计算每立方米砂浆中的水泥用量 $Q_c$

$$Q_c = \frac{1\,000(f_{m,0} - \beta)}{\alpha \cdot f_{ce}} \tag{1-2}$$

式中  $Q_c$——每立方米砂浆的水泥用量,精确至 1 kg;

　　　$f_{m,0}$——砂浆的试配强度,精确至 0.1 MPa;

　　　$f_{ce}$——水泥的实测强度,精确至 0.1 MPa;

　　　$\alpha$、$\beta$——砂浆的特征系数,其中 $\alpha = 3.03$,$\beta = -15.09$。

3. 计算每立方米砂浆石灰膏用量 $Q_D$

$$Q_D = Q_A - Q_C \tag{1-3}$$

式中  $Q_D$——每立方米砂浆的石灰膏用量,精确至 1 kg,石灰膏使用时的稠度为(120 ± 5)mm,稠度不同时,其用量应乘以表 1-4 所示的换算系数;

　　　$Q_C$——每立方米砂浆的水泥用量,精确至 1 kg;

　　　$Q_A$——每立方米砂浆中水泥和掺加料的总量,精确至 1 kg,可为 350 kg。

表 1-4　石灰膏不同稠度的换算系数

| 稠度(mm) | 120 | 110 | 100 | 90 | 80 | 70 | 60 | 50 | 40 | 30 |
|---|---|---|---|---|---|---|---|---|---|---|
| 换算系数 | 1.00 | 0.99 | 0.97 | 0.95 | 0.93 | 0.92 | 0.90 | 0.88 | 0.87 | 0.86 |

4. 确定每立方米砂用量 $Q_s$

每立方米砂用量应按砂干燥状态(含水率小于 0.5%)的堆积密度作为计算值,单位以 kg 计。

5. 选用每立方米砂浆用水量 $Q_w$

每立方米砂浆中的用水量,根据砂浆稠度等要求可选用 210 ~ 310 kg。混合砂浆中的用水量,不包括石灰膏或黏土膏中的水;当采用细砂或粗砂时,用水量分别取上限或下限;稠度小于 70 mm 时,用水量可小于下限;施工现场气候炎热或干燥季节,可酌量增加用水量。

**（二）现场配制水泥砂浆的材料用量**

水泥砂浆材料用量按表 1-5 选用。

表 1-5　每立方米水泥砂浆材料用量　（单位：kg/m³）

| 强度等级 | 水泥 | 砂子 | 用水量 |
|---|---|---|---|
| M5 | 200~230 | | |
| M7.5 | 230~260 | | |
| M10 | 260~290 | | |
| M15 | 290~330 | 砂的堆积密度值 | 270~330 |
| M20 | 340~400 | | |
| M25 | 360~410 | | |
| M30 | 430~480 | | |

注：1. M15 及以下强度等级的水泥砂浆，水泥强度等级为 32.5 级，M15 以上强度等级的水泥砂浆，水泥强度等级为
42.5 级；当采用细砂或粗砂时，用水量分别取上限或下限；稠度小于 70 mm 时，用水量可小于下限；施工现场气候
炎热或干燥季节，可酌量增加用水量。

2. 本表摘自《砌筑砂浆配合比设计规程》（JGJ/T 98—2010）。

**（三）砌筑砂浆配合比试配、调整与确定**

试配时应采用工程中实际使用的材料，按《建筑砂浆基本性能试验方法标准》（JGJ/T 70—2009）测定其拌和物的稠度、保水率和强度。当不能满足要求时，应调整材料用量，直到符合要求。

# 第四节　石材、砖和砌块

## 一、石材

石材可分为天然石材和人造石材两大类，砌筑用石材一般使用天然石材。

**（一）天然石材的分类**

天然石材按地质分类法可分为岩浆岩、沉积岩和变质岩三大类。

**（二）天然石材的技术性质**

1. 表观密度

表观密度与石材的矿物组成及孔隙率有关，根据表观密度天然石材可划分为轻质石材与重质石材两大类。

2. 抗压强度

天然石材是非均质各向异性脆性材料。按标准规定的试验方法测定石材标准试样的抗压强度平均值，将石材强度划分为九个等级。

3. 耐水性

天然石材的耐水性按其软化系数值的大小分为三等，即：

高耐水性石材：软化系数大于 0.9；

中耐水性石材：软化系数介于 0.7~0.9；

低耐水性石材:软化系数介于 0.6～0.7。

4．吸水性

石材吸水后强度降低,抗冻性变差,导热性增加,耐水性和耐久性下降。表观密度大的石材,孔隙率小,吸水率也小。

5．抗冻性

石材的抗冻性与吸水率大小有密切关系。一般吸水率大的石材,抗冻性能较差。另外,抗冻性还与石材吸水饱和程度、冻结程度和冻融次数有关。石材在水饱和状态下,经规定次数的冻融循环后,若无贯穿缝且重量损失不超过 5%,强度损失不超过 25%,则为抗冻性合格。

### (三)天然石材的种类及应用

1．毛石

毛石是指以开采所得、未经加工的形状不规则的石块。毛石主要用于砌筑建筑物的基础、勒角、墙身、挡土墙、堤岸及护坡,还可以用来浇筑片石混凝土。

2．料石

料石是指以人工斩凿或机械加工而成,形状比较规则的六面体块石。按表面加工平整程度分为四种:毛料石、粗料石、半细料石、细料石;按外形划分为条石、方石、拱石(楔形)。料石主要用于建筑物的基础、勒脚、墙体等部位,半细料石和细料石主要用作镶面材料。

## 二、砌墙砖

砌墙砖是以黏土、工业废料或其他地方资源为主要原料,用不同工艺制成的,在建筑中用于砌筑墙体的砖。按生产方法分为烧结砖和非烧结砖。按孔洞率分为普通砖(实心或孔洞率≤15%)、多孔砖(孔洞率≥28%)和空心砖(孔洞率≥35%)。

### (一)烧结砖

1．烧结普通砖

烧结普通砖是以黏土、页岩、粉煤灰、煤矸石为主要原料,经焙烧制成的普通砖。按主要原料分为黏土砖(N)、页岩砖(Y)、粉煤灰砖(F)、煤矸石砖(m)。

以黏土为主要原料,经配料、制坯、干燥、焙烧而成的为烧结黏土砖,有红砖和青砖两种。在焙烧时火候要适当、均匀,否则将出现不合格品——欠火砖和过火砖。欠火砖色浅,敲击声哑,吸水率大,强度低,耐久性差;过火砖色深,敲击时声音轻脆,吸水率小,强度高,耐久性好,易出现弯曲变形。

1)烧结普通砖的技术性能指标

烧结普通砖的各项技术指标应满足《烧结普通砖》(GB 5101—2003)的规定:

(1)尺寸规格。

烧结普通砖为直角六面体,标准尺寸为 240 mm × 115 mm × 53 mm。通常将 240 mm × 115 mm 面称为大面,240 mm × 53 mm 面称为条面,115 mm × 53 mm 面称为顶面。考虑砌筑灰缝厚度 10 mm,则 4 块砖长、8 块砖宽、16 块砖厚均为 1 m,在理论上 1 m³ 砖砌体需用砖512 块。烧结普通砖的尺寸允许偏差应符合有关规定。

(2)强度等级。

烧结普通砖按抗压强度分为:MU30、MU25、MU20、MU15、MU10 五个强度等级。在评定砖的强度等级时,若强度变异系数≤0.21,采用平均值、标准值方法;若强度变异系数>0.21,则采用平均值、最小值方法。各个强度等级应满足标准的规定。

(3)泛霜和石灰爆裂。

泛霜(盐析)是指可溶性的盐在砖或砌块表面析出的现象,呈白色粉状、絮团或絮片状,影响外观且结晶膨胀也会引起砖表面的酥松,甚至剥落,严重的还可能降低墙体的承载力。

石灰爆裂是指烧结砖的原料中夹杂着石灰石,焙烧时被烧成生石灰,在使用过程中吸水熟化成熟石灰,体积膨胀而发生爆裂现象,影响砖的质量,使砖砌体强度降低,直至破坏。

(4)抗风化性能。

抗风化性能是指在干湿变化、温度变化、冻融变化等物理因素作用下,材料不破坏并长期保持原有性质的能力。通常以其抗冻性、吸水率及饱和系数等指标判定。

强度和抗风化性能合格的砖,按尺寸偏差、外观质量、泛霜和石灰爆裂划分为优等品(A)、一等品(B)和合格品(C)。

优等品用于墙体装饰和清水墙,一等品和合格品可用于混水墙,中等泛霜的砖不得用于潮湿部位。

2)烧结普通砖的应用

烧结普通砖具有一定的强度,耐久性好,保温隔热、隔声性能较好,价格低,原料丰富,生产工艺简单,因此是历史悠久且应用范围非常广泛的墙体材料。也常用于砌筑墙体、基础、柱、拱、烟囱,铺砌地面,也可与轻混凝土、保温隔热材料等配合使用。

但由于黏土砖大量毁坏良田,尺寸较小,施工效率低,自重大,能耗高等,目前我国大力推广墙体材料改革,用多孔砖、空心砖、砌块、轻质板材等来取代实心黏土砖。

**2. 烧结多孔砖和空心砖**

由于多孔砖和空心砖的尺寸及孔洞率等于或大于普通砖,所以可节约燃料10% ~ 20%,节约黏土25%以上,减轻墙体自重,提高工效40%,降低工程造价20%,较大程度地改善墙体的保温隔热、隔声性能。目前我国大力推广使用。

1)烧结多孔砖

烧结多孔砖是以黏土、页岩、粉煤灰、煤矸石等为主要原料,经焙烧制成的孔洞率大于等于15%的砖。多孔砖孔洞数量多、尺寸小,孔洞垂直于受压面,主要用于承重墙体。

《烧结多孔砖》(GB 13544—2000)规定:烧结多孔砖为直角六面体。长度:290 mm、240 mm;宽度190 mm、180 mm、175 mm、140 mm、115 mm;高度90 mm;按抗压强度划分为MU30、MU25、MU20、MU15、MU10五个强度等级,各强度等级的抗压强度应符合标准的要求;强度和抗风化性能合格的砖,按尺寸偏差、外观质量、孔型及孔洞排列、泛霜和石灰爆裂分为优等品(A)、一等品(B)、合格品(C)三个质量等级。

烧结多孔砖可以代替烧结黏土砖,用于砖混结构中的承重墙。

2)烧结空心砖

烧结空心砖是以黏土、页岩、粉煤灰、煤矸石等为主要原料,经焙烧制成的孔洞率≥35%的砖。空心砖孔洞数量少、尺寸大,强度低,孔洞方向平行于条面和大面。

烧结空心砖按大面及条面抗压强度平均值和单块最小值分为MU10.0、MU7.5、MU5.0、MU3.5、MU2.5五个强度,按表观密度不同划分为800、900、1 000、1 100四个密度级别。

烧结空心砖主要用于非承重墙和填充墙体。

（二）非烧结砖

不经焙烧的砖为非烧结砖，如碳化砖、免烧免蒸砖、蒸压蒸养砖等。目前常用的是蒸压蒸养砖。

1. 蒸压灰砂砖

蒸压灰砂砖是以石灰、砂子（也可以掺入着色剂或外加剂）为原料，经制坯、压制成型、蒸压养护而成的实心砖。根据颜色可分为彩色（$C_0$）和本色（N）两种。

蒸压灰砂砖的外形、公称尺寸与烧结普通砖相同；按抗压强度和抗折强度划分为MU25、MU20、MU15、MU10四个强度等级，根据外观质量和尺寸偏差、强度和抗冻性分为优等品（A）、一等品（B）、合格品（C）三个质量等级。

灰砂砖中强度等级为MU25、MU20、MU15的砖用于工业与民用建筑的墙体和基础；强度等级MU10的砖可用于防潮层以上的建筑，不得用于长期受急冷、急热和有酸性腐蚀的建筑部位，也不适用于受流水冲刷的部位。

2. 蒸压（养）粉煤灰砖

蒸压（养）粉煤灰砖是指以粉煤灰、石灰和水泥为主要原料，掺加适量石膏、外加剂、颜料和骨料，经高压或常压蒸汽养护而成的实心粉煤灰砖。

粉煤灰砖的外形、公称尺寸与烧结普通砖相同。按抗压强度和抗折强度划分为MU30、MU25、MU20、MU15、MU10五个强度等级；根据外观质量、尺寸偏差、强度和干燥收缩值分为优等品（A）、一等品（B）、合格品（C），优等品强度等级应不低于MU15，一等品强度等级应不低于MU10。

粉煤灰砖可用于工业与民用建筑的墙体和基础，但用于基础或用于易受冻融和干湿交替作用的建筑部位的砖，强度等级必须为MU15及以上。该砖不得用于长期受热（200 ℃）、受急冷急热和有酸性腐蚀的建筑部位。

## 三、砌块

砌块是指砌筑用的，形体大于砌墙砖的人造石材。一般为直角六面体，也有各种异型的。砌块主规格尺寸中的长度、宽度和高度，至少有一项应大于365 mm、240 mm、115 mm，但高度不大于长度或宽度的6倍，长度不超过高度的3倍。

砌块按用途可分为承重砌块和非承重砌块；按生产工艺可分为烧结砌块和蒸压蒸养砌块；按有无空洞可分为实心砌块和空心砌块；按产品规格可分为大型砌块（主规格高度＞980 mm）、中型砌块（主规格高度380～980 mm）、小型砌块（主规格高度为115～380 mm）。

（一）蒸压加气混凝土砌块

蒸压加气混凝土砌块是以钙质材料（水泥、石灰）和硅质材料（矿渣和粉煤灰）以及加气剂（铝粉），经配料、搅拌、浇筑、发气、切割和蒸压养护而成的多孔轻质块体材料。

按抗压强度可分为A1.0、A2.0、A2.5、A3.5、A5.0、A7.5、A10.0七个等级，见表1-6；按干表观密度可分为B03、B04、B05、B06、B07、B08六个等级；按尺寸偏差、外观质量、体积密度及抗压强度分为优等品（A）、一等品（B）、合格品（C）三个等级。

表 1-6 加气混凝土砌块的抗压强度

| 强度等级 | | A1.0 | A2.0 | A2.5 | A3.5 | A5.0 | A7.5 | A10.0 |
|---|---|---|---|---|---|---|---|---|
| 立方体抗压强度(MPa) | 平均值≥ | 1.0 | 2.0 | 2.5 | 3.5 | 5.0 | 7.5 | 10.0 |
| | 最小值≥ | 0.8 | 1.6 | 2.0 | 2.8 | 4.0 | 6.0 | 8.0 |

蒸压加气混凝土砌块具有表观密度小,保温隔热及耐火性好,易加工,抗震性好,施工方便的特点,适用于低层建筑的承重墙,多层建筑和高层建筑的隔离墙、填充墙及工业的围护墙体和绝热材料。在无可靠的防护措施时,该类砌块不得用于处于水中或高湿度和有侵蚀介质的环境中,也不得用于建筑物的基础和温度长期高于 80 ℃的建筑部位。

**(二)粉煤灰砌块**

粉煤灰砌块是以粉煤灰、石灰、石膏和骨料为原料,经配料、加水搅拌、振动成型、蒸汽养护而制成的一种密实砌块。主规格尺寸为 880 mm×380 mm×240 mm 和 880 mm×430 mm×240 mm;按立方体抗压强度分为 MU10、MU13 两个等级;按外观质量、尺寸偏差分为一等品(B)、合格品(C);粉煤灰砌块主要用于工业与民用建筑的墙体和基础,但不适用于有酸性侵蚀介质、密封性要求高、易受较大振动的建筑物以及受高温和受潮湿的承重墙。

**(三)混凝土小型空心砌块**

混凝土小型空心砌块是以水泥为胶结材料,砂、碎石或卵石、煤矸石、炉渣为集料,经加水搅拌、振动加压或冲压成型、养护而成的小型砌块。

普通混凝土小型空心砌块的主规格尺寸为 390 mm×190 mm×190 mm,空心率应不小于 25%。按抗压强度分为 MU3.5、MU5.0、MU7.5、MU10.0、MU15.0、MU20.0 六个强度等级,按尺寸偏差、外观质量划分为优等品(A)、一等品(B)、合格品(C)。

该类小型砌块可用于多层建筑的内墙和外墙。这种砌块在砌筑时一般不宜浇水,但在气候特别干燥炎热时,可在砌筑前稍喷水湿润。

# 第五节 钢 材

钢材是应用最广泛的一种金属材料。建筑工程中使用的各种钢材,包括钢结构用各种型材(如圆钢、角钢、工字钢、管钢)、板材;混凝土结构用钢筋、钢丝、钢绞线。钢材的优点是材质均匀、性能可靠、强度高,具有一定的塑性、韧性,能承受较大的冲击和振动荷载,可以焊接、铆接、螺栓连接,便于装配。由各种型材组成的钢结构,安全性大,自重较轻,适用于重型工业厂房、大跨结构、可移动的结构及高层建筑。钢材的缺点是易锈蚀,维护费用大,耐火性差。

## 一、钢材的种类及主要技术性能

在理论上凡含碳量在 2.06% 以下,含有害杂质较少的铁碳合金称为钢材(即碳钢)。

**(一)钢的分类**

**1.按化学成分分类**

(1)碳素钢:低碳钢(含碳量小于 0.25%)、中碳钢(含碳量为 0.25%~0.6%)、高碳钢

（含碳量大于 0.6% ）。

（2）合金钢：低合金钢（合金元素总含量小于 5% ）、中合金钢（合金元素总含量为 5% ~ 10% ）、高合金钢（合金元素总含量大于 10% ）。

**2．按脱氧程度分类**

（1）沸腾钢：仅用弱脱氧剂锰铁进行脱氧，是脱氧不完全的钢。沸腾钢组织不够致密，气泡含量较多，化学偏析较大，成分不均匀，质量较差，但成本较低，用 F 表示。

（2）镇静钢：用一定数量的硅、锰和铝等脱氧剂进行彻底脱氧的钢。镇静钢质量好，组织致密，化学成分均匀，机械性能好，但成本高。镇静钢主要用于承受冲击荷载或其他重要结构，用 Z 表示。

（3）半镇静钢：其脱氧程度及钢的质量介于上述两者之间，用 b 表示。

**3．按质量分类**

（1）普通钢：含硫量 $S$ 为 0.055% ~ 0.065% ，含磷量 $P$ 为 0.045% ~ 0.085% 。

（2）优质钢：含硫量 $S$ 为 0.03% ~ 0.045% ，含磷量 $P$ 为 0.035% ~ 0.040% 。

（3）高级优质钢：含硫量 $S$ 为 0.02% ~ 0.03% ，含磷量 $P$ 为 0.027% ~ 0.035% 。

**（二）钢的化学成分对钢性能的影响**

钢材中除基本元素铁和碳外，还含有少量的硅、锰、硫、磷、氧、氮及一些合金元素等，这些元素来自炼钢原料、炉气及脱氧剂，在熔炼中无法除净。它们的含量决定了钢材的性能和质量。

（1）碳：是碳素钢的重要元素，当含碳量小于 0.8% 时，随着含碳量的增加，钢的抗拉强度和硬度提高，而塑性和韧性降低，同时，钢的冷弯、焊接及抗腐蚀等性能降低，并增加钢的冷脆性和时效敏感性。

（2）硅：是炼钢时用脱氧剂硅铁脱氧而残留在钢中的。硅是钢的主要合金元素，当硅的含量在 1.0% 以内时，可提高钢的强度，且对钢的塑性和冲击韧性无明显影响。

（3）锰：是炼钢时为了脱氧而加入的元素，也是钢的主要合金元素。在炼钢过程中，锰和钢中的硫、氧化合成 MnS 和 MnO，入渣排除，起到脱氧去硫的作用。当锰的含量在 0.8% ~ 1% 时，可显著提高强度和硬度，消除热脆性，并略微降低塑性和韧性。

（4）磷：是钢中的有害元素，由炼钢原料带入，以夹杂物的形式存在于钢中。磷在低温下可引起钢材的冷脆性。磷还能使钢的冷弯性能降低，可焊性变坏。但磷可使钢材的强度、硬度、耐磨性、耐腐蚀性提高。

（5）硫：是钢中极为有害的元素，以夹杂物的形式存在于钢中，易引起钢材的热脆性。硫的存在还会导致钢材的冲击韧性、疲劳强度、可焊性及耐腐蚀性降低，即使微量存在也对钢有害，故钢材中应严格控制硫的含量。

（6）氧、氮：也是钢中的有害元素，它们显著降低钢材的塑性、韧性、冷弯性能和可焊性。

（7）铝、钛、钒、铌：都是炼钢时的强脱氧剂，也是最常用的合金元素。适量加入钢内能改善钢的组织，细化晶粒，显著提高强度和改善韧性。

**（三）建筑钢材的主要技术性能**

钢材的性能主要包括力学性能、工艺性能和化学性能等。只有了解、掌握钢材的各种性能，才能正确、经济、合理地选择和使用钢材。

1. 力学性能

钢材的主要力学性能有拉伸性能、冲击韧性、耐疲劳性等。

1）拉伸性能

拉伸性能是建筑钢材的主要受力方式,也是最重要的性能。反映钢材拉伸性能的指标包括屈服强度、抗拉强度和伸长率。由于下屈服点较稳定易测,故一般结构设计中以下屈服强度作为钢材强度取值的依据。

屈服强度与抗拉强度之比($R_{eL}/R_m$)称为屈强比,反映钢材的利用率和结构安全可靠程度。屈服强度比越小,表明结构的可靠性越高,不易因局部超载而造成破坏;屈服强度比过小,表明钢材强度利用率偏低,造成浪费,不经济。建筑结构用钢合理的屈服强度比一般为 $0.60 \sim 0.75$。

伸长率是表明钢材塑性变形能力的重要指标,伸长率越大,说明钢材的塑性越好。伸长率是指断后标距的残余伸长与原始标距之比的百分率。

中碳钢与高碳钢(硬钢)通常以发生残余变形为原标距长度的 0.2% 时的应力作为屈服强度,用 $R_{p0.2}$ 表示。

2）冲击韧性

冲击韧性是指钢材抵抗冲击荷载而不破坏的能力,是通过冲击试验来确定的。以试件冲断缺口处单位面积上所消耗的功($J/cm^2$)来表示,其符号为 $\alpha_K$。$\alpha_K$ 值越大,钢材的冲击韧性越好。

影响钢材冲击韧性的因素很多,如化学成分、组织状态、冶炼、轧制质量、环境温度、时效等。发生冷脆性时的温度称为脆性临界温度。脆性临界温度越低,钢材的低温冲击性能越好。所以,在负温下使用的结构,应当选用脆性临界温度比环境最低温度低的钢材。

2. 工艺性能

建筑钢材在使用前,大多需要进行一定形式的加工。冷弯、冷拉、冷拔及焊接性能均是建筑钢材的重要工艺性能。

1）冷弯性能

冷弯性能指钢材在常温下承受弯曲变形的能力。一般用弯曲角度 $\alpha$ 以及弯心直径 $d$ 与试件厚度 $a$(或直径)的比值 $d/a$ 来表示。试验时采用的弯曲角度越大,弯心直径与试件厚度(或直径)的比值越小,表示对冷弯性能的要求越高。

冷弯试验是将钢材按规定的弯曲角度和弯心直径进行弯曲,若弯曲后试件弯曲处无裂纹、起层及断裂现象,即认为冷弯性能合格;否则为不合格。

冷弯试验对焊接质量也是一种严格的检验,能反映焊件在受弯表面存在未融合、微裂纹及夹杂物等缺陷。

2）钢材的可焊性

可焊性是指钢材在通常的焊接方法和工艺条件下获得良好焊接接头的性能。

建筑工程中的钢结构有 90% 以上是焊接结构。可焊性好的钢材焊接后不易形成裂纹、气孔、夹渣等缺陷,焊头牢固可靠,焊缝及附近过热区的性能不低于母材的力学性能,尤其是强度不低于母材,硬脆倾向小。

钢的可焊性主要受化学成分及其含量影响。碳、硅、锰、钒、钛的含量越多,将加大焊接硬脆性,降低可焊性,特别是硫的含量较多时,会使焊缝产生热裂纹,严重降低焊接质量。

（四）钢材的冷加工与时效

在建筑工地或钢筋混凝土预制构件厂，常将钢材进行冷加工来提高钢筋屈服点，节约钢材。

1. 冷加工强化

将钢材在常温下进行冷拉、冷拔、冷轧，使钢材产生塑性变形，从而使强度和硬度提高，塑性、韧性和弹性模量明显下降，这种过程称为冷加工强化。通常冷加工变形越大，强化越明显，即屈服强度提高越多，而塑性和韧性下降也越大。

（1）冷拉：将热轧钢筋用冷拉设备加力进行张拉，使之伸长。钢材经冷拉后，屈服强度提高 20% ~ 30%，节约钢材 10% ~ 20%。但屈服阶段缩短，伸长率降低，材质变硬。

（2）冷拔：将光面圆钢筋通过硬质钨合金拔丝模孔强行拉拔，经过一次或多次冷拔后的钢筋，表面光洁度高，屈服强度提高 40% ~ 60%，但塑性大大降低，具有硬钢的性质。

2. 时效强化

冷加工后的钢材随时间的延长，强度、硬度提高，塑性、韧性下降，弹性模量得以恢复的现象称为时效强化。钢材经冷加工后，在常温下存放 15 ~ 20 d 或加热至 100 ~ 200 ℃，保持 2 h 左右，其屈服强度、抗拉强度及硬度都进一步提高，而塑性、韧性继续降低。前者称为自然时效，后者称为人工时效。冷拉时效后，屈服强度和抗拉强度均得到提高，但塑性和韧性则相应降低。

因时效导致钢材性能改变的程度称为时效敏感性。时效敏感性大的钢材，经时效后，其冲击韧性值降低越显著。因此，对于受到振动冲击荷载作用的重要结构（如吊车梁、桥梁等），应选用时效敏感性小的钢材。

（五）建筑钢材的标准与选用

目前我国建筑钢材主要采用碳素结构钢和低合金结构钢。

1. 碳素结构钢

根据《碳素结构钢》（GB/T 700—2006）的规定，牌号由代表屈服强度的字母、屈服强度数值、质量等级符号、脱氧方法符号等四部分按顺序组成。其中以 Q 代表屈服强度；屈服强度数值分别为 195 MPa、215 MPa、235 MPa 和 275 MPa 四种；质量等级以硫、磷等杂质含量由多到少，分别由 A、B、C、D 符号表示；脱氧方法以 F 表示沸腾钢、b 表示半镇静钢、Z 和 TZ 分别表示镇静钢和特种镇静钢；Z 和 TZ 在钢的牌号中予以省略。如 Q235 - A · F，表示屈服强度为 235 MPa 的 A 级沸腾钢。

在建筑工程中应用最广泛的是碳素钢 Q235。它有较高的强度，良好的塑性、韧性和可焊性，综合性能好，能满足一般钢结构和钢筋混凝土用钢要求，成本较低。用 Q235 可轧制成各种型材、钢板、管材和钢筋。

Q195、Q215 号钢强度低，塑性和韧性较好，易于冷加工，常用作钢钉、铆钉、螺栓、铁丝等。Q215 号钢经冷加工后可代替 Q235 号钢使用。

Q275 号钢强度较高，但韧性、塑性较差，可焊性也较差，不易焊接和冷弯加工，可用于轧制带肋钢筋做螺栓配件等，但更多用于机械零件和工具等。

2. 优质碳素钢

优质碳素钢按照质量分为优质钢、高级优质钢和特级优质钢。钢材中硫、磷等有害杂质控制较严，质量较稳定，综合性能好，但成本较高，建筑上使用不多。优质碳素钢一般用于生产预应力混凝土用钢丝和钢绞线以及重要结构的钢铸件和高强度螺栓等。

**3. 低合金结构钢**

低合金结构钢是在碳素结构钢的基础上，添加少量的一种或几种合金元素（总含量小于5%）的一种结构钢。所加元素主要有锰、硅、钒、钛、铌、铬、镍及稀土元素，其目的是提高钢的屈服强度、抗拉强度、耐磨性、耐腐蚀性及耐低温性能等。因此，它是综合性能较为理想的建筑钢材，尤其在大跨度、承受动荷载和冲击荷载的结构中更适用。另外，比碳素钢节约钢材20% ~30%，而成本增加不多。

《低合金高强度结构钢》（GB 1591—2008）规定，牌号的表示由代表屈服强度的字母Q、屈服强度数值、质量等级（分A、B、C、D、E五级）三个部分组成。根据屈服强度数值共分有八个牌号，即Q345、Q390、Q420、Q460、Q500、Q550、Q620、Q690。

在钢结构中常采用低合金高强度结构钢轧制型钢、钢板，采用低合金高强度结构钢，可减轻结构重量，延长使用寿命，特别是大跨度、大柱网结构采用这种钢材，技术经济效果更显著。在重要的钢筋混凝土结构或预应力钢筋混凝土结构中主要应用低合金钢加工成的热轧带肋钢筋。

## 二、钢结构用钢材

钢结构构件一般应直接选用各种型钢。构件之间可直接或通过连接钢板进行连接。连接方式有铆接、螺栓连接或焊接。所用母材主要是碳素结构钢及低合金高强度结构钢。型钢按加工方法有热轧和冷轧两种。

### （一）热轧型钢

热轧型钢有角钢、工字钢、槽钢、T型钢、H型钢、Z型钢等。

我国建筑用热轧型钢主要采用碳素结构钢Q235 - A，强度适中，塑性和可焊性较好，而且冶炼容易，成本低廉，适合建筑工程使用。在钢结构设计规范中推荐使用的低合金钢，主要有两种，即Q345及Q390，可用于大跨度、承受动荷载的钢结构。

### （二）冷弯薄壁型钢

通常是用2 ~6 mm薄钢板冷弯或模压而成，有角钢、槽钢等开口薄壁型钢及方型、矩形等空心薄壁型钢，主要用于轻型钢结构。其标记方式与热轧型钢相同。

### （三）钢板、压型钢板

钢板是用轧制方法生产的，宽厚比很大的矩形板状钢材。用光面轧制而成的扁平钢材，以平板状态供货的称钢板，以卷状供货的称钢带。所使用的钢种有碳素结构钢，低合金结构钢和优质碳素结构钢三类。

按轧制温度不同，分为热轧和冷轧两大类；热轧钢板按厚度分为厚板（厚度大于4 mm）和薄板（厚度为0.35 ~4 mm）两种；冷轧只有薄板（厚度为0.2 ~4 mm）一种。厚板可用于焊接结构，薄板可用作屋面或墙面等围护结构，或作为涂层钢板的原材料，如制作压型钢板等。钢板还可用来弯曲型钢。钢带主要用作弯曲型钢，焊接钢管和建筑五金的原料或直接用作各种结构件及容器等。

## 三、钢筋混凝土结构用钢材

钢筋混凝土结构用钢筋和钢丝，主要由碳素结构钢和低合金结构钢轧制而成。主要品种有热轧钢筋、冷轧带肋钢筋、热处理钢筋、预应力混凝土用钢丝及钢绞线。按直条或盘条供货。

### (一)热轧钢筋

热轧钢筋是指用加热钢坯轧制的条形成品钢筋。主要用于钢筋混凝土和预应力混凝土结构的配筋。按其外形分为热轧光圆钢筋、热轧带肋钢筋。

1. 热轧光圆钢筋

热轧光圆钢筋有 HPB235、HPB300 两个牌号,是用 Q235 碳素结构钢轧制而成的,钢筋的公称直径范围为 6~22 mm。HPB235、HPB300 级钢筋属于低强度钢筋,具有塑性好、伸长率高、便于弯折成型、容易焊接等特点。它的使用范围很广,可用作中、小型钢筋混凝土结构的主要受力钢筋,构件的箍筋和构造筋,钢、木结构的拉杆等。其力学性能及工艺性能见表 1-7。

表 1-7　热轧光圆钢筋的力学性能和工艺性能

| 牌号 | $R_{eL}$(MPa) | $R_m$(MPa) | $A$(%) | $A_{gt}$(%) | 冷弯试验 180°($d$—弯心直径;$a$—钢筋公称直径) |
|---|---|---|---|---|---|
| | 不小于 | | | | |
| HPB235 | 235 | 370 | 25.0 | 10.0 | $d=a$ |
| HPB300 | 300 | 420 | | | |

注:1. 根据供需双方协议,伸长率可从 $A$ 或 $A_{gt}$ 中选定。若未经协议确定,则伸长率采用 $A$,仲裁检验时采用 $A_{gt}$。
　　2. 本表摘自《钢筋混凝土用钢　第 1 部分:热轧光圆钢筋》(GB 1499.1—2008)。

2. 热轧带肋钢筋

热轧带肋钢筋通常为圆形横截面,表面带有两条纵肋和沿长度方向均匀分布的横肋。

热轧钢筋按屈服强度特征值分为 335、400、500 级,根据钢筋的质量(晶粒)不同,又分为普通热轧钢筋和细晶粒热轧钢筋两种类型。《钢筋混凝土用热轧带肋钢筋》(GB 1499.2—2007)的力学性能与工艺性能见表 1-8。

表 1-8　热轧带肋钢筋的力学性能

| 牌号 | $R_{eL}$(MPa) | $R_m$(MPa) | $A$(%) | $A_{gt}$(%) |
|---|---|---|---|---|
| | 不小于 | | | |
| HRB335 HRBF335 | 335 | 455 | 17 | |
| HRB400 HRBF400 | 400 | 540 | 16 | 7.5 |
| HRB500 HRBF500 | 500 | 630 | 15 | |

注:本表摘自《钢筋混凝土用钢　第 2 部分:热轧带肋钢筋》(GB 1499.2—2007)。

HRB335 用低合金镇静钢或半镇静钢轧制,以硅、锰作为固溶强化元素,其强度较高,塑性较好,焊接性能比较理想。HRB335 可作为钢筋混凝土结构的受力钢筋,比使用 HPB235、HPB300 级钢筋可节省钢材 40%~50%。因此,广泛用于大、中型钢筋混凝土结构,如桥梁、水坝、港口工程和房屋建筑结构的主筋。将其冷拉后，也可用作结构的预应力钢筋。

HRB400 级钢筋主要性能与 HRB335 级钢筋大致相同。

HRB500 级钢筋用中碳低合金镇静钢轧制，其中除以硅、锰为主要合金元素外，还加入钒或钛作为固溶和析出强化元素，使之在提高强度的同时保证其塑性和韧性。它是房屋建筑工程的主要预应力钢筋，广泛用于预应力混凝土板类构件以及成束配置用于大型预应力建筑构件(如屋架、吊车梁等)。

### (二)冷轧带肋钢筋

冷轧带肋钢筋是指用低碳钢热轧圆盘条经冷轧后，在其表面带有沿长度方向均匀分布的二面或三面横肋的钢筋。《冷轧带肋钢筋》(GB 13788—2000)规定，冷轧带肋钢筋代号用 C、R、B 表示，分别为冷轧、带肋、钢筋。按抗拉强度划分为四个牌号：CRB550、CRB650、CRB800、CRB970。CRB550 钢筋的公称直径范围为 4~12 mm，CRB650 及以上牌号的公称直径为 4 mm、5 mm、6 mm。

CRB550 钢筋宜用于普通钢筋混凝土结构，其他牌号宜用在预应力混凝土结构中。

### (三)热处理钢筋

热处理钢筋是用热轧带肋钢筋经淬火和回火调质处理而成的钢筋。通常直径为 6 mm、8.2 mm、10 mm 三种规格，其条件屈服强度 ≥1 325 MPa、抗拉强度 ≥1 470 MPa、伸长率 ≥6%、1 000 h 应力松弛率 ≤3.5%。按外形分为有纵肋和无纵肋两种，但都有横肋。

钢筋热处理后卷成盘，使用时开盘钢筋自行伸直，按要求的长度切断。不能使用电焊切断，也不能焊接，以免引起强度下降或脆断。

热处理钢筋适用于预应力混凝土结构中，不适用于焊接。

### (四)钢绞线

钢绞线是按严格的技术条件，将数根钢丝经绞捻和消除内应力热处理后制成的。

预应力钢丝和钢绞线具有强度高、柔韧性好、无接头、质量稳定、施工简便等优点，使用时可根据长度切割，主要适用于大荷载，大跨度、曲线配筋的预应力钢筋混凝土结构。

### (五)钢材的防火和防腐蚀

1. 钢材的防火

钢材属于不燃性材料。在高温时，钢材的性能会发生很大的变化。温度达到一定范围后，屈服强度和抗拉强度开始急剧下降，应变急剧增大；到达 600 ℃时钢材开始失去承载能力。

常用的防火方法以包覆法为主，如在钢材表面涂覆防火材料，或用不燃性板材、混凝土等包裹钢构件。

2. 钢材的防腐蚀

钢材的锈蚀是指钢的表面与周围介质发生化学作用而遭到侵蚀破坏的过程。当周围环境有侵蚀性介质或湿度较大时，钢材就会发生锈蚀。锈蚀不仅使钢材有效截面面积减小，浪费钢材，形成程度不等的锈坑、锈斑，造成应力集中，加速结构破坏，还会显著降低钢材的强度、塑性、韧性等力学性能。

根据钢材表面与周围介质的作用原理，锈蚀可分为化学锈蚀和电化学锈蚀。

钢材在大气中的锈蚀是化学锈蚀和电化学锈蚀共同作用所致，但以电化学锈蚀为主。

钢材防锈的方法有保护层法、制成耐候钢。

## 四、铝合金的种类及特性

### (一)铝合金的特性和分类

根据成分和工艺的特点,铝合金可以分为变形铝合金和铸造铝合金。

### (二)常用装饰铝合金制品

1. 铝合金门窗

铝合金门窗的品种:按开启方式分为推拉门(窗)、平开门(窗)、固定窗、悬挂窗、百叶窗、纱窗和回转门(窗)等。

铝合金门窗的等级:按抗风压强度、空气渗透性能和雨水渗透性能分为 A、B、C 三类,分别表示高性能、中性能和低性能。每一类又按抗风压强度、空气渗透性能和雨水渗透性能分为优等品、一等品和合格品三个等级。

2. 铝合金装饰板

铝合金装饰板具有质量轻、不燃烧、耐久性好、施工方便、装饰效果好等优点,适用于公共建筑室内外墙面和柱面的装饰。当前的产品规格有开放式、封闭式、波浪式、重叠式条板和藻井式、内圆式、龟板式块状吊顶板。颜色有本色、金黄色、古铜色、茶色等。表面处理方法有烤漆和阳极氧化等形式。在装饰工程中用得较多的铝合金板材有铝合金花纹板及浅花纹板、铝合金压形板、铝合金穿孔板。

## 五、不锈钢的种类及特性

### (一)不锈钢的分类

按照耐腐蚀性能分为耐酸钢和不锈钢两种。根据不锈钢的组织特点,不锈钢分为马氏不锈钢、铁素体不锈钢、奥氏体不锈钢和沉淀硬化不锈钢。

### (二)不锈钢板材

装饰不锈钢板材通常按照板材的反光率分为镜面或光面板、压光板和浮雕板 3 种类型。镜面板表面光滑光亮,反光率可达 90% 以上,常用于室内墙面或柱面。压光板的光线反射率在 50% 以下,其光泽柔和、不晃眼,可用于室内外装饰。浮雕板的表面是经辊压、研磨、腐蚀或雕刻而形成浮雕纹路,一般蚀刻深度为 0.015 ~ 0.5 mm,价格较贵。

不锈钢板材可以用于公共建筑物的墙柱面装饰,如电梯门、门脸贴面等。

### (三)彩色不锈钢板

彩色不锈钢板无毒、耐腐蚀、耐高温、耐摩擦和耐候性好,色层不剥离,色彩经久不褪,耐烟雾腐蚀性能超过一般不锈钢,彩色不锈钢板的加工性能好,可弯曲、可拉伸、可冲压等。耐腐蚀性超过一般的不锈钢,耐磨和耐刻划性能相当于箔层镀金的性能。

彩色不锈钢板适用于高级建筑物的电梯厢板、厅堂墙板、顶棚、门、柱等处,也可做车厢板、建筑装潢和招牌等。

### (四)不锈钢型材

不锈钢型材有等边不锈钢角材、等边不锈钢槽材、不等边不锈钢角材和不等边不锈钢槽材、方管、圆管等,用作压条、拉手和建筑五金等。

# 第六节  沥青材料及沥青混合料

## 一、沥青材料的种类、技术性质及应用

沥青是由高分子碳氢化合物及其非金属(如氧、硫、氮等)衍生物组成的极其复杂的混合物,常温下多呈黑色或黑褐色的固态、半固态或黏稠液体状态。沥青是一种有机胶凝材料,不溶于水,属憎水性材料,具有良好的防水、抗渗性能,此外,沥青的黏性、塑性、抗冲击性和耐腐蚀性良好,因此在建筑、公路、桥梁、地下工程中应用广泛,主要用于屋面及地下防水工程、防腐工程、道路工程等。

### (一)沥青材料的种类

沥青按产源分为地沥青和焦油沥青两大类。地沥青又分为天然沥青和石油沥青,焦油沥青分为煤沥青和页岩沥青等。

建筑工程中主要应用石油沥青以及少量的煤沥青。

沥青作为传统的防水材料,由于其耐热性、低温柔性和黏结性等性能不良,且易脆硬老化,因此用橡胶、树脂或矿物对沥青改性,得到的改性沥青材料在防水工程中应用的更为广泛。

### (二)沥青材料的技术性质及应用

1. 石油沥青

石油沥青是以油分、树脂和地沥青质三个主要组分构成的胶体结构。

1)石油沥青的技术性质

石油沥青的技术性质主要包括黏性、塑性、温度敏感性和大气稳定性,其中前三项是划分石油沥青牌号的依据。

(1)黏性(黏滞性)。

黏性是指石油沥青在外力作用下抵抗变形的能力。液态石油沥青的黏性用黏度表示,半固体或固体沥青的黏性用针入度表示。黏度和针入度是沥青划分牌号的主要指标。

建筑工程中多用固态及半固态沥青,其针入度是以沥青在 25 ℃恒温水浴中,用规定质量的标准针(100 g),在规定时间(5 s)内垂直自由贯入沥青标准试样中的深度来表示,单位为度(1/10 mm 为 1 度),表示为 $P_{(25℃,100g,5s)}$。针入度反映了石油沥青抵抗剪切变形的能力。针入度值越大,沥青流动性越大,黏度越小。

(2)塑性。

塑性指石油沥青在外力作用下产生变形而不破坏,除去外力后,仍能保持变形后形状的性质。石油沥青的塑性用延度表示,延度愈大,塑性愈好。

延度测定是把沥青注入延度仪试模内,将沥青制成 8 字形标准试件,将试件浸入 25 ℃的恒温水浴中,以 5 cm/min 的速度拉伸,用拉断时的伸长度来表示,单位为 cm。

(3)温度敏感性。

温度敏感性是指石油沥青的黏滞性和塑性随温度升降而变化的性能。温度敏感性以软化点和脆点表示。

软化点采用环球法测定。将盛有试样的黄铜环放置在环架中,并把整个环架放入盛有水或甘油的烧杯内,将烧杯移放至有石棉网的三脚架上或电炉上,然后将钢球(直径为9.53 mm,质量为(3.50±0.05)g的钢制圆球)放在试样上立即加热,使烧杯内水或甘油温度在3 min后保持每分钟上升(5±0.5)℃(在整个测定中若温度的上升速度超出此范围,则试验应重做),试样受热软化,下坠至与下承板面接触时的温度(下坠距离为25.4 mm)即为试样的软化点。软化点越高,表明沥青的耐热性越好,即温度稳定性越好。

沥青的脆点是反映温度敏感性的另一个指标,是指沥青从高弹态向玻璃态转变的临界温度,该指标主要反映沥青的低温变形能力。寒冷地区应用的沥青应考虑沥青的脆点。沥青的脆点愈低,则沥青的温度敏感性越小,低温不易脆裂。

(4)大气稳定性。

石油沥青随着使用时间的增长,塑性将逐渐减小,黏性和硬脆性逐渐增大,直至最终出现脆裂现象。这个过程称为石油沥青的老化。大气稳定性即石油沥青在热、阳光、氧气和潮湿等大气因素的长期综合作用下抵抗老化的性能。

石油沥青的大气稳定性以沥青试样在160 ℃下加热蒸发5 h后质量蒸发损失百分率和蒸发后的针入度比表示。蒸发损失百分率越小,蒸发后针入度比值愈大,则表示沥青的大气稳定性愈好,即老化愈慢。

2)石油沥青的应用

石油沥青按其用途分为建筑石油沥青、道路石油沥青、普通石油沥青等。各种石油沥青按技术性质划分牌号,以针入度值表示。

同一品种石油沥青,牌号越高,其针入度越大,脆性越小;延度越大,塑性越好;软化点越低,温度敏感性越大,耐热性越差。

建筑石油沥青主要用来制造各种防水卷材、防水涂料和沥青胶等防水材料,用于屋面及地下防水、沟槽防水、管道防腐等工程。对于屋面防水工程,为了防止夏季流淌,沥青的软化点应比当地屋面最高温度高20~25 ℃。

道路石油沥青主要用于道路路面或车间地面等工程,一般拌制成沥青混合料(沥青混凝土或沥青砂浆)使用,还可作密封材料和黏结剂以及沥青涂料等。

普通石油沥青含石蜡量比较高,性能较差,在建筑工程中一般不单独使用,可与其他沥青掺用使用。防水防潮石油沥青适合做油毡的涂覆材料及建筑屋面和地下防水的黏结材料。

2.煤沥青

煤沥青具有良好的耐水、防潮、防霉、防腐和黏结能力,可用于配制防腐涂料、胶粘剂、油膏等制品。但煤沥青与石油沥青相比,温度敏感性大,夏天易软化流淌且冬天易脆裂,大气稳定性较差,易老化,塑性较差,对基层变形适应性差,防水性不及石油沥青,同时煤沥青含有害成分较多,对人体和环境不利。

3.改性沥青

改性沥青主要通过聚合物改性(如橡胶、树脂、橡胶和树脂并用、再生胶等)和矿物改性,可分为橡胶改性沥青、树脂改性沥青、橡胶和树脂并用改性沥青、再生改性沥青和矿物填充剂改性沥青等,常用来做成防水卷材和防水涂料等。其中,SBS弹性体改性沥青防水卷材、APP塑性体改性沥青防水卷材和以再生橡胶或氯丁橡胶改性制得的高聚物改性沥青防水涂料应用较为广泛。

（1）SBS弹性体改性沥青防水卷材。

SBS弹性体改性沥青防水卷材是采用聚酯毡、玻纤毡、玻纤增强聚酯毡为胎基，浸涂SBS改性沥青，上表面撒布矿物粒料、细砂或覆盖聚乙烯膜，下表面撒布细砂或覆盖聚乙烯膜所制成的可卷曲的片状防水材料。其物理力学性能包括耐热性、低温柔性、不透水性、拉力延伸率等，均应符合标准的规定。

弹性体改性沥青防水卷材具有纵横向拉力大、延伸率好、韧性强、耐低温、耐紫外线、耐温差变化大、自愈力黏结性好等优良性能，耐用年限可达25年以上。它价格低、施工方便，可热熔铺贴或冷作粘贴，具有较好的温度适应性和耐老化性能，技术经济效果较好，特别适用于我国北方寒冷地区及结构易变形的屋面、地下室防水工程、防潮、冷库、游泳池、地铁、隧道、饮水池、污水池等构筑物的防水、防腐。

（2）APP塑性体改性沥青防水卷材。

APP塑性体改性沥青防水卷材是以聚酯毡、玻纤毡、玻纤增强聚酯毡为胎基，以无规聚丙烯（APP）或聚烯烃类聚合物（APAO、APO等）做石油沥青改性剂，两面覆以隔离材料所制成的防水卷材，其物理力学性能包括耐热性、低温柔性、不透水性、拉力延伸率等，均应符合标准的规定。

APP塑性体改性沥青防水卷材的性能接近SBS弹性体改性沥青防水卷材。其最突出的特点是耐高温性能好，130 ℃高温下不流淌，特别适合高温地区或太阳辐射强烈地区使用。另外，APP改性沥青防水卷材热熔性非常好，特别适合热熔法施工，也可用冷粘法施工。

（3）高聚物改性沥青防水涂料。

高聚物改性沥青防水涂料是以石油沥青为基料，用高分子聚合物进行改性配成的防水涂料，分为水乳型和溶剂型两种，其主要性能包括耐热性、低温柔性、不透水性、断裂伸长率、抗裂性等，均应符合标准的规定。

高聚物改性沥青防水涂料适用于屋面、地面、混凝土地下室和卫生间等的防水工程。

## 二、沥青混合料的品种、技术性质及应用

沥青混合料是由矿料（由粗骨料、细骨料和填料等组成）与沥青结合料拌和而成的混合料的总称，属于典型的黏－弹－塑性材料。其中矿料起骨架作用，沥青与填料起胶结填充作用。

### （一）沥青混合料的品种

按不同的分类方法，沥青混合料可分为以下五大类：

（1）按沥青种类，分为石油沥青混合料和煤沥青混合料。

（2）按材料组成及结构，分为连续级配混合料和间断级配混合料。

（3）按矿料级配组成及空隙率大小，分为密级配（设计空隙率为3%～5%）、半开级配（设计空隙率为6%～12%）和开级配沥青混合料（设计空隙率大于18%）。

（4）按公称最大粒径的大小，可分为特粗式（公称最大粒径大于31.5 mm）混合料、粗粒式（公称最大粒径等于或大于26.5 mm）混合料、中粒式（公称最大粒径16 mm或19 mm）混合料、细粒式（公称最大粒径9.5 mm或13.2 mm）混合料、砂粒式（公称最大粒径小于9.5 mm）沥青混合料。

(5)按制造工艺,分为热拌沥青混合料、冷拌沥青混合料和再生沥青混合料等。

目前,我国公路工程中的沥青路面多采用以石油沥青作为结合料,采用连续级配的密实热拌沥青混合料。

**(二)沥青混合料的技术性质**

**1.高温稳定性**

高温稳定性是指沥青混合料在高温条件下,能够抵抗车辆荷载的反复作用而不发生显著永久变形,保证路面平整度的特性。

《沥青路面施工及验收规范》(GB 50092—1996)规定,沥青混合料高温稳定性采用马歇尔稳定度试验进行评价。对于高速公路、一级公路、城市快速路、主干路所用的沥青混合料,还应通过动稳定度试验(车辙试验)检验其抗车辙能力。

1)马歇尔稳定度试验

该试验用来测定沥青混合料试样在一定条件下承受破坏荷载能力的大小和承载时变形量的多少。一般测定马歇尔稳定度($MS$)、流值($FC$)和马歇尔模数($T$)三项指标。马歇尔稳定度是指标准尺寸试件在规定温度和加荷速度下,在马歇尔仪中所能承受的最大破坏荷载(kN),流值是达到最大破坏荷载时试件的垂直变形(以0.1 mm计),而马歇尔模数为稳定度除以流值的商。

马歇尔模数越大,车辙深度越小,高温稳定性越好。

2)车辙试验

将沥青混合料制成300 mm×300 mm×50 mm的试件,在60 ℃的温度下,以一定荷载的轮子在同一轨迹上作一定时间的反复行走,形成一定的车辙深度,然后计算试件变形1 mm所需试验车轮行走次数,即为动稳定度($DS$),并以次/mm表示。

动稳定度越大,高温稳定性越好。

《沥青路面施工及验收规范》(GB 50092—1996)规定,在温度60 ℃和轮压0.7 MPa条件下,对高速公路和城市快速路不应小于800次/mm,对一级公路、城市主干路不应小于600次/mm。

**2.低温抗裂性**

低温抗裂性是指沥青混合料在冬季低温条件下抵抗断裂破坏的能力。冬季低温时,沥青混合料随着温度的降低,变形能力下降。路面由于低温而收缩以及受行车荷载的作用,在薄弱部位产生裂缝。因此,要求沥青混合料具有一定的低温抗裂性。

**3.耐久性**

耐久性是指沥青混合料在使用过程中抵抗自然环境因素及行车荷载反复作用的能力,包括抗老化性、水稳定性、抗疲劳性等,常用空隙率、饱和度和残留稳定度等指标来表征。

**4.抗滑性**

为了保证公路交通安全,沥青路面的抗滑性尤为重要。抗滑性用抗滑系数来评价。为保证长期高速行车的安全,沥青混合料中的粗骨料应选用表面粗糙、坚硬、耐磨、有棱角的碎石骨料,同时,沥青用量不应超过最佳用量的0.5%,且应选择含蜡量低的沥青。

**5.施工和易性**

施工和易性是指沥青混合料易于拌和、摊铺和碾压施工的性能。影响沥青混合料施工和易性的因素很多,如矿料级配、沥青用量、温度、施工条件等。

**（三）沥青混合料的应用**

沥青混合料经摊铺、压实后即成为沥青路面,路面平整且有弹性,具有一定的高温稳定性和低温抗裂性,耐久性能和抗滑性能良好,施工方便,不需长时间养护,路面可分期改造和再生利用,作为高等级道路路面结构,广泛应用于公路工程中。

但沥青混合料路面也存在一些问题,如高温软化、低温脆裂等问题,还有待进一步解决。

# 第七节　防水材料及保温材料

## 一、防水卷材

防水卷材是一种可卷曲的片状防水材料,是防水材料中最主要的品种之一。根据其主要防水组成材料可分为沥青防水卷材、高聚物改性沥青防水卷材和合成高分子防水卷材三大类。高聚物改性沥青防水卷材和合成高分子防水卷材均应有良好的耐水性、温度稳定性和大气稳定性(抗老化性),并应具备必要的机械强度、延伸性、柔韧性和抗断裂的能力,因此沥青防水卷材逐渐被改性沥青卷材所代替。

**（一）防水卷材的主要性能**

(1)不透水性。防水卷材在一定压力水作用下,持续一段时间,卷材不透水的性能。如改性沥青防水卷材可达到水压力 0.2 ~ 0.3 MPa 下持续 30 min 时间不出现渗漏。

(2)拉力。防水卷材拉伸时所能承受的最大拉力。它能承受的拉力与卷材胎芯和防水材料抗拉强度有关。

(3)延伸率。防水卷材最大拉力时的伸长率。延伸率愈大,防水卷材塑性愈好,使用中能缓解卷材承受的拉应力,使卷材不易开裂。

(4)耐热度。防水卷材的防水成分一般是有机物,当其受高温作用时,内部往往会蓄积大量热量,使卷材温度迅速上升,在高温作用下卷材易发生滑动,影响防水效果。

(5)低温柔性。防水卷材在低温时的塑性变形能力。防水卷材中的有机物在温度发生变化时,其状态也会发生变化,通常是温度愈低,其愈硬且愈易开裂。

(6)耐久性。防水卷材抵抗自然物理化学作用的能力。有机物在受到阳光、高温、空气等作用,使有机物变硬脆裂。防水卷材的耐久性一般用人工加速其老化的方法来评定。

(7)撕裂强度。反映防水卷材与基层之间、卷材与卷材之间的黏结能力。撕裂强度高,卷材与基层之间、卷材与卷材之间黏结牢固,不易松动,可保证防水效果。

**（二）沥青防水卷材**

沥青防水卷材是用原纸、纤维织物、纤维毡等胎体浸涂沥青,表面撒布粉状、粒状或片状材料制成可卷曲的片状防水材料。油纸是用低软化点沥青浸渍原纸而成的无涂盖层的纸胎防水卷材。油毡是用高软化点沥青涂盖油纸的两面,并撒布隔离材料后而成的。

石油沥青油纸釉油毡所用隔离材料为粉状时称为粉毡,为片状时称为片毡。按原纸 $1 \text{ m}^2$ 的质量(g),油毡分 200、350 和 500 三种标号。传统沥青防水材料价格低,但低温易脆裂,高温易流淌,抗拉强度低,延伸性差,易老化,易腐烂,耐用寿命短(仅 3 ~ 5 年),已逐渐被淘汰。

## （三）高聚物改性沥青防水卷材

沥青防水卷材由于温度稳定性差、延伸率小，很难适应基层开裂及伸缩变形的要求，而高聚物改性沥青防水卷材则克服了传统沥青防水卷材的不足，具有高温不流淌、低温不脆裂、拉伸强度较高、延伸率较大等优异性能。高聚物改性沥青防水卷材是以合成高分子聚合物改性沥青为涂盖层，纤维织物或纤维毡为胎体，粉状、粒状、片状或薄膜材料为覆面材料制成可卷曲的片状防水材料。高聚物改性沥青防水卷材的品种主要有 SBS 改性沥青防水卷材、APP 改性沥青防水卷材、PVC 改性焦油沥青防水卷材、再生胶改性沥青防水卷材。常用的该类防水卷材有 SBS 防水卷材和 APP 防水卷材等。

### 1. 弹性体改性沥青防水卷材(SBS 防水卷材)

SBS 防水卷材属弹性体改性沥青防水卷材中有代表性的品种，是采用聚酯毡、玻纤毡、玻纤增强聚酯毡为胎基，浸涂 SBS 改性沥青，上表面撒布矿物粒料、细砂或覆盖聚乙烯膜，下表面撒布细砂或覆盖聚乙烯膜所制成可卷曲的片状防水材料。

弹性体改性沥青防水卷材具有纵横向拉力大、延伸率好、韧性强、耐低温、耐紫外线、耐温差变化大、自愈力和黏合性好等优良性能，耐用年限可达 25 年以上。它价格低、施工方便、可热熔或冷作粘贴。

### 2. 塑性体改性沥青防水卷材

APP 改性沥青防水卷材是以聚酯毡、玻纤毡、玻纤增强聚酯毡为胎基，以无规聚丙烯或聚烯烃类聚合物等做石油沥青改性剂，两面覆以隔离条件所制成的防水卷材。

APP 改性沥青防水卷材的性能接近 SBS 改性沥青防水卷材。其最突出的特点是耐高温性能好，130 ℃高温下不流淌，特别适合高温地区或太阳辐射强烈地区使用。另外，APP 改性沥青防水卷材热熔性非常好，特别适合热熔法施工，也可用冷粘法施工。

## 二、防水涂料

防水涂料是以沥青、高分子合成材料等为主体，在常温下呈无定形流态或半流态，经涂布能在结构物表面结成坚韧防水膜的物料的总称。

防水涂料按成膜物质主要成分分为沥青基涂料、高聚物改性沥青基涂料和合成高分子涂料三类，按液态类型可分为溶剂型、水乳型、反应型。

### （一）沥青基防水涂料

#### 1. 冷底子油

冷底子油是用汽油、煤油、柴油、工业苯等有机溶剂与沥青材料融合制得的沥青涂料。它黏度小，具有良好的流动性，涂刷在混凝土、砂浆、木材等材料基面上，能很快渗入材料的毛细孔隙中，待溶剂挥发后，便与基材牢固结合，使基面具有一定的憎水性，在常温下用作打底材料。施工时在基层上先涂刷一道冷底子油，再刷沥青防水涂料或铺防水卷材。冷底子油一般随配随用。

#### 2. 沥青胶

沥青胶是在熔化的沥青中加大粉状或纤维状的填充料(如滑百粉、石灰石粉、白云石粉、云母粉、木纤维等)经均匀混合而成的，有冷用和热用两种，前者称为冷沥青胶或冷玛琋脂，后者称熟沥青胶或热玛琋脂，施工时，一般采用热用。冷用时，需加入稀释剂将其稀释，在常温下施工，涂刷成均匀的薄层。

**3. 乳化沥青**

乳化沥青是将沥青热熔后,经高速机械剪切后,沥青以细小的微粒状分散于含有乳化剂的水溶液中,形成水包油型的沥青乳液。常温下具有良好的流动性。乳化沥青可以冷施工,可以增强沥青与骨料的黏附性及拌和均匀性,气温在 5 ~ 10 ℃时仍可施工,可扩大沥青的用途。除广泛地应用在道路工程外,还应用于建筑屋面及洞库防水、金属材料表面防腐、农业土壤改良及植物养生,铁路的整体道床、沙漠的固沙等方面。

**(二)高聚物改性沥青防水涂料**

高聚物改性沥青防水涂料又称橡胶沥青类防水涂料,是以石油沥青为基料,用高分子聚合物进行改性,配制成的防水涂料。常用再生橡胶进行改性或用氯丁橡胶进行改性。该类涂料有水乳型和溶剂型两种。

溶剂型涂料能在各种复杂表面形成无接缝的防水膜,具有较好的韧性和耐久性,涂料成膜较快,同时具备良好的耐水性和抗腐蚀剂,能在常温或较低温度下冷施工。但一次成膜较薄,以汽油或苯为溶剂,在生产、贮运和使用过程中有燃爆危险,氯丁橡胶价格较贵,生产成本较高。水乳型涂料能在复杂表面形成无接缝的防水膜,具有一定的柔韧性和耐久性,无毒、无味、不燃,安全可靠,可在常温下冷施工,不污染环境,操作简单,维修方便,可在稍潮湿但无积水的表面施工;但需多次涂刷能达到厚度要求,稳定性较差,气温低于 5 ℃时不宜施工。

**(三)合成高分子涂料**

合成高分子涂料是以合成橡胶或合成树脂为主要成膜物质,加入其他辅助材料配制而成的。合成高分子涂料强度高,延伸大,柔韧性好,耐高、低温性能好,耐紫外线和酸、碱、盐老化能力强,使用寿命长。合成高分子防水涂料按成膜机制和溶剂种类分为溶剂型、水乳型和反应型三种。常用的有聚氨酯防水涂料、聚合物水泥防水涂料。

## 三、常用建筑节能材料的品种及应用

我国人口众多,经济发展迅速,能源的消耗也极为巨大。建筑耗能一般包括建筑采暖、降温、电气、照明、炊事、热水供应等所使用的能源,其中以采暖和降温能耗数量最多,所以建筑节能主要还是建筑物维护结构、门窗等的保温隔热。其中建筑维护结构、门窗的节能潜力在所有建筑节能途径中最大,达50% ~ 80%。因此,选用合适的主墙体材料、外墙保温材料和门窗材料,加强围护结构的保温隔热,提高门窗的保温隔热和气密性是建筑节能的根本途径。

**(一)建筑节能主墙体材料**

1. 加气混凝土砌块

加气混凝土砌块是以水泥、石灰等钙质材料,石英砂、粉煤灰等硅质材料和铝粉、锌粉等发气剂为原料,经磨细、配料、搅拌、浇筑、发气、切割、压蒸等工序生产而成的轻质混凝土材料。该类产品材料强度较高、质轻、易加工、施工方便、造价较低,而且保温、隔热、隔声、耐火性能好,是能够同时满足墙材革新和节能50%要求的墙体材料。

2. EPS 砌块

EPS 砌块是用阻燃型聚苯乙烯泡沫塑料模块做模板和保温隔热层,而中心浇筑混凝土的一种新型复合墙体。该类砌块具有构造灵活、结构牢固、施工快捷方便、综合造价低、节能效果好等优点,常用于3~4层以下民用建筑、游泳池、高速公路隔离墙、旅馆建筑等。

### 3.混凝土空心砌块

混凝土空心砌块是由水泥做胶结料,砂、石做骨料,经搅拌、振动成形、养护等工艺过程制成的空心砌块,可用于多层建筑的内墙和外墙。对用于承重墙和外墙的砌块,要求其干缩率小于0.5 mm/m,非承重墙或内墙用的砌块,其干缩率应小于0.6 mm/m。这种砌块在砌筑时一般不宜浇水,但在气候特别干燥时,可在砌筑前稍喷水湿润。

### 4.模网混凝土

模网混凝土是由蛇皮网、加劲肋、折钩拉筋构成开敞式空间网架结构,网架内浇混凝土制成,可广泛用于工业及民用建筑、水工建筑物、市政工程以及基础工程等。常用的建筑模网主要有钢筋网、钢丝网、钢板网和纤维网等,由高强钢丝焊接的三维空间钢丝网架中填充阻燃型聚苯乙烯泡沫塑料芯板制成的网架板,既有木结构的灵活性,又有混凝土结构的高强和耐久性。具有轻质能、保温、隔热、隔音等多种优良性能,便于运输、组装方便、施工速度快,并能有效地减轻建筑物负荷,增大使用面积,是理想的轻质节能承重墙体材料网。

### 5.纳土塔(RASTRA)空心墙板承重墙体

纳土塔板是由聚苯乙烯、水泥、添加剂和水制成的隔热吸声水泥聚苯乙烯空心板构件经黏合组装成墙体。整个墙体的内部构成纵横上下左右相互贯通的孔槽,孔槽浇筑混凝土或穿插钢筋后再浇筑混凝土,在墙内形成刚性骨架。纳土塔板只是同体积混凝土重量的1/6~1/7,可减少对基础的荷载,节约投资,在同样的地基承载能力下,可增加建筑物的层数;而且纳土塔板导热系数小,保温隔热性能好;耐火性较好,满足防火规范对防火墙耐火极限的要求。

### (二)建筑节能外墙保温材料

#### 1.岩棉

岩棉纤维细长柔软,纤维长,纤维直径4~7 m,绝热、绝冷性能优良且具有良好的隔声性能,不燃、耐腐、不蛀,经憎水剂处理后其制品几乎不吸水。它的缺点是密度低、性脆、抗压强度不高、耐长期潮湿性比较差、手感不好、施工时有刺痒感。目前,通过提高生产技术,产品性能已有很大改进,虽可直接应用,但更多仍用于制造复合制品。

#### 2.玻璃棉

玻璃棉是建筑业中应用较早且常见的绝热、吸声材料,它以石灰石、石英砂、白云石、蜡石等天然矿石为主要原料,配合一些纯碱、硼砂等化工原料经加工制成极细的絮状纤维材料。按化学成分可分为无碱、中碱和高碱玻璃棉。其与岩棉在性能上有很多相似之处,但其手感好于岩棉,渣球含量低,不刺激皮肤,在潮湿条件下吸湿率小,线性膨胀系数小,但它的价格较岩棉高。

#### 3.聚苯乙烯泡沫塑料

聚苯乙烯泡沫塑料是以聚苯乙烯树脂为主要原料,经发泡剂发泡制成的内部具有无数封闭微孔的材料。其表观密度小,导热系数小,吸水率低,保温、隔热、吸声、防震性能好,耐酸碱,机械强度高,而且尺寸精度高,结构均匀。因此,在外墙保温中其占有率很高。但是聚苯乙烯在高温下易软化变形,防火性能差,不能应用于防火要求较高部位外墙内保温,并且吸水率较高。现已开发出新的聚苯乙烯复合保温材料,如水泥聚苯乙烯板和聚苯乙烯保温砂浆等。

### 4. 硬质聚氨酯泡沫塑料

硬质聚氨酯泡沫塑料是以聚合物多元醇(聚醚或聚酯)和异氰酸酯为主体材料,在催化剂、稳定剂、发泡剂等助剂的作用下,经混合后发泡反应而制成各类软质、半软半硬、硬质的塑料,具有非常优越的绝热性能,它的导热系数很低(0.025 W/(m·K)),是其他材料无法比拟的。同时,其特有的闭孔结构使其具有更优越的耐水汽性能,由于不需要额外的绝缘防潮,简化了施工程序,降低了工程造价,但其价格较高,而且易燃。

### 5. 水泥聚苯板(块)

水泥聚苯板是近年开发的轻质高强保温材料,是采用聚苯乙烯泡沫颗粒、水泥、发泡剂等搅拌浇筑成型的一种新型保温板材,这种材料容量轻,强度高,破损少,施工方便,有韧性,抗冲击,还具有耐水、抗冻性能,保温性能优良。该类防火、阻燃材料的防火阻燃效果好,能达到国家相关规定标准。但这种材料的容量、强度和导热系数之间存在着相互制约的关系,配比中各成分量的变化对板材的性能都有显著的影响。由于板材的收缩变形,易出现板裂缝问题。

## 四、门窗材料

### (一)门窗框扇材料

#### 1. 塑钢型材框扇

塑钢型材框扇以聚氯乙烯(PVC)树脂为主要原料,加上一定比例的高分子改性剂、发泡剂、热稳定剂、紫外线吸收剂和增塑剂等挤出成型,然后通过切割、焊接或螺接的方式制成,再配装上密封胶条、毛条、五金件等。超过一定长度的型材空腔内需要用钢衬(加强筋或细钢条)增强。该类框扇比重轻、导热系数低、保温性能好、耐腐蚀、隔声、防震、阻燃性能优良。PVC塑料线膨胀系数高,窗体尺寸不稳定影响气密性;PVC塑料冷脆性高,不耐高温,使得该类门窗材料在严寒和高温地区使用受到限制;而且PVC塑料刚性差,弯曲模量低,不适于大尺寸窗及高风压场合。

#### 2. 塑铝型材框扇

塑铝型材框扇是在铝合金型材内注入一条聚酰胺塑料隔板,以此将铝合金型材分离形成断桥,来阻止热量的传递。此种节能框扇由于聚酰胺塑料隔板将铝合金型材隔断,形成冷桥,从而在一定程度上降低了窗体的导热系数,因而具有较好的保温性能;而且铝合金型材弯曲模量高,刚性好,适宜大尺寸窗及高风压场合使用;铝合金型材耐寒热性能好,使得塑铝框扇可用在严寒和高温地区,而且在冬季温差50 ℃时门窗也不会产生结露现象,并且隔音性能较好。但铝合金型材线膨胀系数较高,窗体尺寸不稳定,对窗户的气密性能有一定影响;铝合金型材耐腐蚀性能差,适用环境范围受到限制。目前该类型材价格较高。

#### 3. 玻璃钢型材框扇

玻璃钢是将玻璃纤维浸渍了树脂的液态原料后,经过模压法预成型,然后将树脂固化而成。玻璃钢型材同时具有铝合金型材的刚度和PVC型材较低的热传导性,具有低的线膨胀系数,且和玻璃及建筑主体的线膨胀系数相近,窗体尺寸稳定,门窗的气密性能好;玻璃钢型材导热系数低,玻璃钢窗体保温性能好;玻璃钢型材对热辐射和太阳辐射具有隔断性,隔热性能好;玻璃钢型材耐腐蚀,适用环境范围广泛;弯曲模量较高,刚性较好,适宜较大尺寸窗或较高风压场合使用;玻璃钢型材耐寒热,使得玻璃钢门窗可以广泛应用在严寒和高温地区;而且玻璃钢型材重量轻,比强度高,隔音性能好,可随意着色,使用寿命长,普通 PVC 寿命为 15 年,而玻璃钢寿命为 50 年,是国家重点鼓励发展的节能产品。

### (二)玻璃

#### 1. 热反射膜玻璃

热反射膜玻璃主要指阳光控制玻璃和透明反热膜玻璃等,该类玻璃具有较高的热反射性,较好的光学控制性,对近红外光有良好的反射和吸收能力,所以能够明显减少太阳的光辐射能向室内的传递,保持稳定室内温度。一般情况下,热反射膜玻璃已能满足一般节能窗的需要。

#### 2. 中空玻璃

中空玻璃是由两片或多片玻璃通过填充干燥剂的铝框或塑胶条隔开,周边密封而成。在玻璃之间充入干燥空气或惰性气体以降低导热系数。中空玻璃不仅具有单层玻璃的采光性能,同时具有隔热、保温、隔声、防结露等优点。中空玻璃具有优良的隔热性能,在某些条件下其隔热性能可优于一般混凝土墙。

#### 3. 低辐射镀膜玻璃

低辐射膜玻璃又称 Low - E 玻璃。其主要特点是对可见光具有良好的透过性,同时能阻挠红外线辐射。严寒及寒冷地区,选用高透光低辐射膜玻璃阻止室内中红外波辐射,可见光透过率高且无反射光污染,对太阳辐射中的近红外波具有高透过性,降低传热系数和提高阳光得热系数,从而降低取暖能源消耗。在炎热时能阻挡太阳光中的大部分近红外波辐射和室外中红外波辐射,选择性透过可见光,降低遮阳系数和阳光得热系数,从而降低空调能耗。

# 小 结

1. 气硬性胶凝材料的种类、技术性质、特性和应用。
2. 通用硅酸盐水泥及其他水泥的种类、特性、技术性质、选用及储存。
3. 普通混凝土的组成、技术性质、配合比设计,外加剂的种类、选用。
4. 砌筑砂浆的组成材料、技术性质、配合比设计及应用。
5. 石材、砌墙砖、砌块的种类、技术要求、应用。
6. 钢的分类、力学性质、工艺性能、冷加工及时效。
7. 钢筋混凝土和钢结构用钢的种类、规格、技术要求及应用。
8. 沥青和沥青混合料的品种、技术性质及应用。
9. 防水材料和保温材料的种类、技术性能和应用。

# 第二章　施工图识读的基本知识

【学习目标】
1. 掌握民用建筑的基本组成。
2. 掌握建筑工程施工图的基本组成。
3. 掌握建筑工程施工图的图示特点。
4. 掌握建筑工程施工图的常用符号。
5. 掌握建筑平面图的用途、形成和内容及识图要点。
6. 掌握建筑立面图的用途、形成和内容及识图要点。
7. 掌握建筑剖面图的用途、形成和内容及识图要点。
8. 掌握建筑详图的用途、形成和内容及识图要点。
9. 了解结构施工图的作用,掌握结构施工图的组成,掌握常用构件的代号。
10. 会识读基础施工图。
11. 会识读楼层结构平面布置图。
12. 掌握安装施工图的图例,会识读安装施工图。

# 第一节　施工图的基本知识

## 一、房屋建筑工程施工图的组成及表达的内容

### (一)建筑的组成

建筑的主要部分包括基础、柱、墙、梁、楼板和屋面板及屋面,附属部分包括门、窗、楼梯、地面、走道、台阶、花池、散水、勒脚、屋檐、雨篷、天沟、踢脚板等细部构造。

### (二)房屋建筑工程施工图的组成

建筑工程施工图由于专业分工不同,根据其内容和作用,一套完整的房屋建筑工程图应该包括总说明、总平面图、建筑施工图、结构施工图、给水排水施工图、采暖施工图、通风空调施工图、电气施工图、设备工艺施工图等。

### (三)房屋建筑工程施工图表达的内容

1. 建筑施工图

建筑施工图简称建施图,主要反映建筑物的规划位置、形状与内外装修,构造及施工要求等。建筑施工图包括首页(图纸目录、设计总说明等)、总平面图、建筑平面图、建筑立面图、建筑剖面图和建筑详图。

2. 结构施工图

结构施工图简称结施图,主要反映建筑物承重结构的布置、构件类型、材料、尺寸和构造做法等。结构施工图包括结构设计说明、基础图、结构平面布置图和各种结构构件详图。

3.给水排水施工图

室内给水排水施工图表示一幢建筑物的给水、排水系统,由文字部分和图示部分组成。其中文字部分包括设计施工说明、图纸目录、设备和材料明细表及图例,图示部分包括平面图、系统图和详图。

1)施工图文字部分

(1)设计施工说明。

设计施工说明主要有设计依据、设计范围、技术指标、采用管材及接口方式、管道防腐和防冻防结露的方法、施工注意事项、施工验收标准等内容。

(2)图纸目录。

图纸目录显示设计人员绘制图纸的装订顺序,便于查阅图纸。

(3)设备及材料明细表。

设备及材料明细表包括编号、名称、型号规格、单位、数量、备注等项目。施工图中涉及的管材、阀门、仪表、设备等均应列入表中,不影响工程进度和质量的零星材料,允许施工单位自行决定时可不列入表中。

(4)图例。

施工图中的管道及附件、管道连接、卫生器具、设备及仪表灯,一般采用统一的图例表示。

2)施工图图示部分

(1)平面图。

平面图是给排水施工图纸中最基本和最重要的图纸,常用比例有 1:100 和 1:50 两种。主要内容有建筑平面的形式、各用水设备及卫生器具的平面位置、类型,给水排水系统出入位置和编号,地沟位置及尺寸,干管走向,立管编号,横支管走向等。

(2)系统图。

系统图也称轴测图,系统图中应表达管道的管径、坡向、坡度,标出支管和立管的连接处、管道的安装标高。在系统图中,卫生器具不画出来,只表示龙头、冲洗水箱、排水系统卫生器具的存水弯等符号。

(3)详图。

当某些设备的构造和管道之间的连接情况在平面图或系统图上表示不清楚又无法用文字说明时,将这些部位进行放大的图称为详图。有些详图由设计人员在图纸上绘出,有的详图也可引自相关安装图集。

4.采暖施工图

室内采暖施工图由文字部分和图示部分组成,其中文字部分包括设计施工说明、图纸目录、图例和设备及材料明细表等;图示部分包括系统图、平面图和详图。

1)施工图文字部分

(1)设计施工说明。

采暖系统设计施工说明主要内容有:热煤及参数、建筑物总负荷、热煤流量、系统形式、进出口压力差、各房间设计温度、管材和散热器类型、管材连接方式、管道防腐保温的做法、施工注意事项、施工验收标准、系统试压压力等不易用图示表述清楚的问题。

(2)图纸目录。

图纸目标包括设计人员绘制部分和所选用的标准图部分。

（3）设备及材料明细表。

为了使施工准备的材料和设备符合图纸要求,并且便于备料,设计人员应编制主要设备材料明细表,包括序号、名称、型号规格、单位、数量、备注等项目。

（4）图例。

建筑采暖施工图中的管道及附件、管道连接、阀门、采暖设备及仪表等,采用《暖通空调制图标准》(GB/T 50114—2001)中统一的图例表示,未列者,在图纸上应专门画出图例并加以说明。

2）施工图图示部分

（1）平面图。

平面图是施工图的主要部分,常用比例有 1∶100、1∶200。平面图中主要内容包括:与采暖系统有关的建筑物轮廓,采暖系统主要设备的平面位置,干管、立管、支管的位置和立管编号,散热器的位置和片数,地沟的位置,热力入口及编号等。

（2）系统图。

系统图主要表达采暖系统中管道、附件和散热器的空间位置及走向、管道之间的连接方式、立管编号、管道管径和坡度坡向、散热器片数、供回水干管标高、附件位置等。系统图中管道编号与平面图一一对应,所用比例也与平面图一致。为了将空间关系表达清楚,避免管道和设备的重叠,可将系统图在适当位置断开,断开处标注相同的小写字母或数字,以便互相查找。

（3）详图。

采暖平面图和系统图难以表达清楚而又无法用文字加以说明的问题,可以用详图表示。详图包括有关标准图和节点详图。

**5. 通风空调工程施工图**

通风空调工程施工图由文字部分和图示部分组成。其中,文字部分包括设计施工说明、图纸目录、设备及材料明细表和图例;图示部分由平面图、系统图、详图、原理图、剖面图等组成。

1）施工图文字部分

（1）设计施工说明。

设计施工说明的内容有建筑物概况、通风空调系统设计参数、空调系统设计条件、空调系统的划分与组成、风系统相关内容、水系统相关内容、施工注意事项、验收标准等。

（2）图纸目录。

图纸目标包括设计人员绘制部分和所选用的标准图部分。

（3）设备及材料明细表。

设备及材料明细表包括序号、名称、型号规格、单位、数量、备注等项目。

（4）图例。

2）施工图图示部分

（1）平面图。

平面图包括建筑物各层通风空调系统平面图、空调机房平面图、制冷机房平面图等。图中表述的主要内容有风管、部件及设备在建筑物内的平面坐标位置。

（2）系统图。

通风空调系统管路纵横交错,采用系统图可以完整表达风系统和水系统的空间位置关系。系统图需注明风管、部件及设备的标高、断面尺寸、风口形式和数量等。

（3）详图。

详图包括制作加工详图和安装详图。若是国家通用标准图，则只标明图号，需要时可直接查标准图集。若没有标准图，则须设计人员画出大样图。详图中表明风管、部件和设备制作安装的具体尺寸、方法等。

（4）原理图。

空调原理图主要包括：系统的原理和流程，空调房间的设计参数，冷热源，空气处理和输送方法，控制系统的相互关系，系统中管道、部件、设备和仪表，系统控制点与测点间的联系，控制方案及控制点参数等。

（5）剖面图。

剖面图与平面图相对应，主要有通风空调系统剖面图、通风空调机房剖面图、冷冻机房剖面图。剖面和位置在平面图中都有说明，剖面图还应标注管道、部件和设备的高度。

6. 电气工程施工图

电气工程施工图由文字部分和图示部分组成。其中，文字部分包括图纸目录、设计说明、主要设备材料表及预算，图示部分有平面图、立面图、剖面图、系统图、安装详图等。

1）施工图文字部分

（1）图纸目录。

图纸目录内容有序号、图纸名称、编号、张数等。

（2）设计说明。

设计说明主要阐述电气工程设计依据、工程的要求和施工原则、建筑特点、电气安装标准、电源概况，导线、照明器、开关及插座选型，电气保安措施，自编图形符号，施工安装要求和注意事项等。电气施工图设计以图样为主，设计说明为辅。设计说明主要说明那些在图样上不易表达的与电气施工有关的其他部分。

（3）主要设备材料表及预算。

电气材料表是把某一电气工程所需主要设备、元件、材料和有关数据列成表格，表示其名称、符号、型号、规格、数量、备注（生产厂家）等内容。它一般置于图中某一位置，应与图联系起来阅读。根据电气施工图编制的主要设备材料表和预算，作为施工图设计文件提供给建设单位。

2）施工图图示部分

（1）平面图。

电气照明平面图可表明进户点、配电箱、配电线路、灯具、开关及插座等的平面位置及安装要求。每层都应有平面图，但有标准层时，可以用一张标准的平面图来表示相同各层的平面布置。

常用的电气平面图有变配电所平面图、动力平面图、照明平面图、防雷平面图、接地平面图、弱电平面图等。

（2）系统图。

电气照明系统图又称配电系统图，是表示电气工程的供电方式、电能输送、分配控制关系和设备运行情况的图纸。

电气系统图有变配电系统图、动力系统图、照明系统图、弱电系统图等。电气系统图只表示电气回路中各元器件的连接关系,不表示元器件的具体情况、具体安装位置和具体接线方法。

大型工程的每个配电盘、配电箱应单独绘制其系统图。一般工程设计,可将几个系统图绘制到同一张图上,以便查阅。小型工程或较简单的设计,可将系统图和平面图绘制在同一张图上。

(3)安装详图(接线图)。

安装详图又称大样图,多以国家标准图集或各设计单位自编的图集作为选用的依据。仅对个别非标准工程项目,才进行安装详图设计。详图的比例一般较大,且一定要结合现场情况,结合设备、构件尺寸详细绘制,一般也就是安装接线图。

**(四)建筑工程施工图的编排顺序**

一套建筑工程施工图按图纸目录、总说明、总平面、建筑图、结构图、给水排水图、暖通空调图、电气图等施工图顺序编排。

## 二、房屋建筑工程施工图的作用

建筑工程施工图是进行工程施工、编制施工图预算和施工组织设计、竣工验收的依据,也是进行施工技术管理的重要技术文件。

# 第二节　施工图的图示方法

## 一、施工图的图示特点

施工图中的各图样是采用正投影法绘制的。

建筑物的体型较大,房屋施工图一般采用缩小的比例绘制,如 1:100、1:200 的比例。

在施工图中常用图例(国家标准规定了一系列的图例)表示建筑构配件、卫生设备、建筑材料等,以简化作图。

## 二、施工图中常用的符号

**(一)尺寸和标高**

施工图中一律不注尺寸单位,施工图中的尺寸除标高和总平面图以 m(米)为单位外,其余均以 mm(毫米)为单位。

建筑工程中,用标高表示建筑物各细致装饰部位的上下表面高度。

标高分为相对标高和绝对标高两种,以建筑物底层室内主要地面为零点的标高称为相对标高;以青岛黄海平均海平面的高度为零点的标高称为绝对标高。

相对标高又可分为建筑标高和结构标高,装饰完工后的表面高度,称为建筑标高;结构梁、板上下表面的高度,称为结构标高。

总平面图室外地坪标高符号,宜用涂黑的三角形表示。

标高应当注写到小数点后第三位。在总平面图中,可以只注写到小数点后第二位。

在同样的同一个位置表示不同几个标高时,标高数字可以按照图 2-1 的形式注写。

## （二）定位轴线

### 1. 定位轴线的编号顺序

制图标准规定,平面图定位轴线的编号,宜标注在下方与左方。横向编号应用阿拉伯数字从左至右顺序编写,竖向编号应用大写拉丁字母,从下至上编写。

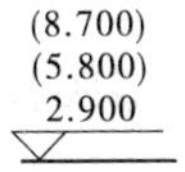

(8.700)
(5.800)
2.900

**图 2-1 标高数字的标注**

### 2. 附加定位轴线的编号

附加定位轴线的编号应以分数形式表示,并按下列规定编写:

(1)两根轴线间的附加轴线,应以分母表示前一轴线的编号,分子表示附加轴线的编号,编号宜用阿拉伯数字顺序书写。

(2)若在 1 号轴线或 A 号轴线之前的附加轴线时,分母应以 01 或 0A 表示。

### 3. 一个详图适用于几根定位轴线的表示方法

一个详图适用于几根定位轴线时,应同时注明各有关轴线的编号。通用详图中的定位轴线,应只画圆,不注写轴线编号。

## （三）索引符号与详图符号

### 1. 索引符号

索引符号是由直径为 8~10 mm 的圆和水平直径组成,圆及水平直径均应以细实线绘制。当索引的详图与被索引的图在同一张图纸内时,在上半圆中用阿拉伯数字注出该详图的编号,在下半圆中间画一段水平细实线;当索引的详图与被索引的图不在同一张图纸内时,在下半圆中用阿拉伯数字注出该详图所在图纸的编号;当索引的详图采用标准图集时,在圆的水平直径的延长线上加注标准图册的编号。

索引的详图是局部剖视详图时,索引符号在引出线的一侧加画一剖切位置线,引出线在剖切位置的哪一侧,表示该剖面向哪个方向作的剖视。

### 2. 详图符号

详图位置或剖面详图位置和编号应以详图符号表示。详图符号的圆应以直径为 14 mm 粗实线绘制。

详图与被索引的图样在同一张图纸内时,应在详图符号内用阿拉伯数字注明详图的编号。

详图与被索引的图样不在同一张图纸内时,应用细实线在详图符号内画一水平直径,在上半圆注明详图编号,在下半圆中注明被索引的图纸编号。

### 3. 引出线

引出线应以细实线绘制,宜采用水平方向的直线或与水平方向成30°、45°、60°、90°的直线,或经上述角度再折为水平线。文字说明宜写在水平线的上方,也可注写在水平线的端部。

同时引出几个相同部分的引出线,宜互相平行,也可画成集中于一点的放射线。

多层构造或多层管道共用引出线,应通过被引出的各层。

### 4. 指北针和风玫瑰

指北针用 24 mm 直径画圆,内部过圆心并对称画一瘦长形箭头,箭头尾宽取直径的 1/8,即 3 mm,圆用细实线绘制,箭头涂黑。通常只画在首层平面图旁边适当位置。

风玫瑰是简称,全名是风向频率玫瑰图。表明各风向的频率,频率最高,表示该风向的吹风次数最多。

## 三、施工图的图示内容

### （一）建筑施工图的图示内容

**1. 建筑设计总说明**

建筑设计总说明主要用来对图上未能详细标注的地方注写具体的作业文字说明。设计说明主要介绍设计依据、项目概况、设计标高、装修做法及施工图未用图形表达的内容等。

**2. 建筑总平面图**

建筑总平面图主要表示新建、拟建建筑物的实体位置、标高、道路系统、构筑物及附属建筑的位置、管线、电缆走向以及绿化、原始地形、地貌等情况。

**3. 建筑平面图**

建筑平面图的图示特点如下：

（1）比例：常用比例有1:50、1:100、1:200，一般用1:100。

（2）图线：剖到的墙身用粗实线，看到的墙轮廓线、构配件轮廓线、窗洞、窗台及门扇图为中粗线，窗扇及其他细部为细实线。

（3）定位轴线与编号：承重的柱或墙体均应画出它们的轴线，称定位轴线。定位轴线采用细点画线表示。

（4）门窗图例及编号：建筑平面图均以图例表示，并在图例旁注上相应的代号及编号。门的代号为M；窗的代号为C。同一类型的门或窗，编号应相同，如M-1、M-2、C-1、C-2等。最后在将所有的门、窗列成门窗表，门窗表内容有门窗规格、材料、代号、统计数量等。

（5）尺寸的标注与标高：建筑平面图中一般应在图形的四周沿横向、竖向分别标注互相平行的三道尺寸。

第一道尺寸，门窗定位尺寸及门窗洞口尺寸。

第二道尺寸，轴线尺寸，标注轴线之间的距离（开间或进深尺寸）。

第三道尺寸，外包尺寸，即总长和宽度。

除三道尺寸外还有台阶、花池、散水等尺寸，房间的净长和净宽、地面标高、内墙上门窗洞口的大小及其定位尺寸等。

（6）文字与索引：凡在平面图中无法用图表示的内容，都要注写文字说明。

**4. 建筑立面图**

建筑立面图的图示特点如下：

（1）比例：立面图的比例一般和平面图采用同样的比例；常用1:100、1:200、1:50。

（2）图线：外包轮廓线用粗实线，主要轮廓线用中粗线，细部图形轮廓线用细实线，房屋下方的室外地面线用特粗实线。

（3）标高：建筑立面图的标高是相对标高。应在室外地面、入口处地面、勒脚、窗台、门窗洞顶、檐口等注标高。

（4）表明建筑材料与作法。

**5. 建筑剖面图**

建筑剖面图的图示特点如下：

（1）建筑底层平面图中，需要剖切的位置上应标注出剖切符号及编号；绘出的剖面图下方写上相应的剖面编号名称及比例。

（2）标高：凡是剖面图上不同的高度（如各层楼面、顶棚、层面、楼梯休息平台、地下室地面等）都应标注相对标高。尺寸标注：主要标注高度尺寸，分内部尺寸与外部尺寸。

（3）外部高度尺寸一般注三道：

第一道尺寸，接近图形的一道尺寸，以层高为基准标注窗台、窗洞顶（或门）以及门窗洞口的高度尺寸；

第二道尺寸，标注两楼层间的高度尺寸（即层高）；

第三道尺寸，标注总高度尺寸。

**6. 建筑详图**

1）外墙详图的图示特点

（1）外墙详图要和平面图中的剖切位置或立面图上的详图索引标志、朝向、轴线编号完全一致，并用放大比例画图，常用比例为1:20。

（2）表明外墙厚度与轴线的关系。

（3）表明室内、外地面处的节点构造。

（4）表明楼层处节点详细做法。

（5）表明屋顶檐口处节点细部做法。

（6）各个部位的尺寸与标高的标注，原则上与立面图和剖面图注法一致，此外还应加注挑出构件的挑出长度的细部尺寸和挑出构件结构下皮标高尺寸。

（7）此外，还应表达清楚室内、外装修各个构造部位的详细做法。

2）楼梯详图的图示特点

楼梯建筑详图需要画平面图、剖面图和详图。除首层和顶层平面图外，中间无论有多少层，只要各层楼梯做法完全相同，可只画一个平面图，称为标准层平面图。剖面图也类似，若中间各层做法完全相同，也可用一标准层剖面代替，但该剖面图上下要加画水平折断线。详图包括踏步详图、栏板或栏杆详图和扶手详图等。

（1）楼梯平面图。

楼梯平面图的剖切位置，一般选在本层地面到休息平台之间，或者说是第一梯段中间，水平剖切以后向下作的全部投影，称为本层的楼梯平面图。

（2）楼梯剖面图。

楼梯剖面图重点表明楼梯间的竖向关系，如各个楼层和各层休息板的标高，楼梯段数和每个楼梯段的踏步数，有关各构件的构造做法，楼梯栏杆（栏板）及扶手的高度与式样，楼梯间门窗洞口的位置和尺寸等。

（3）楼梯踏步、栏杆及扶手详图。

踏步详图即表明踏步截面形状及大小、材料与面层做法。

栏杆与扶手是为上下行人安全而设的，靠梯段和平台悬空一侧设置栏杆或栏板，上面做扶手，扶手形式与大小及所用材料要满足一般手握适度弯曲情况。由于踏步与栏杆、扶手是详图中的详图，所以要用详图索引标志画出详图。

（二）结构施工图的图示内容

1．结构施工图概述

1）建筑上常用结构形式

（1）按结构受力形式划分，常见的有墙柱与梁板承重结构、框架结构、桁架结构等结构形式。

（2）按材料不同建筑结构可分为砖混结构、钢筋混凝土结构、钢结构和木结构等。

2）房屋结构施工图的作用

建筑结构施工图是用来指导施工用的，如放灰线、开挖基槽、模板放样、钢筋骨架绑扎、浇筑混凝土等，同时是编制建筑预算、编制施工组织进度计划的主要依据，是不可缺少的施工图纸。

3）结构施工图的组成

结构施工图主要包括结构设计说明、结构平面布置图、结构构件详图。

（1）结构设计说明。

结构设计说明的内容有设计的主要依据、建筑的结构类型、耐久年限、地震设防烈度、防火要求、地基状况、钢筋混凝土各种构件、砖砌体、施工缝等部分选用材料类型、规格、强度等级，施工注意事项，选用的标准图集，新结构与新工艺及特殊部位的施工顺序、方法及质量验收标准等。

（2）结构平面布置图。

结构平面布置图通常包含基础平面布置图（含基础断面详图）。

楼层结构构件平面布置图。

屋面结构构件平面布置图。

（3）结构构件详图。

结构构件详图主要有基础详图、梁类、板类、柱类等构件详图（包括预制构件、现浇结构构件等）。

2．结构施工图的图示特点

1）国家《建筑结构制图标准》（GB/T 50105—2010）对结构施工图的绘制的规定

结构施工图常需注明结构的名称，一般采用代号表示。构件的代号，一般用该构件名称的汉语拼音第一个字母的大写表示（见表2-1）。预应力混凝土构件代号，应在前面加 Y，如YKB 表示预应力空心板。

2）结构施工图图线的选用

《建筑结构制图标准》（GB/T 50105—2010）中规定了建筑结构制图图线的选用。

3）结构施工图比例

结构平面图、基础平面图的比例与建筑平面图、建筑立面图相一致。结构详图一般选用1∶10、1∶20。

4）钢筋的图示方法

在结构施工图中，为了标注钢筋的位置、形状、数量，《建筑结构制图标准》（GB/T 50105—2010）中规定了钢筋的一般表示方法，如表2-2所示。

表 2-1  常用结构构件的代号

| 序号 | 名称 | 代号 | 序号 | 名称 | 代号 | 序号 | 名称 | 代号 |
|---|---|---|---|---|---|---|---|---|
| 1 | 板 | B | 15 | 吊车梁 | DL | 29 | 基础 | J |
| 2 | 屋面板 | WB | 16 | 圈梁 | QL | 30 | 设备基础 | SJ |
| 3 | 空心板 | KB | 17 | 过梁 | GL | 31 | 桩 | ZH |
| 4 | 槽形板 | CB | 18 | 连系梁 | LL | 32 | 柱间支撑 | ZC |
| 5 | 折板 | ZB | 19 | 基础梁 | JL | 33 | 垂直支撑 | CC |
| 6 | 密肋板 | MB | 20 | 楼梯梁 | TL | 34 | 水平支撑 | SC |
| 7 | 楼梯板 | TB | 21 | 檩条 | LT | 35 | 梯 | T |
| 8 | 盖板或沟盖板 | GB | 22 | 托架 | TJ | 36 | 雨篷 | YP |
| 9 | 挡雨板或檐口板 | YB | 23 | 天窗架 | CJ | 37 | 阳台 | YT |
| 10 | 吊车安全走道板 | DB | 24 | 框架 | KJ | 38 | 梁垫 | LD |
| 11 | 墙板 | QB | 25 | 钢架 | GJ | 39 | 预埋件 | M |
| 12 | 天沟板 | TGB | 26 | 支架 | ZJ | 40 | 天窗端壁 | TD |
| 13 | 梁 | L | 27 | 屋架 | WJ | 41 | 钢筋网 | W |
| 14 | 屋面梁 | WL | 28 | 柱 | Z | 42 | 钢筋骨架 | G |

表 2-2  钢筋的表示方法

| 序号 | 名称 | 图例 | 说明 |
|---|---|---|---|
| 1 | 钢筋横断面 | ● | |
| 2 | 无弯钩的钢筋端部 | | 表示长、短钢筋投影重叠时,短钢筋的端部用45°斜线表示 |
| 3 | 带半圆形弯钩的钢筋端部 | | |
| 4 | 带直钩的钢筋端部 | | |
| 5 | 带丝扣的钢筋端部 | | |
| 6 | 无弯钩的钢筋搭接 | | |
| 7 | 带半圆弯钩的钢筋搭接 | | |
| 8 | 带直钩的钢筋搭接 | | |
| 9 | 花篮螺纹钢筋接头 | | |
| 10 | 机械连接的钢筋 | | 用文字说明机械连接的方式(冷挤压或锥螺纹等) |

5)钢筋的画法

《建筑结构制图标准》(GB/T 50105—2010)中规定了钢筋的画法,如表2-3所示。

表 2-3　钢筋的画法

| 序号 | 说明 | 图例 |
|---|---|---|
| 1 | 在结构平面图中配置双层钢筋时，底层钢筋的弯钩应向上或向左，顶层钢筋的弯钩则向下或向右 | (底层)　(顶层) |
| 2 | 钢筋混凝土墙体配双层钢筋时，在配筋立面图中，远面钢筋的弯钩应向上或向左，而近面钢筋的弯钩向下或向右(JM近面、YM远面) | |
| 3 | 若在断面图中不能表达清楚钢筋的布置，应在断面图外增加钢筋大样图(如钢筋混凝土墙、楼梯等) | |
| 4 | 图中所表示的箍筋、环筋等若布置复杂，可加画钢筋大样及说明 | 或 |
| 5 | 每组相同的钢筋、箍筋或环筋，可用一根粗实线表示，同时用一两端带斜短画线的横穿细线，表示其余钢筋及起止范围 | |

6）常用钢筋的符号和分类

钢筋有光圆钢筋和带肋钢筋之分,热轧光圆钢筋的牌号为 HPB300,常用带肋钢筋的牌号有 HRB335、HRB400 和 RRB400 几种。

7）钢筋混凝土构件的生产方法

钢筋混凝土构件的生产方法有预制构件、现浇构件。

8）钢筋

配置在钢筋混凝土构件中的钢筋,按其所起的作用可分为受力筋、架立筋、箍筋、分布筋、构造筋。

9）基础图的图示特点

（1）基础图的形成和作用。

基础平面图是假想用一水平剖切平面,沿房屋底层室内地面把整栋房屋剖开,移去剖切平面以上的房屋和基础回填土后,向下做正投影所得到的水平投影图。

基础平面图主要表示基础的平面布置以及墙、柱与轴线的关系,为施工放线、开挖基槽或基坑和砌筑基础提供依据。

（2）基础平面图的图示特点。

①基础平面图中的比例、定位轴线的编号、轴线尺寸与建筑平面图要保持一致。

②在基础平面图中,用粗实线画出剖切到的基础墙、柱等的轮廓线,用细实线画出投影可见的基础底边线,其他细部如大放脚、垫层的轮廓线均省略不画。

③基础平面图中,凡基础的宽度、墙的厚度、大放脚的形式、基础底面标高、基础底尺寸

不同时,要在不同处标出断面符号,表示详图的剖切位置和编号。

④基础平面图的外部尺寸一般只注两道,即开间、进深等轴线间的尺寸和首尾轴线间的总尺寸。

⑤在基础平面图中用虚线表示地沟或孔洞的位置,并注明大小及洞底标高。

10)结构平面布置图的形成和作用

结构平面布置图是假想沿楼板面将房屋水平剖切后所作的水平投影图。

结构平面图主要表示该楼层的梁、板、柱的位置、预埋件、预留洞的位置。除能选用标准图外,都要增加必要的剖面来表示节点和配筋以及具体的尺寸。

11)结构详图的图示方法

在构件详图中,应详细表达构件的标高、截面尺寸、材料规格、数量和形状、构件的连接方式、材料用量等。

# 第三节 施工图的识读

## 一、建筑施工图的识图步骤

建筑施工图的图纸一般较多,读图时要按照一定的步骤来读:首先要了解建筑施工的制图方法及有关的标准,看图时应按一定的顺序进行,然后按图纸目录对照各类图纸是否齐全,再细读图纸内容。

### (一)初步识读建筑整体概况

1.看工程的名称、设计总说明

了解建筑物的大小、工程造价、建筑物的类型。

2.看总平面图

看总平面图可以知道拟建建筑物的具体位置,以及与四周的关系。具体的有周围的地形、道路、绿地率、建筑密度、日照间距或退缩间距等。

3.看立面图

初步了解建筑物的高度、层数及外装饰等。

4.看平面图

初步了解各层的平面图布置、房间布置等。

5.看剖面图

初步了解建筑物各层的层高、室内外高差等。

### (二)进一步识读建筑图详细情况

1.识读各层平面图

要从轴线开始,从所注尺寸看房间的开间和进深;看墙的厚度或柱子的尺寸,还要看清楚轴线是处于墙厚的中央位置还是偏心位置;看门、窗的位置和尺寸,在平面图中可以表明门、窗是在轴线上还是靠墙的内皮或外皮设置的,并可以表明门的开启方向;沿轴线两边如果遇有墙而凹进或凸出、墙垛或壁柱等,均应尽可能记住。轴线就是控制线,它对整个建筑起控制作用。要读出底层平面图、标准层平面图、顶层平面图之间从房间的用途、楼梯间、电梯间、走道、门厅入口等有哪些变化和相似之处。

2. 识读屋顶平面图

读出分水线、排水方向和突出屋顶的通风孔、屋顶爬梯具体位置和檐部排水与落水管具体位置。根据索引符号和详图符号读出外楼梯、人孔、烟道、通风道、檐口等部位的做法以及屋面材料防水、保温材料、防火等做法。

3. 识读立面图

从立面图上了解建筑的外形、外墙装饰(如所用材料、色彩)、门窗、阳台、台阶、檐口等形状,了解建筑物的总高度和各部位的标高。

4. 识读剖面图

识读剖面图,首先要知道剖切位置。剖面图的剖切位置一般是房间布局比较复杂的地方,如门厅、楼梯等,可以看出各层的层高、总高、室内外高差以及了解空间关系。

5. 识读建筑详图

识读外墙详图要和平面图中的剖切位置或立面图上的详图索引标志、朝向、轴线编号是否完全一致,看外墙厚度与轴线的关系。轴线在墙中央还是偏向一侧,墙上哪儿有突出变化,均应分别标注清楚。查看室内、外地面处的节点构造。这部分包括基础墙厚度、室外地面高程、散水或明沟做法、台阶或坡道做法、墙身防潮层做法、首层地面与暖气沟和暖气槽以及暖气管件的做法、室外勒脚以及室内踢脚板或墙裙做法、首层室内外窗台做法等。查看楼层处节点详细做法。此处包括下层窗过梁到本层窗台范围里的全部内容。有门过梁、雨篷或遮阳板、楼板、圈梁、阳台板及阳台栏杆或栏板、楼地面、踢脚板或墙裙、楼层内外窗台、窗帘盒或窗帘杆、顶棚和内外墙面做法等。当楼层为若干层而节点又完全相同时,可用一个图样表示,但需标注若干层的楼面标高。查看屋顶檐口处节点细部做法。此部位从顶层窗过梁到檐口(或到女儿墙上皮)之间全部属此范围,包括门、窗过梁、雨篷或遮阳板、顶层屋顶板或屋架、圈梁、屋面以及室内顶棚或吊顶、檐口或女儿墙、屋面排水的天沟、下水口、雨水斗和雨水管、窗帘盒或窗帘杆等。查看各个部位的尺寸与标高的标注,是否与立面图和剖面图注法一致。查看室内、外装修各个构造部位的详细做法。

6. 识读楼梯详图

楼梯详图包括楼梯平面图、楼梯剖面图和详图。

1)楼梯平面图

查看楼梯各层平面图楼梯间的轴线和编号是否与建筑平面图一致,查看楼梯段的宽度,上下两段之间的水平距离,休息板和楼层平台板的宽度,楼梯段的水平投影长度。另外,应查看楼梯间墙厚、门和窗的具体位置尺寸等。根据楼梯段的中部的"上或下"字的箭头查看以本层地面和上层楼面为起点上、下楼梯的走向,查看地面、各层楼面和休息板面的标高是否与建筑平面图一致。查看首层楼梯间平面图的楼梯剖面图的剖切符号是否与楼梯剖面图一致。

2)楼梯剖面图

查看各楼层和各层休息板的标高是否与楼梯平面图一致。查看楼梯段数和每个楼梯段的踏步数,查看楼梯间门窗洞口的位置和尺寸等。

3）详图

详图主要有楼梯踏步、栏杆及扶手详图。

查看踏步截面形状及大小、材料与面层做法。楼梯详图若分别画有建筑、结构专业图纸，注意核对好楼梯梁、板交接处的尺寸与标高，是否结构与建筑装修关系互相吻合。若有矛盾，要以结构尺寸为主，再定表面装修建筑尺寸。

### （三）深入掌握具体做法

经过对施工图的识读以后，还需对建筑图上的具体做法进行深入掌握，如卫生间详细分隔做法、装修做法、门厅的详细装修、细部构造等。

## 二、施工图的识读方法

### （一）建筑施工图的识读方法

1. 总平面图的识读方法

（1）总平面图中的内容，多数是用符号表示的，看图之前要先熟悉图例符号的意义。

（2）从总平面图查看工程性质，不但要看图，还要看文字说明。

（3）查看总平面图的比例，以了解工程规模。一般常用比例是 1∶300、1∶500、1∶1 000、1∶2 000。

（4）看清用地范围内新建、原有、拟建、拆除建筑物或构筑物的位置及相互之间的关系，新、旧道路布局，周围环境和建设地段内的地形、地貌情况。

（5）查看新建建筑物的室内、外地面高差和道路标高，地面坡度及排水走向。

（6）根据风向频率玫瑰图看清楚朝向。

（7）查看图中尺寸的表现形式。

（8）总平面图中的各种管线要细致阅读，管线上的窨井、检查井要看清编号和数目，要看清管径、中心距离、坡度、从何处引进到建筑物或构筑物，要看准具体位置。

（9）了解绿化布置。

（10）以上全部内容还要查清定位依据。

2. 建筑平面图识读方法

（1）看图名、比例、指北针，了解是哪一层平面图，房屋的朝向如何。

（2）房屋平面外形和内部的分割情况，了解房屋总长度、总宽度、房间的开间、进深尺寸、房间分布、用途、数量及相互间的联系，入口、楼梯的位置，室外台阶、花池、散水的位置。

（3）细看图中定位轴线编号及间距尺寸，墙柱与轴线的关系，内外墙上开动位置及尺寸，门的开启方向、各房间开间进深尺寸，楼里面标高。

（4）查看框架柱、墙体与轴线的关系。

（5）查看平面图上剖面的剖切符号、部位及编号，以便剖面图对照着读；查看平面图中的索引符号、详图的位置以及选用的图集。

（6）查看标高，每个标高平面均是一个封闭的区域，注意室内地面标高、室外地面标高、卫生间地面标高、楼梯平台标高，尤其是屋顶标高编号较多，要与立面、剖面图对照着读。

（7）注意门窗类型及编号，查看是否与门窗表内容相一致。

（8）注意屋面排水方向和坡度，查看建筑物是平屋顶还是坡屋顶。

(9)看图纸说明。

3. 建筑立面图的识读方法

(1)先看图名、比例、立面外形、外墙表面装修做法与分割形式、粉刷材料的类型和颜色。

(2)要根据建筑平面图上的指北针和定位轴线编号,查看立面图的朝向。

(3)再看立面图中各标高和尺寸,与建筑平、剖面图对照,核对各部分的标高数值和高度尺寸,如室内外高差、出入口地面、大门、勒脚、窗台、女儿墙顶标高、门窗的高度以及总高尺寸等。

(4)查看门窗的位置与数量,与建筑平面图及门窗表相核对。

(5)注意建筑立面所选用的材料、颜色和施工要求,与材料做法表相核对。

4. 建筑剖面图的识读方法

(1)看图名、轴线编号、绘图比例。

(2)识读剖面图的重点应该放在了解高度尺寸、标高、构造关系及做法上。

(3)要依照建筑平面图上剖切位置线核对剖面图的内容,以及与剖切位置是否一致。

(4)查看室外部分内容。

(5)查看室内部分内容。

(6)查看图中有关部分的坡度的标注,如屋面、散水、坡道等。

(7)查看剖面图中的详图索引符号,与施工详图对照。

5. 建筑详图的识图方法

(1)看详图名称、比例、各部位尺寸。

(2)阅读外墙详图时,由于外墙详图比较明确、清楚地表现出每项工程中绝大部分的主体与装修做法,所以除读懂图面上表达的全部内容外,还应认真、仔细与其他图纸联系阅读。

(3)阅读楼梯详图时,注意平面图中每一楼段画出的踏面数,就比踏面数少一个。

(4)看构造做法所用材料、规格,由外向内各层做法。

(二)结构施工图的识读方法

1. 看图纸说明

从图纸说明上可以看出结构类型,结构构件使用的材料和细部做法等。

2. 看基础平面图

(1)查阅建筑图,核对所有的轴线是否和基础一一对应,了解是否有的墙下无基础而用基础梁替代,基础的形式有无变化,有无设备基础。

(2)基础施工图上可以看出基础类型。

(3)从基础平面图上查阅轴线的编号、位置、间距是否与建筑平面图一致。

(4)从基础详图上可以看出基础的具体做法。

(5)对照基础的平面和剖面,了解基底标高和基础顶面标高有无变化,有变化时是如何处理的。

(6)了解基础中预留洞和预埋件的平面位置、标高、数量。

(7)了解基础的形式和做法。

(8)了解各个部位的尺寸和配筋。

(9)重复以上的过程,解决没有看清楚的问题。对遗留问题整理好记录。

## 3. 看结构平面图

（1）了解结构的类型，了解主要构件的平面位置与标高，并与建筑图结合了解各构件的位置和标高的对应情况。

（2）结合剖面图、标准图和详图对主要构件进行分类，了解它们的相同之处和不同点。

（3）了解各构件节点构造与预埋件的相同之处和不同点。

（4）了解整个平面内，洞口、预埋件的做法与相关专业的连接要求。

（5）了解各主要构件的细部要求和做法。

（6）了解其他构件的细部要求和做法。

## 4. 看结构详图

（1）首先应将构件对号入座，即核对结构平面上构件的位置、标高、数量是否与详图相吻合，有无标高、位置和尺寸的矛盾。

（2）了解构件与主要构件的连接方法，看能否保证其位置或标高，是否存在与其他构件相抵触的情况。

（3）了解构件中配件或钢筋的细部情况，掌握其主要内容。

（4）结合材料表核实以上内容。

### （三）给水排水工程施工图的识读方法

阅读施工图之前，应当先仔细阅读设计施工说明、图例和设备材料明细表，然后将系统图、平面图和详图结合在一起，相互对照着看。

先看系统图，对整个系统有所了解。系统图中主要体现给水排水管道的立体走向和空间位置关系。看给水系统图时，由建筑物的给水引入管开始，沿水流方向经干管、立管、支管到用水设备；看排水系统图时，由排水设备开始，沿排水方向经支管、横管、立管、干管到排出管。再看平面图，它主要体现建筑物内给水排水管道及卫生器具和用水设备的平面布置。同时，对应着识读详图，注意图纸比例。

### （四）采暖工程施工图的识读方法

建筑采暖系统图的识读，首先了解建筑物的基本情况，然后阅读采暖施工图中的设计施工说明，熟悉有关设计的资料、规范、采暖方式等。平面图和系统图是采暖施工图中的主要图纸，看图时相互对照，一般按照热水流动的方向阅读，即供水干管→供水立管→供水支管→散热器→回水支管→回水立管→回水干管。

### （五）通风及空调工程施工图的识读方法

阅读通风空调工程施工图，要从平面图开始，将平面图、系统图和剖面图结合起来对照阅读。一般情况下，可顺着气流流动方向逐段阅读。对于排风系统，从吸风口看起，沿着管路直到室外排风口。

### （六）电气工程施工图的识读方法

#### 1. 阅读建筑电气工程图的一般程序

阅读建筑电气工程图一般可按以下顺序阅读（浏览），再重点阅读：

（1）看标题栏及图纸目录。了解工程名称、项目内容、设计日期及图纸数量和内容等。

（2）看总说明。了解工程总体概况及设计依据，了解图纸中未能表达清楚的各有关事项。

(3)看系统图。了解系统的基本组成,主要电气设备、元件等连接关系及它们的规格、型号、参数等,掌握该系统的组成概况。

(4)看平面布置图。了解设备安装位置,线路敷设部位,敷设方法及所用导线型号、规格、数量,电线管的管径大小等。

(5)看电路图。了解各系统中用电设备的电气自动控制原理。

(6)看安装接线图。了解设备或电器的布置与接线,与电路图对应阅读。

(7)看安装大样图。安装大样图是用来详细表示设备安装方法的图纸。

(8)看设备材料表。是我们编制购置设备、材料计划的重要依据之一。

阅读图纸的顺序可以根据需要,自己灵活掌握,还应阅读有关施工及验收规范、质量检验评定标准,以详细了解安装技术要求,保证施工质量。

2.电气照明识图

1)常用电气照明图例符号和文字标注

在电气照明系统图和平面图中都以单线形式来表示电气线路,即每一回路仅画一根线,4根以下一般以斜短线的数目表示;超过4根导线的回路仅打一斜短线,并在旁边用阿拉伯数字注明导线的根数即可。常用电气照明图例和文字标注见表2-4和表2-5。表2-6为民用建筑照明负荷的需要系数,以供进行照明负荷计算时参考。

**表2-4 常用电气照明图例符号**

| 圆形符号 | 名称 | 图形符号 | 名称 |
|---|---|---|---|
| | 多种电源配电箱(屏) | | 灯或信号灯一般符号 |
| | 动力或动力—照明配电箱 | | 防水防尘灯 |
| | 信号板信号箱(屏) | | 壁灯 |
| | 照明配电箱(屏) | | 球形灯 |
| | 单相插座(明装) | | 花灯 |
| | 单相插座(暗装) | | 局部照明灯 |
| | 单相插座(密闭、防水) | | 天棚灯 |
| | 单相插座(防爆) | | 荧光灯一般符号 |
| | 带接地插孔的三相插座(明装) | | 三管荧光灯 |

| 圆形符号 | 名称 | 图形符号 | 名称 |
|---|---|---|---|
| | 带接地插孔的三相插座(暗装) | | 避雷器 |
| | 带接地插孔的三相插座(密闭、防水) | ● | 避雷针 |
| | 带接地插孔的三相插座(防爆) | | 风扇一般符号 |
| | 单极开关(明装) | | 接地一般符号 |
| | 单极开关(暗装) | | 多极开关一般符号单线表示 |
| | 单极开关(密闭防水) | | 多线表示 |
| | 单极开关(防爆) | | 分线盒一般符号 |
| | 开关一般符号 | | 室内分线盒 |
| | 单极拉线开关 | | 电铃 |
| | 动合(常开)触点注:本符号也可用作开关一般符号 | Wh | 电度表 |

2) 电气照明施工图

电气照明施工图主要有系统图和平面图,还有设计说明、材料表等。现举一例(一栋三层三单元居民住宅楼)进行分析、介绍。图 2-2 为该楼的电气照明系统图。图 2-3 为该楼一单元二层的电气照明平面图。

(1)电气照明系统图。

电气照明系统图用来表明照明工程的供电系统、配电线路的规格、采用管径、敷设方式及部位,线路的分布情况,计算负荷和计算电流,配电箱的型号及其主要设备的规格等。通过系统图具体可表明以下几点:

表 2-5 常用电气照明文字标注

| 表达线路 | | | 表达灯具 | | |
|---|---|---|---|---|---|
| 相序 | L$_1$ | 交流系统：电源第一相 | 常用灯具 | J | 水晶底罩灯 |
| | L$_2$ | 电源第二相 | | S | 搪瓷伞型罩灯 |
| | L$_3$ | 电源第三相 | | T | 圆筒形罩灯 |
| | U | 设备端第一相 | | W | 碗形罩灯 |
| | V | 设备端第二相 | | P | 玻璃平盘罩灯 |
| | W | 设备端第三相 | 灯具安装方式 | X | 吊线式 |
| | N | 中性线 | | L | 吊链式 |
| 线路敷设方式 | M | 明敷设 | | G | 管吊式(吊杆式) |
| | A | 暗敷设 | | B | 壁式 |
| | CP | 瓷瓶瓷柱敷设 | | D | 吸顶式 |
| | CJ | 瓷夹板敷设 | | R | 嵌入式 |
| | S | 钢索敷设 | | Z | 柱上安装 |
| | QD | 铝皮卡钉敷设 | 灯具标注 | | $a-b\dfrac{c \times d \times L}{e}f$ |
| | CB | 槽板敷设 | | a | 灯具数 |
| | GG | 穿钢管敷设 | | b | 灯具型号 |
| | DG | 穿电线管敷设 | | c | 每盏灯灯泡(灯管)数 |
| | VG | 穿硬塑料管敷设 | | d | 灯泡(灯管)容量(W) |
| 线路敷设部位 | L | 沿梁 | | e | 悬挂高度(m) |
| | Z | 沿柱 | | f | 安装方式 |
| | Q | 沿墙 | | L | 光源种类 |
| | P | 沿天棚 | | | |
| | D | 沿地板或埋地 | | | |

表 2-6 民用建筑照明负荷的需用系数

| 建筑类别 | 需用系数 | 备注 |
|---|---|---|
| 住宅楼 | 0.4 ~ 0.6 | 单元式住宅,每户两室,6 ~ 8 个插座,户装电表 |
| 单宿楼 | 0.6 ~ 0.7 | 标准单间,1 ~ 2 灯,2 ~ 3 个插座 |
| 办公楼 | 0.7 ~ 0.8 | 标准单间,2 灯,2 ~ 3 个插座 |
| 科研楼 | 0.8 ~ 0.9 | 标准单间,2 灯,2 ~ 3 个插座 |
| 教学楼 | 0.8 ~ 0.9 | 标准教室,6 ~ 8 灯,1 ~ 2 个插座 |
| 商店 | 0.85 ~ 0.95 | 育举办展销会可能时 |
| 餐厅 | 0.8 ~ 0.9 | |
| 社会旅馆 | 0.7 ~ 0.8 | 标准客房,1 灯,2 ~ 3 个插座 |
| | 0.8 ~ 0.9 | 附有对外餐厅时 |

| 建筑类别 | 需用系数 | 备注 |
|---|---|---|
| 旅游旅馆 | 0.35 ~ 0.45 | 标准客房,4 ~ 5 灯,4 ~ 6 个插座 |
| 门诊楼 | 0.6 ~ 0.7 | |
| 病房楼 | 0.5 ~ 0.6 | |
| 影院 | 0.7 ~ 0.8 | |
| 剧院 | 0.6 ~ 0.7 | |
| 体育馆 | 0.65 ~ 0.75 | |

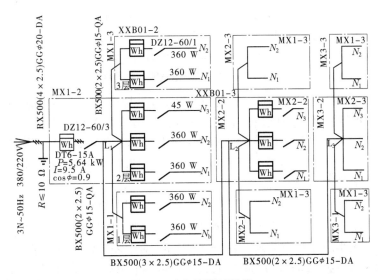

图 2-2　电气照明系统图

①供电电源的种类及表示方法。

应表明本照明工程是由单相供电还是由三相供电、电源的电压及频率。表示方法除在进户线上用打撇表示外,在图上还用文字按下述格式标注:m ~ fV。其中,m 为相数;f 为电源频率;V 为电源电压。

②干线的接线方式。

从图面上可以直接表示出从总配电箱到各分配电箱的接线方式是放射式、树干式还是混合式。一般多层建筑中,多采用混合式。

③进户线、干线及支线的标注方式。

在系统图中要标注进户线、干线、支线的型号、规格、敷设方式和部位等,而支线一般均用 1.5 mm² 的单心铜线或 2.5 mm² 的单心铝线,故可在设计说明中作统一说明。但干线、支线采用三相电源的相线应在导线旁用 $L_1$、$L_2$、$L_3$ 明确标注。本例因支线与干线采用同一相线,故支线标注省略。支线上标注的计算负荷需用系数见表 2-6。

配电线路的表示方式为:$a - b(c \times d)e - f$ 或 $a - b(c \times d + c \times d)e - f(7-13)$。

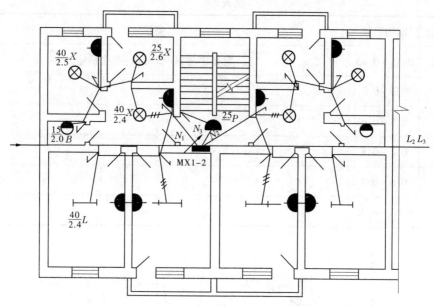

图 2-3　一单元二层电气照明平面图

其中,a 为回路编号(回路少时可省略);b 为导线型号;c 为导线根数;d 为导线规格(截面);e 为导线保护管型号(包括管材、管径);f 为敷设方式和部位。例如,系统图中的进户线标注为:B×500(4×2.5)GG15—DA。则表示采用电压等级为 500 V 的铜心橡皮绝缘线 4 根(三相线、一零线),每根导线截面面积为 2.5 mm²,穿管径为 15 mm 的钢管沿地板暗敷。

④配电箱中的控制、保护设备及计量仪表。

在平面图上只能表示配电箱的位置和安装方式,但配电箱中有哪些设备表示不出来,这些必须在系统图中表明。系统图用单线绘制,图中虚线所框的范围为一个配电盘或配电箱。

对于用电量较小的建筑物可只安装一个配电箱,对于多层建筑可在某层(二层)设总配电箱,再由此引至各楼层设置的层间配电箱。配电箱较多时应编号,如 MX1—1、MX1—2 等。选用定型产品时,应在旁边标明型号,自制配电箱应画出箱内电气元件布置图。

在系统图中应注明配电箱内开关、保护和计量装置的型号、规格。本例中总配电箱内装设 DZ12—60/3 三极自动开关、DT6—15A 三相四线制电度表,分配电箱(即用户配电箱,向每单元每层的两个用户供电,中间单元还有一回路楼梯间照明的供电)内装有 DZ12—60/1 单极自动开关、DD28—2A 单相电度表(图中未标)。XXB01—2 和 XXB01—3 为配电箱的型号。

民用建筑中的插座,在无具体设备连接时,每个插座可按 100 W 计算;住宅建筑中的插座,每个可按 50 W 计算。在每一单相支路中,灯和插座的总数一般不宜超过 25 个。但花灯、彩灯、大面积照明等回路除外。

(2)电气照明平面图。

电气照明平面图是用来表示进户点、配电箱、灯具、开关、插座等电气设备平面位置和安装要求的。同时表明配电线路的走向和导线根数。当建筑为多层时,应逐层画出照明平面图。当各层或各单元均相同时,可只画出标准层的照明平面图。在平面图中应表明:

①进户线、配电箱位置。

由图 2-3 可知进户线沿二层地板从建筑物侧面引至一单元二层的总配电箱,且配电箱为暗装。

②干线、支线的走向。

从电气照明平面图中可以看出,$L_1$ 相干线向一单元供电,不仅供给二层,还要垂直穿管引至一层和三层。

③灯具、开关、插座的位置。

各种电气元件、设备的平面安装位置可在平面图中得到很好的体现,但要反映安装要求,还需以文字标注的形式作进一步说明。灯具的表示方式为:$a - b\dfrac{c \times d \times L}{e}f$,其中,a 为灯具数;b 为灯具型号或编号;c 为每盏灯的灯泡个数;d 为每个灯泡的额定功率,W;e 为安装高度;f 为安装方式;L 为光源种类。

如图 2-3 中标注为:$\dfrac{40}{2.4}L$。

根据图形符号和标注可知为单管 40 W 荧光灯,悬挂高度 2.4 m,链吊式安装。

在一项工程的系统图和平面图中,各个电气产品的编号标注必须一致。例如,前述的建筑物内有数个配电箱,MX1—2 不同于 MX1—1,也不同于 MX2—2,而 MX1—1 与 MX1—3 的型号虽然相同,但安装位置不同,前者在一层、后者在三层。配电箱的外形尺寸一般写在设计说明中,以便与土建工程配合,做好配电箱的预留洞工作。

3.设计说明

在系统图和平面图中未能表明而又与施工有关的问题,可在设计说明中予以补充。

本例说明如下:

(1)本工程采用交流 50 Hz,380/220V 三相四线制电源供电,架空引入。进户线沿一单元二层地板穿钢管暗敷引至总配电箱。进户线距室外地面高度 ≥3.6 m(在设计中是根据工程立面图的层高确定的)。进户线重复接地电阻 $R \le 10\ \Omega$。

(2)配电箱外型尺寸为:宽×高×厚(mm×mm×mm)

MX1—1:350×400×125

MX2—2:500×400×125

均为定型产品。箱内元件见系统图。箱底边距地 1.4 m,应在土建施工时预留孔洞。

(3)开关距地 1.3 m,距门框 0.3 m。

(4)插座距地 1.8 m。

(5)支线均采用 BX—500V—2.5 mm$^2$ 的导线穿直径为 15 mm 的钢管暗敷。

(6)施工做法参见现行规范。

4.材料表

材料表应将电气照明施工图中各电气设备、元件的图例、名称、型号及规格、数量、生产厂家等表示清楚。它是保证电气照明施工质量的基本措施之一,也是电气工程预算的主要依据。本例的设备部分材料表见表 2-7。

**表 2-7　图 2-2、图 2-3 住宅楼部分材料表**

材料表

| 序号 | 图例 | 名称 | 型号及规格 | 数量 | 单位 | 生产厂家 | 备注 |
|---|---|---|---|---|---|---|---|
| 1 | ⊗ | 白炽灯(螺灯头) | 220V40W | 36 | 个 | | 当地购买 |
| 2 | ◐ | 盏灯(螺口灯座) | 220V15W | 18 | 个 | | 当地购买 |
| 3 | ⊗ | 防水防尘白炽灯 | 220V25W | 18 | 个 | | 当地购买 |
| 4 | ◗ | 天棚白炽灯 | 220V40W | 9 | 个 | | 当地购买 |
| 5 | ⊢—⊣ | 带罩日光灯 | 220V40W | 36 | | | 当地购买 |
| 6 | ⬤ | 单相插座 | 220V10A | 72 | 个 | | 当地购买 |
| 7 | ⟋ | 板开关 | 220V6A | 117 | 个 | | 当地购买 |
| 8 | ▬ | 总配电槽 | | 1 | | | 定时 |
| 9 | ▬ | 分配电槽 | XXB01-2 | 6 | | 北京光明电器开关厂 | ( )J0.50 |
| 10 | ▬ | 分配电槽 | XXB01-3 | 2 | | 北京光明电器开关厂 | ( )J0.50 |
| 11 | Wh | 三相电度表 | | 1 | 块 | | 装于配电箱内 |
| 12 | Wh | 单相电度表 | | 21 | 块 | | 装于配电箱内 |
| 13 | ⫫⟋ | 三相自动开关 | | 1 | 个 | | 装于配电箱内 |
| 14 | ⟋ | 单相自动开关 | | 21 | 个 | | 装于配电箱内 |
| 15 | —— | 帽心橡皮地缘线 | BX500V-2.5mm² | | m | | |

材料表

| 序号 | 图例 | 名称 | 型号及规格 | 数量 | 单位 | 生产厂家 | 备注 |
|------|------|------|-----------|------|------|----------|------|
| 16 | —— | 铝心橡皮地缘线 | BLX500V-2.5mm' | | m | | |
| 17 | —— | 水、煤气钢管 | φ20 φ15 | | m | | |

# 小 结

1. 房屋一般由基础、墙、柱、楼地面、楼梯、门窗和屋顶六大部分组成。

2. 建筑工程施工图一般包括图纸目录和设计总说明、建筑施工图、结构施工图、设备施工图等内容。

3. 一套建筑工程施工图按图纸目录、总说明、总平面、建筑、结构、水、暖、电等施工图顺序编排。各工种图纸的编排，一般是全局性图纸在前，表明局部的图纸在后；先施工的在前，后施工的在后；重要图纸在前，次要图纸在后。为了图纸的保存和查阅，必须对每张图纸进行编号。

4. 房屋中的承重墙或柱都有定位轴线，不同位置的墙有不同的编号，定位轴线是施工时定位放线和查阅图纸的依据。

5. 标高是尺寸注写的一种形式。读图时要弄清是绝对标高还是相对标高，它的零点基准设在何处。

6. 索引符号和详图符号，要熟悉它的编号规定，弄清圆圈中上下数字所代表的内容，以便读图时能很快将图样联系起来。

7. 总平面图主要用来确定新建房屋的位置及朝向，以及新建房屋与原有房屋周围、地物的关系等内容。

8. 根据平面图，可看出每一层房屋的平面形状、大小和房间布置、楼梯走廊位置、墙柱的位置、厚度和材料、门窗的类型和位置等情况。

9. 根据立面图和剖面图，可了解房屋立面上建筑装饰的材料和颜色、屋顶的构造形式（有时把楼面、屋顶的构造用引出线表示在剖面图上，还在剖面图上画上屋面的排水坡度）、房屋的分层及高度、屋檐的形式以及室内外地面的高差等。

10. 无论在建筑基本图上还是在建筑详图上，都会遇到剖切符号、索引符号和详图符号，熟记这些符号的内容及查对方法对顺利而正确地识读建筑施工图样是十分重要的。

11. 结构施工图是表达建筑物的结构形式及构件布置等的图样，是建筑结构施工的依据。

12. 结构施工图一般包括基础平面图、楼层结构平面图、构件详图等。基础平面图、结构平面图都是从整体上反映承重构件的平面布置情况，是结构施工图的基本图样。构件详图表达了构件的形状、尺寸、配筋及与其他构件的关系。

13. 基础施工图用来反映建筑物的基础形式、基础构件布置及构件详图的图样。在识读基础施工图时,应重点了解基础的形式、布置位置、基础地面宽度、基础埋置深度等。

14. 楼层结构平面图中,主要反映了墙、柱、梁、板等构件的型号、布置位置、现浇及预制板装配情况。

15. 构件详图主要反映构件的形状、尺寸、配筋、预埋件设置等情况。

16. 在识读结构施工图时,要与建筑施工图对照阅读,因为结构施工图是在建筑施工图的基础上设计的,与建筑施工图存在内在的联系。识读结构施工图时,应注意将有关图纸对照阅读。

17. 安装工程施工图识读时应根据图例符号、平面图、系统图对照阅读。

# 第三章 工程施工工艺和方法

【学习目标】

1. 熟悉土的工程性质、分类。

2. 了解土方工程施工的主要内容、土方施工准备工作的内容。

3. 掌握土方工程量、井点降水的计算方法。

4. 熟悉常见的基坑支护的方法。

5. 熟悉常用土方施工机械的特点、性能、适用范围及提高生产率的方法。

6. 掌握基坑(槽)开挖、回填的工艺流程和施工要点及质量检验标准。

7. 了解地基的加固处理方法、适用范围、施工要点。

8. 掌握浅基础的施工工艺、施工技术要求。

9. 掌握钢筋混凝土预制桩和混凝土灌注桩的常用施工方法。

10. 掌握大体积混凝土浇筑技术、养护方法及要求。

11. 了解脚手架的种类、作用。

12. 掌握脚手架的搭设要求,安全防护措施。

13. 掌握砌筑前准备工作的内容和要求。

14. 掌握砖墙的构造和砌筑工艺。

15. 掌握中型砌块的砌筑方法和砌筑工艺。

16. 掌握砌筑工程的质量标准和安全防护措施。

17. 了解模板工程、钢筋工程及混凝土工程的基本概念。

18. 了解模板配板设计,掌握模板安装及拆除。

19. 掌握钢筋加工及配料计算、钢筋代换方法。

20. 掌握施工配合比的概念,掌握混凝土的搅拌、浇筑、养护。

21. 掌握施工缝留设及处理方法。

22. 掌握钢筋混凝土结构构件的施工工艺和质量标准。

23. 了解钢结构的连接方法。

24. 掌握高强螺栓的施工要点。

25. 了解建筑防水的分类和等级,熟悉防水材料的种类、基本性能及适用范围。

26. 掌握屋面防水工程施工的技术。

27. 掌握地下防水工程施工的技术。

# 第一节 地基与基础工程

## 一、岩土的工程分类

土是地壳表层的岩石长期受自然界的风化作用,使大块岩体不断破碎与发生成分变化,再经搬运、沉积而成为大小、形状和成分都不相同的松散颗粒集合体。

**（一）土的组成**

在天然状态下，土是由固相、液相和气相所组成的三相体系。固相即为矿物颗粒，构成土的骨架。液相即为水。气相即为空气，也叫空隙。骨架间有许多孔隙可被水和空气所填充。

**（二）土的结构**

土的结构是指土颗粒之间的相互排列和联结形式。土的结构分为单粒结构、蜂窝结构和絮状结构三种。

在工程上，以密实的单粒结构的土质最好，蜂窝结构与絮状结构若被扰动（如开挖土方）破坏了天然结构，则强度低，压缩性高，不可作为天然地基。

**（三）土的工程分类**

在建筑工程施工中常根据土石方施工时土（石）的开挖难易程度，将土分为 8 类，称为土的工程分类。前 4 类属一般土，后 4 类属岩石，土的分类方法及其现场鉴别方法见表 3-1。

土的开挖难易程度不同影响着土方开挖的方法、劳动量的消耗、工期的长短、工程的费用。

表 3-1　土的工程分类

| 土的分类 | 土的名称 | 开挖方法 | 可松性系数 | |
|---|---|---|---|---|
| | | | $K_s$ | $K'_s$ |
| 一类土（松软土） | 砂、亚砂土，冲积砂土，种植土、泥炭（淤泥） | 能用锹、锄头挖掘 | 1.08~1.17 | 1.01~1.04 |
| 二类土（普通土） | 亚黏土，潮湿的黄土，夹有碎石、卵石的砂，种植土、填筑土及亚砂土 | 用锹、锄头挖掘少许，用镐翻松 | 1.14~1.28 | 1.02~1.05 |
| 三类土（坚土） | 软及中等密实黏土，重亚黏土，粗砾石，干黄土及含碎石、卵石的黄土、亚黏土，压实的填筑土 | 主要用镐，少许用锹、锄头，部分用撬棍 | 1.24~1.30 | 1.04~1.07 |
| 四类土（砂砾坚土） | 重黏土及含碎石、卵石的黏土，粗卵石，密实的黄土、天然级配砂石，软的泥灰岩及蛋白石 | 用镐、撬棍，然后用锹挖掘，部分用楔子及大锤 | 1.26~1.37 | 1.06~1.09 |
| 五类土（软石） | 硬石炭纪黏土，中等密实的页岩、泥灰岩，白垩土，胶结不紧的砾岩，软的石灰岩 | 用镐或撬棍、大锤，部分使用爆破 | 1.30~1.45 | 1.10~1.20 |
| 六类土（次坚石） | 泥岩，砂岩，砾岩，坚实的页岩、泥灰岩，密实的石灰岩，风化花岗岩、片麻岩 | 用爆破方法，部分用风镐 | 1.30~1.45 | 1.10~1.20 |
| 七类土（坚石） | 大理岩，辉绿岩，粗、中粒花岗岩，坚实的白云岩、砂岩、砾岩、片麻岩、石灰岩 | 用爆破方法 | 1.30~1.45 | 1.10~1.20 |
| 八类土（特坚石） | 玄武岩，花岗片麻岩、坚实的细粒花岗岩、闪长岩、石英岩、辉绿岩 | 用爆破方法 | 1.45~1.50 | 1.20~1.30 |

#### (四)土的工程性质

为了阐述和标记方便,通常把自然界中土的三相混合分布的情况分别集中起来,固相集中于下部,液相集中于中部,气相集中于上部,并按一定的比例画出草图,图的左边标出各相的体积 $V(\text{m}^3)$,图的右边标出各相的质量 $m(\text{kg})$ 或重量 $W(\text{kN})$,这种表示方法称为土的三相图,如图 3-1 所示。

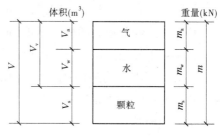

图 3-1　土的三相图

土的工程性质对土方工程的施工有直接影响,其中基本的工程性质有土的密度、土的密实度、可松性、压缩性、含水率、渗透性等。

**1. 土的密度**

土的密度分天然密度和干密度。土的天然密度,指土在天然状态下单位体积的质量。它影响土的承载力、土压力及边坡的稳定性。

$$\rho = m/V \tag{3-1}$$

式中　$\rho$——土的天然密度;

　　$m$——土的总质量;

　　$V$——土的天然体积。

土的干密度指单位体积土中固体颗粒的质量;土的干密度愈大,表示土越密实。工程上常把干密度用以检验填土压实质量的控制指标。

$$\rho_d = m_s/V \tag{3-2}$$

式中　$\rho_d$——土的干密度;

　　$m_s$——土中固体颗粒的质量;

　　$V$——土的天然体积。

**2. 土的密实度**

土的密实度即土的密实程度,通常用干密度表示,即

$$D_y = \rho_d/\rho_{dmax} \tag{3-3}$$

式中　$D_y$——密实度(即压实系数);

　　$\rho_d$——土的实际干密度;

　　$\rho_{dmax}$——土的最大干密度。

土的密实度对填土的施工质量有很大影响,它是衡量回填土施工质量的重要指标。

**3. 土的可松性**

土的可松性是指在自然状态下的土经开挖后,其体积因松散而增大,以后虽经回填压实,也不能恢复其原来的体积。由于土方工程量是以自然状态的体积来计算的,所以在土方调配、计算土方机械生产率及运输工具数量等时,必须考虑土的可松性。土的可松性程度用可松性系数表示,即

$$K_s = \frac{V_2}{V_1}, \quad K_s' = \frac{V_3}{V_1} \tag{3-4}$$

式中　$K_s$——最初可松性系数;

　　$K_s'$——最后可松性系数;

$V_1$——土在天然状态下的体积,$m^3$;

$V_2$——土经开挖后的松散体积,$m^3$;

$V_3$——土经回填压实后的体积,$m^3$。

在土方工程中,$K_s$ 是计算土方施工机械及运土车辆等的重要参数,$K_s'$ 是计算场地平整标高及填方时所需挖土量等的重要参数。不同类型土的可松性系数可参照表 3-1。

**4. 土的压缩性**

移挖作填或取土回填,松土经填压后会压缩。在松土回填时应考虑土的压缩率,一般可按填方断面增加 10% ~20% 计算松土方数量。

**5. 土的含水率**

土的含水率 $W$ 是土中所含水的质量与土的固体颗粒的质量之比,以百分数表示:

$$W = \frac{G_1 - G_2}{G_2} \times 100\% \tag{3-5}$$

式中  $G_1$——含水状态时土的质量;

$G_2$——土烘干后的质量。

土的含水率影响土方施工方法的选择、边坡的稳定和回填土的夯实质量,如土的含水率超过 25% ~30% ,则机械化施工就困难,容易打滑、陷车;回填土则需有最佳含水率,方能夯压密实,获得最大干密度。土的最佳含水率和最大干密度参考值见表 3-2。

表 3-2　土的最佳含水率和最大干密度

| 土的种类 | 最佳含水率<br>(质量比,%) | 最大干密度<br>(g/cm³) | 土的种类 | 最佳含水率<br>(质量比,%) | 最大干密度<br>(g/cm³) |
|---|---|---|---|---|---|
| 砂土 | 8 ~12 | 1.80 ~1.88 | 重亚黏土 | 16 ~20 | 1.67 ~1.79 |
| 粉土 | 16 ~22 | 1.61 ~1.80 | 粉质亚黏土 | 18 ~21 | 1.65 ~1.74 |
| 亚砂土 | 9 ~15 | 1.85 ~2.08 | 黏土 | 19 ~23 | 1.58 ~1.70 |
| 亚黏土 | 12 ~15 | 1.85 ~1.95 | | | |

**6. 土的渗透性**

土的渗透性是指水在土体中渗流的性能,一般以渗透系数 $K$ 表示。渗透系数 $K$ 值将直接影响降水方案的选择和涌水量计算的准确性,一般应通过扬水试验确定,表 3-3 所列数据可供参考。

表 3-3　土的渗透系数参考值

| 土的种类 | $K(\text{m/d})$ | 土的种类 | $K(\text{m/d})$ |
|---|---|---|---|
| 亚黏土、黏土 | <0.1 | 含黏土的中砂及纯细砂 | 20 ~25 |
| 亚黏土 | 0.1 ~0.5 | 含黏土的细砂及纯中砂 | 35 ~50 |
| 含亚黏土的粉砂 | 0.5 ~1.0 | 纯粗砂 | 50 ~75 |
| 纯粉砂 | 1.5 ~5.0 | 粗砂夹砾石 | 50 ~100 |
| 含黏土的细砂 | 10 ~15 | 砾石 | 100 ~200 |

## 二、常用地基处理方法

当地基强度与稳定性不足或压缩变形很大,不能满足设计要求时,常采取各种地基加固、补强等技术措施,改善地基土的工程性状,增加地基的强度和稳定性,减少地基变形,以满足工程要求。这些措施统称为地基处理。经过处理后的地基称为人工地基。

### (一)软弱地基与不良地基

通常将不能满足建筑物要求的地基(包括承载力、稳定变形和渗流三方面的要求)统称为软弱地基或不良地基。软弱地基主要是由淤泥、淤泥质土、冲填土、杂填土或其他高压缩性土层构成的地基。在建筑地基的局部范围内有高压缩性土层时,应按局部软弱土层考虑。

工程上常需要处理的土类主要包括:淤泥及淤泥质土(软土)、杂填土、冲填土、粉质黏土、饱和细粉砂土、泥炭土、砂砾石类土、膨胀土、湿陷性黄土、多年冻土以及岩溶等。

### (二)地基处理的目的

地基处理的目的主要是改善地基的工程性质,达到满足建筑物对地基稳定和变形的要求,包括改善地基土的变形特性和渗透性,提高其抗剪强度,消除其不利影响。地基处理主要目的与内容应包括:①提高地基土的抗剪强度,以满足设计对地基承载力和稳定性的要求;②改善地基的变形性质,防止建筑物产生过大的沉降和不均匀沉降以及侧向变形等;③改善地基的渗透性和渗透稳定,防止渗流过大和渗透破坏等;④提高地基土的抗振(震)性能,防止液化,隔振和减小振动波的振幅等;⑤消除黄土的湿陷性,膨胀土的胀缩性等。

### (三)常用的地基处理方法

《建筑地基处理技术规范》(JGJ 79—2012)将常用的地基处理方法按其原理和作法主要分为13类,见表3-4。

## 三、基坑(槽)开挖、支护及回填方法

### (一)基坑(槽)开挖

土方开挖分人工开挖和机械开挖两种,目前一般使用机械开挖方式。土方开挖应根据基础形式、工程规模、开挖深度、地质条件、地下水情况、土方量、运距、现场和机具设备条件、工期要求以及土方机械的特点等合理选择挖土机械,以充分发挥机械效率,节省机械费用,加快工程进度。

1. 一般规定

(1)土方工程施工前应进行挖、填方的平衡计算,综合考虑土方运距最短、运程合理和各个工程项目的合理施工程序等,做好土方平衡调配,减少重复挖运。

土方平衡调配应尽可能与城市规划和农田水利相结合将余土一次性运到指定弃土场,做到文明施工。

(2)当土方工程挖方较深时,施工单位应采取措施,防止基坑底部土的隆起并避免危害周边环境。

(3)在挖方前,应做好地面排水和降低地下水位工作。

(4)平整场地的表面坡度应符合设计要求,当无设计要求时,排水沟方向的坡度不应小于2‰。平整后的场地表面应逐点检查。检查点为每100~400 m² 取1点,但不应少于10点;长度、宽度和边坡均为每20 m取1点,每边不应少于1点。

（5）土方工程施工时，应经常测量和校核其平面位置、水平标高和边坡坡度。平面控制桩和水准控制点应采取可靠的保护措施，定期复测和检查。土方不应堆在基坑边缘。

（6）对雨季和冬季施工还应遵守国家现行有关标准。

**表 3-4　软弱土地基处理方法分类**

| 编号 | 分类 | 处理方法 | 原理及作用 | 适用范围 |
|------|------|----------|-----------|---------|
| 1 | 换填垫层法 | 砂石垫层，素土垫层，灰土垫层，工业废渣垫层，加筋土垫层 | 以砂石、素土、灰土和矿渣等强度较高的材料，置换地基表层软弱土，提高持力层的承载力，扩散应力，减少沉降量 | 适用于处理淤泥、淤泥质土、湿陷性黄土、素填土、杂填土地基及暗沟、暗塘等的浅层处理 |
| 2 | 预压法 | 天然地基预压，砂井预压，塑料排水带预压，真空预压，降水预压 | 在地基中增设竖向排水体，加速地基的固结和强度增长，提高地基的稳定性；加速沉降发展，使基础沉降提前完成 | 适用于处理淤泥、淤泥质土和冲填土等饱和黏性土地基 |
| 3 | 强夯法和强夯置换法 | 强力夯实 | 利用强夯的夯击能在地基中产生强烈的冲击能和动应力，迫使土动力固结密实。强夯置换墩兼具挤密、置换和加快土层固结的作用 | 适用于碎石土、砂土、低饱和度的粉土、黏性土、湿陷性黄土、杂填土等地基。强夯置换墩可应用于淤泥等黏性软弱土层，但墩底应穿透软土层到达较硬土层 |
| 4 | 振冲法 | 加填料振冲法、不加填料振冲法 | 采用专门的技术措施，以砂、碎石等置换软弱土地基中部分软弱土，对桩间土进行挤密，与未处理部分土组成复合地基，从而提高地基承载力，减少沉降量 | 适用于处理砂土、粉土、粉质黏土、素填土和杂填土等地基。不加填料振冲加密适用于处理粉粒含量不大于 10% 的中砂、粗砂地基 |
| 5 | 砂石桩法 | 振动成桩法、锤击成桩法 | 通过振动成桩或锤击成桩，减少松散砂土的孔隙比，或在黏性土中形成桩土复合地基，从而提高地基承载力，减少沉降量，或部分消除土的液化性 | 适用于挤密松散砂土、素填土和杂填土等地基 |
| 6 | 水泥粉煤灰碎石桩法 | 长螺旋钻孔灌注成桩，长螺旋钻孔、管内泵压混合料成桩，振动沉管灌注成桩 | 水泥、粉煤灰及碎石拌和形成混合料，成孔后灌入形成桩体，与桩间土形成复合地基。采用振动沉管成孔时对桩间土具有挤密作用。桩体强度高，相当于刚性桩 | 适用于黏性土、粉土、黄土、砂土、素填土等地基。对淤泥质土应通过现场试验确定其适用性 |
| 7 | 夯实水泥土桩法 | 人工洛阳铲成孔、螺旋钻机成孔、沉管成孔、冲击成孔 | 采用各种成孔机械成孔，向孔中填入水泥与土混合料夯实形成桩体，构成桩土复合地基。采用沉管和冲击成孔时对桩间土有挤密作用 | 适用于处理地下水位以上的粉土、素填土、杂填土、黏性土等地基。处理深度不超过 10 m |

| 编号 | 分类 | 处理方法 | 原理及作用 | 适用范围 |
|---|---|---|---|---|
| 8 | 水泥土搅拌法 | 用水泥或其他固化剂、外掺剂进行深层搅拌形成桩体。分干法和湿法 | 深层搅拌法是利用深层搅拌机,将水泥浆或水泥粉与土在原位拌和,搅拌后形成柱状水泥土体,可提高地基承载力,减少沉降,增加稳定性和防止渗漏,建成防渗帷幕 | 适用于处理淤泥、淤泥质土、粉土、饱和黄土、素填土、黏性土以及无流动地下水的饱和松散砂土等地基 |
| 9 | 柱锤冲扩法 | 冲击成孔、填料冲击成孔、复打成孔 | 采用柱状锤冲击成孔,分层灌入填料,分层夯实成桩,并对桩间土进行挤密,通过挤密和置换提高地基承载力,形成复合地基 | 适用于处理杂填土、素填土、粉土、黏性土、黄土等地基。对地下水位以下饱和松软土层应通过现场试验确定其适用性 |
| 10 | 高压喷射注浆法 | 单管法、二重管法、三重管法 | 将带有特殊喷嘴的注浆管,通过钻孔置入到处理土层的预定深度,然后将浆液(常用水泥浆)以高压冲切土体。在喷射浆液的同时,以一定速度旋转、提升,即形成水泥土圆柱体;若喷嘴提升而不旋转,则形成墙状固结体加固后可用以提高地基承载力,减少沉降,防止砂土液化、管涌和基坑隆起,形成防渗帷幕 | 适用于处理淤泥、淤泥质黏土、黏性土、粉土、黄土、砂土、人工填土等地基。当土中含有较多的大粒径块石、坚硬黏性土、大量植物根茎或有过多的有机质时,应根据现场试验结果确定其适用程度,对既有建筑物可进行托换工程 |
| 11 | 石灰桩法 | 人工洛阳铲成孔、螺旋钻机成孔、沉管成孔 | 人工或机械在土体中成孔,然后灌入生石灰块,经夯压形成的一根桩体。通过挤密、吸水、反应热、离子交换、胶凝及置换作用,并形成复合地基,提高承载力,减少沉降量 | 适用于处理饱和黏性土、淤泥、淤泥质土、素填土、杂填土等地基 |
| 12 | 土或灰土挤密桩法 | 沉管(振动、锤击)成孔、冲击成孔 | 采用沉管、冲击或爆扩等方法挤土成孔,分层夯填素土或灰土成桩。对桩间土挤密,与地基土组成复合地基,从而提高地基承载力,减少沉降量。部分或全部消除地基土湿陷性 | 适用于处理地下水位以上的湿陷性黄土、素填土和杂填土等地基 |
| 13 | 单液硅化法和碱液法 | 主要用于既有建筑物下地基加固 | 在沉降不均匀、地基受水浸湿引起湿陷的建(构)筑物下地基中通过压力灌注或溶液自渗方式灌入硅酸钠溶液或氢氧化钠溶液,使土颗粒之间胶结,提高水稳性,消除湿陷性,提高承载力 | 适用于地下水位以上渗透系数为 $0.1 \sim 2.0$ m/d 的湿陷性黄土等地基。在自重湿陷性黄土场地,对Ⅱ级湿陷性地基,当采用碱液法时,应通过试验确定其适用性 |

## 2. 土方开挖

为了土方施工时的稳定,防止坍塌,保证施工安全,当挖土深度超过一定的数值时,需进行放坡。

土方边坡坡度是指土方边坡深度 $H$ 与底面宽度 $B$ 之比,即

$$土方边坡坡度 \ i = \frac{H}{B} \tag{3-6}$$

反应土方边坡坡度的指标称为土方边坡系数,记为 $m$,公式为

$$m = \frac{B}{H} = \frac{1}{土方边坡坡度} \tag{3-7}$$

土的边坡可做成直线形、折线形和阶梯形,如图 3-2 所示。

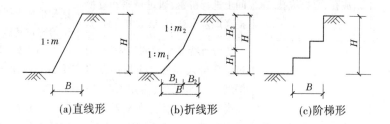

(a)直线形      (b)折线形      (c)阶梯形

**图 3-2　土方边坡及边坡系数**

基坑、基槽和管沟土方开挖可采用人工或机械施工。一般大中型工程基坑土方量大,宜使用土方机械施工,配合少量工人清槽;小型工程基槽窄,土方量小,宜采用人工或人工配合小型挖土机施工。土方工程可分为场地平整、开挖管沟基槽和独立基坑以及在地面上建设防护堤、路堑等一类的构筑物。

### (二)人工降水

在地下水位较高地区开挖基坑,会遇到地下水问题。如涌入基坑内的地下水不能及时排除,不但土方开挖困难,边坡易于塌方,而且会使地基被水浸泡,扰动地基土,造成竣工后的建筑物产生不均匀沉降。为此,在基坑开挖时要及时排除涌入的地下水,使基坑底部保持干燥,以确保工程质量和施工安全。

降低地下水位的常用方法有集水明排法和井点降水法。

#### 1. 集水明排法

当基坑开挖深度不很大,基坑涌水量不大时,集水明排法是应用最广泛,亦是最简单、经济的方法。在基坑的两侧或四周设置排水明沟,在基坑四角或每隔 30 ~ 40 m 设置集水井,使基坑渗出的地下水通过排水明沟汇集于集水井内,然后用水泵将其排出基坑外。

#### 2. 井点降水法

井点降水即在基坑土方开挖之前,在基坑四周预先埋设一定数量的滤水管(井),在基坑开挖前和开挖过程中,利用抽水设备不断抽出地下水,使地下水位降到坑底以下,直至土方和基础工程施工结束,如图 3-3 所示。

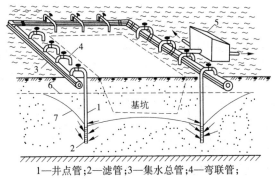

1—井点管;2—滤管;3—集水总管;4—弯联管;
5—水泵房;6—原地下水位线;7—降低后水位线

**图 3-3 轻型井点法**

井点降水可使基坑始终保持干燥状态,从根本上消除了流砂现象;降低地下水位后,由于土体固结,密实度提高,增加了地基土的承载能力,同时基坑边坡也可陡些,减少土方量的开挖。

对不同的土质应采用不同的降水形式。其中轻型井点应用最为广泛。

1)轻型井点的设备

真空井点系统由滤管、井点管、连接管、集水总管和抽水设备等组成。

2)轻型井点的布置

井点布置应根据基坑平面形状与大小、地质和水文情况、工程性质、降水深度等确定。

(1)平面布置。

当基坑(槽)宽度小于 6 m,且降水深度不超过 6 m 时,可采用单排井点,布置在地下水上游一侧;两侧的延伸长度不小于坑槽宽度,如图 3-4 所示。

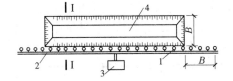

当基坑(槽)宽度大于 6 m,或土质不良,渗透系数较大时,宜采用双排井点,布置在基坑(槽)的两侧。

当基坑面积较大时,宜采用环形井点,如图 3-5 所示。挖土运输设备出入道可不封闭,间距可达 4 m,一般留在地下水下游方向。

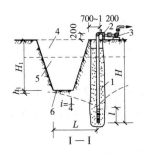

1—井点管;2—集水总管;3—抽水设备;
4—基坑;$B$—开挖基坑上口宽度

**图 3-4 单排井点布置**

井点管距坑壁不应小于 $1.0 \sim 1.5$ m,距离太小,易漏气。井点间距一般为 $0.8 \sim 2.0$ m。集水总管标高宜尽量接近地下水位线并沿抽水水流方向有 $0.25\% \sim 0.5\%$ 的上仰坡度。

(2)高程布置。

井点管露出地面高度一般取 $0.2 \sim 0.3$ m。井点管的入土深度应根据降水深度及储水层所有位置确定,但必须将滤水管埋入含水层内,井点管的埋置深度亦可按下式计算:

$$H \geqslant H_1 + h + iL \tag{3-8}$$

式中　$H$——井点管的埋置深度,m;

　　　$H_1$——井点管埋设面至基坑底面的距离,m;

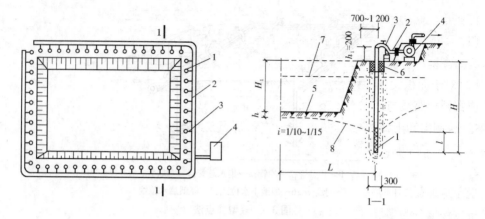

1—井点管;2—集水总管;3—弯联管;4—抽水设备;

5—基坑;6—填黏土;7—原地下水位线;8—降低后地下水位线

**图 3-5 环形井点布置**

$h$ ——基坑中央最深挖掘面至降水曲线最高点的安全距离,m,一般为 0.5~1.0 m,
人工开挖取下限,机械开挖取上限;

$i$ ——降水曲线坡度,与土层渗透系数、地下水流量等因素有关,根据扬水试验和工
程实测确定,对单排井点可取 1/4,双排井点可取 1/7,环状井点取 1/10;

$L$ ——井点管中心至基坑中心的短边距离,m。

一般轻型井点的降水深度只有 5.5~6 m。当一级轻型井点不能满足降水深度要求时,
可采用明沟排水与井点相结合的方法,将总管安装在原有地下水位线以下,或采用二级井点
(降水深度可达 7~10 m),即先挖去第一级井点排干的土,然后在坑内布置埋设第二级井
点,以增加降水深度。抽水设备宜布置在地下水的上游,并设在总管的中部。

真空泵主要有 W5、W6 型,按总管长度选用。当总管长度不大于 100 m 时,可选用 W5
型,总管长度大于 100 m 时,可选用 W6 型。

水泵按涌水量的大小选用,要求水泵的抽水能力必须大于井点系统的涌水量(增大
10%~20%)。通常一套抽水设备配两台离心泵,既可轮换备用,又可在地下水较大时同时
使用。

3)轻型井点的施工

轻型井点的施工主要包括施工准备,井点系统的安装、使用及拆除。

4)井点管的使用

井点管使用时,应保持连续不断抽水,并配以双电源以防漏电。正常出水规律是"先大
后小,先浑后清"。抽水时要经常观测真空度以判断井点系统是否正常。

5)井点管的拆除

地下结构工程竣工并进行回填后,方可拆除井点系统,可用倒链、起重机等拔出井点管,
所留孔洞用砂或土填实,当地基有防渗要求时,地面下 2 m 范围内用黏土填塞压实。

**(三)土方机械化施工**

土方开挖应根据基础形式、工程规模、开挖深度、地质、地下水情况、土方量、运距、现场
和机具设备条件、工期要求以及土方机械的特点等合理选择挖土机械,以充分发挥机械效
率,节省机械费用,加速工程进度。

1. 开挖机械的选择

(1)深度 1.5 m 以内的大面积基坑开挖,宜采用推土机。

为提高推土机的生产效率,常采用下坡推土、槽形推土、并列推土、多刀松土等。

(2)对于面积大、深,且基坑土干燥的基础,多采用正铲挖掘机,自卸汽车配合使用。

根据开挖路线与运输汽车相对位置的不同,正铲挖掘机的开挖方式一般有两种:一种是正向挖土,侧向卸土,即挖掘机沿前进方向挖土,运土汽车停在挖掘机的侧面装土;另一种是正向挖土,后方卸土,即挖掘机沿前进方向挖土,运土汽车停在挖掘机的后方装土。

2. 开挖方式

挖土应遵循"开槽支撑,先撑后挖,分层开挖,严禁超挖"的原则,由上至下,逐层开挖。将基坑按深度分为多层,进行逐层开挖,可从一边到另一边,也可从两头对称开挖。

1)分段开挖

由一边至另一边,逐块开挖。将基坑分成几段或几块分别进行开挖,开挖一块浇筑一块混凝土垫层或基础。

2)盆式开挖

先中心后四周。盆式开挖适合于基坑面积大、支撑或拉锚作业困难且无法放坡的基坑,先分层开挖基坑中间部分的土方,基坑周边的土暂不开挖,待中间部分的混凝土垫层、基础或地下室结构施工完成之后,再用水平支撑或斜撑对四周结构进行支撑,边支撑边开挖,直至坑底,最后浇筑该部分结构混凝土。但这种施工方法对地下结构需设置后浇带或施工中留设施工缝,将地下结构分两阶段施工,对结构整体性及防水性有一定的影响。

3)岛式开挖

先四周后中心。当基坑面积较大,而且地下室底板设计有后浇带或可以留设施工缝时,还可采用岛式开挖的方法。先开挖基坑周边土方,在中间留土墩作为支点搭设栈桥,挖土机可利用栈桥下到基坑挖土,运土的汽车也可以用栈桥进入基坑运土,可有效加快挖土和运土的速度。

**(四)基坑(槽)支护**

基坑(槽)支护是一种采用比较广泛的施工方法。当基坑开挖深度过大,基础埋深过深时,用简单的放坡方法来控制土体的滑坡和稳定性是远远不能满足的,均要进行较深的开挖。为了在基坑开挖和地下室施工过程中,保证基坑相邻建筑物、构筑物和地下管线的安全及正常使用,对边坡采取适当措施,保证土体不向坑内坍塌,保持边坡稳定,限制基坑四周土体的变形,使其不会对相邻建筑物、构筑物和地下管线以及主体结构产生损害,常常使用简便易行、经济快捷的基坑支护类型。

1. 横撑式支撑

开挖较窄的沟槽,多用横撑式土壁支撑。横撑式土壁支撑根据挡土板的不同,分为水平挡土板式和垂直挡土板式两类,前者挡土板的布置又分间断式和连续式两种,如图3-6所示。湿度小的黏性土挖土深度小于 3 m 时,可用间断式水平挡土板支撑;对松散、湿度大的土壤可用连续式水平挡土板支撑,挖土深度可达 5 m。对松散和湿度很高的土可用垂直挡土板式支撑,挖土深度不限。

挡土板、立柱及横撑的强度、变形及稳定等可根据实际布置情况进行结构计算。

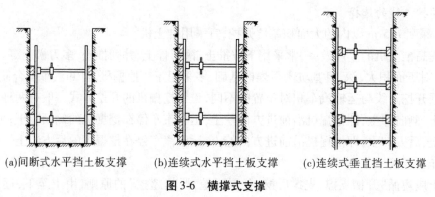

(a)间断式水平挡土板支撑　　(b)连续式水平挡土板支撑　　(c)连续式垂直挡土板支撑

**图3-6　横撑式支撑**

2. 排桩墙支护工程

排桩根据混凝土的浇筑方式可以分为灌注和预制以及板桩,适用于基坑开挖深度在 10 m 以内的黏性土、粉土和砂土类。根据土质不同可分为三排桩和四排桩,如图3-7 所示。

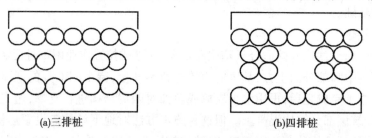

(a)三排桩　　　　　　　　(b)四排桩

**图3-7　排桩墙**

3. 水泥土桩墙支护工程

水泥重力式支护结构目前在工程中用得较多。是采用水泥搅拌桩组成的,有时也采用高压喷射注浆法形成,适用于黏性土、砂土和地下水位以上的基坑支护。

4. 锚杆及土钉墙支护工程

锚杆及土钉墙支护工程是沿开挖基坑、边坡每 2~4 m 设置一层水平土层锚杆,直到挖土至要求深度,见图3-8。适用于较硬土层或破碎岩石中开挖较大、较深基坑,邻近有建筑物,必须保证边坡稳定时采用。

5. 钢筋混凝土支撑系统

通常在开挖基坑的周围打钢板桩或混凝土板桩。板桩入土深度及悬臂长度,应经计算确定。若基坑宽度很大,可加水平支撑,见图3-9。钢筋混凝土支撑系统适用于一般地下水、深度和宽度不很大的黏性砂土层中。

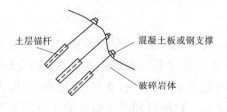

**图3-8　锚杆及土钉墙支护工程**

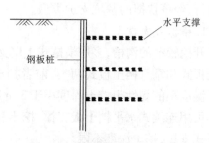

**图3-9　钢板桩或混凝土板桩**

**6. 地下连续墙**

地下连续墙是利用专用的成槽机械在指定位置开挖一条狭长的深槽,再使用膨润土泥浆进行护壁;当一定长度的深槽开挖结束,形成一个单元槽段后,在槽内插入预先在地面上制作的钢筋笼,以导管法浇筑混凝土,完成一个墙段,各单元墙段之间以各种特定的接头方式相互联结,形成一道现浇壁式地下连续墙,见图3-10。

地下连续墙适用于开挖较大、较深( > 10 m),有地下水,周围有建筑物、公路的基坑,作为地下结构的外墙部分,或用于高层建筑的逆作法施工,作为地下室结构的部分。

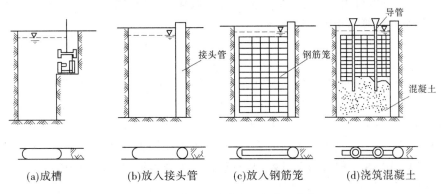

|(a)成槽|(b)放入接头管|(c)放入钢筋笼|(d)浇筑混凝土|

**图 3-10　地下连续墙施工程序示意图**

**7. 沉井**

沉井一般是一个由混凝土或钢筋混凝土作成的井筒,井筒分筒身和刃脚两部分,如图3-11所示。按其横断面形状分,有圆形、方形或椭圆形等规则形状。根据井孔的布置方式又可分为单孔、双孔和多孔,如图3-12 所示。沉井适用于地基深层土的承载力不大,而上部土层比较松软、易于开挖的土层;或由于建筑物使用上的要求,需要把基础埋入地面下深处的情况。有时由于施工上的原因,如要在已有的浅基础邻近修建深埋的设备基础,为了避免开挖基坑对已有基础的影响,也可采用沉井方法施工。

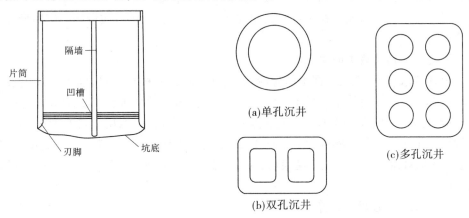

**图 3-11　沉井示意图**　　　　**图 3-12　沉井的横断面形状**

**(五)土方回填**

土在天然状态下的密实程度不同,为了能够准确地表达土的密实程度,通常用土的密实度来表示,土的实际干密度 $\rho_d$ 与土的最大干密度 $\rho_{dmax}$ 的比值称为土的压实系数,记为 $\lambda$,公式表达为

$$\lambda = \frac{\rho_d}{\rho_{dmax}} \qquad (3\text{-}9)$$

式中　$\lambda$——土的压实系数;

　　　　$\rho_d$——土的实际干密度;

　　　　$\rho_{dmax}$——土的最大干密度,即土在最密实状态下的干密度。

土的实际干密度可用环刀法测定。先用环刀取样,测出土的天然密度 $\rho$,并烘干后测得含水率 $W$,用下式计算出土的实际干密度:

$$\rho_d = \frac{\rho}{1 + 0.01W} \qquad (3\text{-}10)$$

为了保证填方工程的强度和稳定性的要求,必须正确选择土料和填筑方法。

1. 填土的土料应符合设计要求

具体要求如下:①含有大量有机物、石膏和水溶性硫酸盐(含量大于 5%)的土以及淤泥、冻土、膨胀土等;②以黏土为土料时,应检查其含水率是否在控制范围内,含水率大的黏土不宜作为填土用;③一般碎石土、砂土和爆破石渣可作表层以下填料,其最大粒径不得超过每层铺垫厚度的 2/3。

填土应按整个宽度水平分层进行,当填方位于倾斜的山坡时,应将斜坡修筑成 1:2 阶梯形的边坡后施工,以免横向移动,并尽量用同类土填筑。若采用不同类土填筑,应将透水性较大的土料填筑在下层,透水性较小的土料应填筑在上层,不能将各种土混合使用。这样有利于水分的排出和基土稳定,并可避免在填方内形成水囊和发生滑移现象。

土方的压实方法有碾压、夯实、振动压实等几种。碾压法是靠沿筑面滚动的鼓筒或轮子的压力压实填土的,适用于大面积填土工程。碾压机械有平碾(压路机)、羊足碾、振动碾和汽胎碾。平碾(8~12 t)对砂类土和黏性土均可压实,羊足碾只宜压实黏性土。振动碾是一种振动和碾压同时作用的高效能压实机械,适用于爆破石渣、碎石类土、杂填土及轻亚黏土的大型填方工程。汽胎碾在工作时是弹性体,其压力均匀,填方质量好。应用最普遍的是刚性平碾。

2. 对土方回填施工的要求

具体要求如下:①土方回填前应清除基底的垃圾、树根等杂物,抽除坑穴积水、淤泥,验收基底标高。如在耕植土或松土上填方,应在基底压实后再进行。②对填方土料应按设计要求验收后方可填入。③填方施工过程中应检查排水措施、每层填筑厚度、含水率控制、压实程度。填筑厚度及压实遍数应根据土质、压实系数及所用机具确定。若无试验依据,应符合表 3-5 的规定。④填方施工结束后,应检查标高、边坡坡度、压实程度等,检验标准应符合表 3-6 的规定。

**(六)土方工程量的计算**

1. 基坑土方工程量计算

基坑土方工程量可按几何中的拟柱体(由两个平行的平面做底的一种多面体)体积公式计算(见图 3-13(a)),即

表 3-5 填土施工时的分层厚度及压实遍数

| 压实机械 | 分层厚度(mm) | 每层压实遍数 |
|---|---|---|
| 平碾 | 250~300 | 6~8 |
| 振动压实机 | 250~350 | 3~4 |
| 柴油打夯机 | 200~250 | 3~4 |
| 人工打夯 | <200 | 3~4 |

表 3-6 填土工程质量检验标准 （单位:mm）

| 项目 | 序号 | 检查项目 | 柱基、基坑、基槽 | 场地平整 | | 管沟 | 地(路)面基础层 | 检验方法 |
|---|---|---|---|---|---|---|---|---|
| | | | | 人工 | 机械 | | | |
| 主控项目 | 1 | 标高 | -50 | ±30 | ±50 | -50 | -50 | 水准仪 |
| | 2 | 分层压实系数 | 设计要求 | | | | | 按规定方法 |
| 一般项目 | 1 | 回填土料 | 设计要求 | | | | | 取样检查或直接鉴别 |
| | 2 | 分层厚度及含水率 | 设计要求 | | | | | 水准仪及抽样检查 |
| | 3 | 表面平整度 | 20 | 20 | 30 | 20 | 20 | 用靠尺或水准仪 |

$$V = \frac{H}{6}(A_1 + 4A_0 + A_2) \tag{3-11}$$

式中  $H$——基坑深度,m;

$A_1$、$A_2$——基坑上、下底的面积,$m^2$;

$A_0$——基坑的中截面面积,$m^2$。

2. 基槽土方工程量计算

基槽和路堤的土方工程量可以沿长度方向分段后,再用同样的方法计算(见图 3-13(b)),即

$$V_1 = \frac{L_1}{6}(A_1 + 4A_0 + A_2) \tag{3-12}$$

式中  $V_1$——第一段的土方量,$m^3$;

$L_1$——第一段的长度,m。

将各段土方量相加,即得总土方量:

$$V = V_1 + V_2 + \cdots + V_n$$

式中  $V_1,V_2,\cdots,V_n$——各分段的土方量,$m^3$。

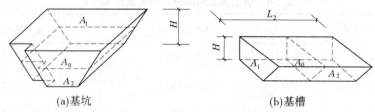

(a)基坑                              (b)基槽

图 3-13　基坑土方工程量计算示意图

### 四、混凝土基础施工工艺流程及施工要点

**（一）钢筋混凝土基础分类**

钢筋混凝土基础是指采用钢筋、混凝土等材料建造的柱下独立基础或条形基础、墙下条形基础以及筏板基础和箱形基础。钢筋混凝土基础与无筋扩展基础（原刚性基础）相比，具有良好的抗弯和抗剪能力，基础尺寸不受限制。在荷载较大，且存在弯矩和水平力等荷载组合作用下，地基承载力又较低时，应选用钢筋混凝土基础，由此可扩大基础底面积而不必增加基础埋置深度，以满足地基承载力要求。

**（二）柱下独立基础施工要点**

1.现浇柱下独立基础施工要点

（1）在混凝土浇筑前应先进行验槽，轴线、基坑尺寸和土质应符合设计规定。坑内浮土、水、淤泥、杂物应清除干净。局部软弱土层应挖去，用灰土或砂砾回填并夯实基底设计标高。

（2）在基坑验槽后应立即浇筑垫层混凝土，以保护地基，混凝土宜用表面振动器进行振捣，要求表面平整。当垫层达到一定强度后，在其上弹线、支模、铺放钢筋网片，底部用与混凝土保护层同厚度的水泥砂浆块垫塞，以保证钢筋位置正确。

（3）基础上有插筋时，要按轴线位置校核后，将插筋加以固定以保证其位置的正确，以防浇捣混凝土时产生位移。

（4）在基础混凝土浇筑前，应将模板和钢筋上的垃圾、泥土和油污等杂物清除干净；堵塞模板的缝隙和孔洞；木模板表面要浇水湿润，但不得积水。

（5）基础混凝土宜分层连续浇筑完成。对于阶梯形基础，每个台阶高度的混凝土一次浇筑完毕，每浇完一台阶应稍停 $0.5 \sim 1.0$ h，以便使混凝土获得初步沉实，然后浇筑上一层，以防下台阶混凝土溢出。每一台阶浇完，表面应基本抹平。

（6）对于锥形基础，应注意锥体斜面坡度的正确，斜面部分的模板应随混凝土浇捣分段支设并顶压实压紧，以防模板上浮变形，边角处的混凝土必须注意捣实。严禁斜面部分不支模，用铁锹拍实。

（7）基础混凝土浇灌完，应用草帘等覆盖并浇水加以养护。

2.预制柱杯口基础施工要点

预制柱杯口基础的施工，除按上述施工要求外，还应注意以下几点：

（1）杯口模板可采用木模板或钢制定型模板，可做成整体的，也可做成两半形式的，中间各加楔形板一块，拆模时，先取出楔形板，然后分别将两半杯口模取出。为拆模方便，杯口模板外侧可包一层薄铁皮。支模时杯口模板要固定牢固并加压重，防止杯口模板上浮。

（2）杯口基础混凝土宜按台阶分层连续浇筑。对高杯口基础的高台阶部分，按整段分层浇筑混凝土。

（3）浇捣杯口混凝土时，应注意杯口模板的位置。由于杯口模板仅在上端固定，浇捣混凝土时，应四周对称均匀进行，避免将杯口模板挤向一侧变形移位。

（4）杯口基础一般在杯底均留有 50 mm 厚的细石混凝土找平层，在浇筑基础混凝土时要仔细控制标高，留出找平层厚度。基础浇捣完，在混凝土初凝后终凝前用倒链将杯口模板取出，并将杯口内侧表面混凝土凿毛。

（5）在浇筑高杯口基础混凝土时，由于其最上一台阶较高，施工不方便，可采用后安装杯口模板的方法施工。也就是说，当混凝土浇捣接近杯口底时，再安装杯口模板，然后浇筑杯口混凝土。

**（三）条形基础施工要点**

（1）先进行验槽，清除基槽（坑）内松散软弱土层及杂物，基坑尺寸应符合设计要求。对局部软弱土层应挖去，用灰土或砂砾回填夯实。

（2）验槽后应立即浇灌混凝土垫层，以保护地基。当垫层素混凝土达到一定强度后，在其上弹线、支模、铺放钢筋，底层钢筋下设水泥砂浆垫块。

（3）清除钢筋和模板上的泥土、油污、杂物。木模板应浇水湿润，缝隙应堵严，基坑积水应排除干净。

（4）混凝土浇筑高度在 2 m 以内，混凝土可直接卸入基槽（坑）；浇筑高度在 2 m 以上时，应通过漏斗、串筒或溜槽下料，以防混凝土产生分层离析。浇筑时注意先使混凝土充满模板边角，然后浇筑中间部分。

（5）混凝土宜分段分层浇筑，每层厚度为 200 ~ 250 mm，每段长 2 ~ 3 m，各段各层间应互相衔接，使逐段逐层呈阶梯形推进。

（6）混凝土应连续浇筑，以保证结构良好的整体性，若必须间歇，间歇时间不应超过规范规定。若时间超过规定，应设置施工缝，并应待混凝土的抗压强度达到 1.2 N/mm² 以上时，才允许继续浇筑。继续浇筑混凝土前，应清除施工缝处松动石子，并用水冲洗干净，充分湿润，且不得积水，然后铺一层 15 ~ 25 mm 厚的水泥砂浆，再继续浇筑混凝土，并仔细捣实，使其紧密结合。

（7）混凝土浇筑完，覆盖洒水养护；养护达到设计要求的强度后及时分层回填土方并夯实。

**（四）筏板基础施工要点**

筏板基础的施工准备、材料要求、质量标准、环保安全措施等与钢筋混凝土独立基础基本相似，可参考前面的内容。下面主要介绍筏板基础的施工要点。

（1）基坑开挖时，若地下水位较高，应采取明沟排水、人工降水等措施，使地下水位降至基坑底下不小于 500 mm，保证基坑在无水情况下进行开挖和基础结构施工。

（2）开挖基坑应注意保持基坑底土的原状结构，尽可能不要扰动。当采用机械开挖基坑时，在基坑底面设计标高以上保留 200 ~ 400 mm 厚的土层，采用人工挖除并清理平整，若不能立即进行下道工序施工应预留 100 ~ 200 mm 厚土层，在下道工序进行前挖除，以防地基土被扰动。在基坑验槽后，应立即浇筑垫层。

（3）当垫层达到一定强度后，在其上弹线、支模、铺放钢筋，连接柱的插筋。

（4）在浇筑混凝土前，清除模板和钢筋上的垃圾、泥土和油污等杂物，木模板浇水加以润湿。

（5）混凝土浇筑方向应平行于次梁长度方向,对于平板式片筏基础则应平行于基础长边方向。

混凝土应一次浇筑完成,若不能整体浇筑完成,则应留设垂直施工缝,并用木板挡住。施工缝留设位置:当平行于次梁长度方向浇筑时,应留在次梁中部1/3跨度范围内;对平板式可留设在任何位置,但施工缝应平行于底板短边且不应在柱脚范围内,如图3-14所示。

在施工缝处继续浇筑混凝土时,应将施工缝表面清扫干净,清除水泥薄层和松动石子等,并浇水湿润,铺上一层水泥浆或与混凝土成分相同的水泥砂浆,再继续浇筑混凝土。

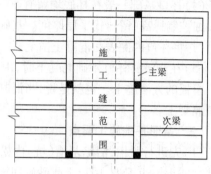

**图3-14 筏板基础施工缝位置**

对于梁板式片筏基础,梁高出底板部分应分层浇筑,每层浇筑厚度不宜超过200 mm。

当底板上或梁上有立柱时,混凝土应浇筑到柱脚顶面,留设水平施工缝,并预埋连接立柱的插筋。水平施工缝处理与垂直施工缝相同。

（6）混凝土浇筑完毕,在基础表面应覆盖草帘和洒水养护,并不少于7 d。待混凝土强度达到设计强度的25%以上时,即可拆除梁的侧模。

（7）当混凝土基础达到设计强度的30%时,应进行基坑回填。基坑回填应在四周同时进行,并按基底排水方向由高到低分层进行。

（8）在基础底板上埋设好沉降观测点,定期进行观测、分析,作好记录。

**（五）箱形基础施工要点**

筏板基础的施工准备、材料要求、质量标准、环保安全措施等参见钢筋混凝土独立基础,可参考前面章节。下面主要介绍箱形基础的施工要点。

箱形基础工程施工前应认真调查研究建筑场地工程地质和水文地质资料,在此基础上编制施工组织设计,包括土方开挖、地基处理、深基坑降水和支护以及对邻近建筑物的保护等方面的具体施工方案。施工操作必须遵照有关规范执行。

（1）箱形基础施工中,首先是基坑开挖。基坑开挖应验算边坡稳定性,并注意对基坑邻近建筑物的影响。验算时,应考虑坡顶堆载、地表积水和邻近建筑物影响等不利因素,必要时要采取支护。如设钢板桩、灌注桩、深层搅拌桩、地下连续墙等挡土支护结构。

（2）基坑开挖若有地下水,应采用明沟排水或井点降水等方法,保持作业现场的干燥。当地下水量很丰富、地下水位很高,且基坑土质为粉土、粉砂或细砂时,采用明沟排水易造成流砂或涌土,甚至使边坡坍塌,基坑周围地面下沉等严重后果,此时宜采取井点降水措施。

井点类型的选择、井点系统的布置及深度、间距、滤层质量和机械配套等关键问题应符合规定,并宜设置水位降低观测孔。在箱形基础基坑开挖前地下水位应降至设计坑底标高以下至少500 mm。停止降水时应验算箱形基础的抗浮稳定性。

地下水对箱形基础的浮力,不考虑折减,抗浮安全系数宜取1.2。停止降水阶段的抗浮力包括已建成的箱形基础自重、当时的上层结构自重以及箱形基础上的施工材料堆重。水浮力应考虑相应施工阶段期间的最高地下水位,当不能满足时,必须采取有效措施。

（3）箱形基础的基底直接承受全部建筑物的荷载,必须是土质良好的持力层,因此要保护好地基土的原状结构,尽可能不要扰动它。在采用机械挖土时,应根据土的软硬程度,在基坑底面设计标高以上,保留 200～400 mm 厚的土层,采用人工挖除。基坑不得长期暴露,更不得积水。在基坑验槽后,应立即进行基础施工。

(4)基础底板及顶板钢筋接头优先采用焊接接头;钢筋绑扎、安装应注意形状、位置和数量准确;埋设件位置应准确固定,当有管道穿过箱形基础外墙时,应加焊止水片防渗漏。模板宜采用大块模板,用穿墙对接螺栓固定。混凝土浇筑前须进行隐蔽工程验收。

(5)箱形基础的底板、顶板及内外墙的支模和浇筑一般分块进行,其施工缝的留设位置按有关规定执行。外墙水平施工缝应留在底板面上部 300～500 mm 范围内和无梁顶板下部 30～50 mm 处,并应做成企口形式,防水要求高时,应在企口中部设镀锌钢板或塑料止水带,外墙的垂直施工缝宜用凹缝,内墙的水平缝和垂直施工缝多采用平缝,内墙与外墙之间可留垂直缝,如图 3-15 所示。

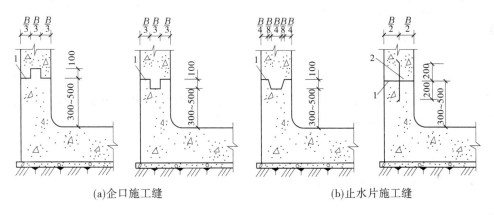

(a)企口施工缝         (b)止水片施工缝

1—施工缝;2—厚 3～4 mm 镀锌钢板或塑料止水片

**图 3-15 外墙水平施工缝形式** (单位:mm)

(6)箱基的底板、顶板及内外墙宜连续浇筑完毕。对于大型箱形基础工程,当基础长度较大时,宜设置一道不小于 700 mm 的后浇带,以防产生温度收缩裂缝。后浇带处顶板、底板和墙体的钢筋断开不贯通。施工 40 d 后(以设计要求为准)可浇筑后浇带混凝土。采用比设计强度等级提高一级的无收缩混凝土浇筑密实。在混凝土继续浇筑前,应将混凝土表面凿毛,清除杂物,表面冲洗干净,然后浇筑混凝土,并加强养护。

当采用刚性防水方案时,同一建筑的箱形基础应避免设置变形缝。可沿基础长度每隔 20～40 m 留一道贯通顶板、底板及墙体的沉降施工后浇带。后浇带处顶板、底板和墙体的钢筋可以贯通不断。

(7)箱形基础底板的厚度,一般都超过 1.0 m,其整个箱形基础的混凝土体积常达数千立方米。因此,箱形基础的混凝土浇筑属于大体积钢筋混凝土的浇筑问题。由于混凝土体积大,浇筑时积聚在内部的水泥水化热不易散发,混凝土内部的温度将显著上升,产生较大的温度变化和收缩作用,导致混凝土产生表面裂缝和贯穿性或深进裂缝,影响结构的整体性、耐久性和防水性,影响正常使用。对大体积混凝土,在施工前要经过一定的理论计算,采取有效的技术措施,以防温差对结构的破坏。

一般采取的措施有:

①对混凝土结构进行温度应力计算,用以决定是否可以分块浇捣,以减少混凝土的收缩

徐变内应力。

②采用水化热较低的矿渣硅酸盐水泥和掺磨细粉煤灰掺合料,以减少水泥水化热、增加和易性及减少泌水性。

③加强混凝土表面的保温养护,延缓降温速度,控制混凝土内外温差。

④降低混凝土的入仓温度。

⑤在应力集中部位设置变形缝。

⑥在适当部位设置后浇带。

(8)箱形基础施工完毕,应抓紧做好基坑土方回填工作,尽量缩短基坑暴露时间。回填前要做好排水工作,使基坑内始终保持干燥状态。回填土方,应用经脱水的干土,并对称均匀进行,通常采用相对的两侧或四周同时进行,填土厚度也要同步,并分层夯实。拆除支护结构时,应采取有效措施,尽量减少地基土的破坏。

(9)高层建筑进行沉降观测,水准点及观测点应根据设计要求及时埋设,并注意保护。

**(六)后浇带施工**

**1.后浇带的定义**

后浇带,顾名思义,就是后来浇筑的混凝土板带,通常是由于筏板基础、箱形基础等大体积混凝土结构的尺寸过大,整体一次浇筑会产生较大的温度应力,有可能产生温度裂缝时,可采用合理分段、分时浇筑,即设置混凝土后浇带的方法进行处理。后浇带的留设位置以设计图纸为准。

**2.后浇带的构造形式**

后浇带的构造形式如图 3-16 所示。

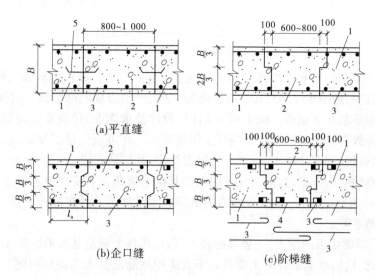

(a)平直缝

(b)企口缝

(c)阶梯缝

1—先浇混凝土;2—后浇混凝土;3—主筋;4—附加钢筋;5—金属止水带

**图 3-16　后浇带构造形式**

**3.后浇带施工要点**

后浇带的间距,在正常情况下为 20~30 m,一般设在柱距三等分中间范围内,宜贯通整个底板。后浇带带宽以 700~1 000 mm 为宜,以设计要求为准。后浇带处的钢筋原则上不断开,若设计要求断开,则应按照设计进行处理,以保证后浇带质量。

施工至少40 d后(以设计要求为准),才可浇筑后浇带混凝土。使用比原设计强度等级提高一级的无收缩混凝土浇筑密实。在混凝土继续浇筑前,应将后浇带的混凝土表面凿毛,清除杂物,表面冲洗干净,注意接浆质量,然后浇筑混凝土,并加强养护,一般湿养护不得少于15昼夜。

## 五、砖基础施工工艺流程及施工要点

### (一)砖基础施工工艺流程

砖基础施工工艺流程:拌制砂浆→确定组砌方式→摆砖撂底→砖基础砌筑→抹防潮层→基础回填土。

### (二)砖基础施工

砖基础由垫层、大放脚和基础墙身三部分组成。一般适用于土质较好、地下水位较低(在基础底面以下)的地基上。

基础大放脚有两皮一收的等高式和一皮一收与两皮一收相间的不等高式两种砌法。

施工时先在垫层上找出墙的轴线和基础大放脚的外边线,然后在转角处、丁字交接处、十字交接处及高低踏步处立基础皮数杆(皮数杆上画出砖的皮数、大放脚退台情况及防潮层位置等)。基础皮数杆应立在规定的标高处,因此立基础皮数杆时要利用水准仪进行抄平。砌筑前,应先用干砖试摆,以确定排砖方法和错缝的位置。砖砌体的水平灰缝厚度和竖向灰缝宽度一般控制在8~12 mm。

砌筑时,砖基础的砌筑高度是用皮数杆来控制的。当发现垫层表面水平标高有高低偏差时,可用砂浆或C10细石混凝土找平后再开始砌筑。如果偏差不大,也可在砌筑过程中逐步调整。砌大放脚时,先砌好转角端头,然后以两端为标准拉好线绳进行砌筑。砌筑不同深度的基础时,应先砌深处,后砌浅处,在基础高低处要砌成踏步式。踏步长度不小于1 m,高度不大于0.5 m。基础中若有洞口、管道等,砌筑时应及时正确按设计要求留出或预埋,并留出一定的沉降空间。砌完砖基础,应立即进行回填,回填土要在基础两侧同时进行,并分层夯实。

### (三)砖基础施工的质量要求

(1)砌体砂浆必须密实饱满,水平灰缝的砂浆饱满度不得低于80%。

(2)砂浆试块的平均强度不得低于设计的强度等级,任意一组试块的最低值不得低于设计强度等级的75%。

(3)组砌方法应正确,不应有通缝,转角处和交接处的斜槎和直槎应通顺密实。直槎应按规定加拉结条。

(4)预埋件、预留洞应按设计要求留置。

(5)砖基础的容许偏差见表3-7。

表3-7　砖基础尺寸和位置的容许偏差

| 序号 | 项目 | 容许偏差(mm) |
|---|---|---|
| 1 | 基础顶面标高 | ±15 |
| 2 | 轴线位移 | 10 |
| 3 | 表面平整(2 m) | 8 |
| 4 | 水平灰缝平直(10 m) | 10 |

## 六、桩基础施工工艺流程及施工要点

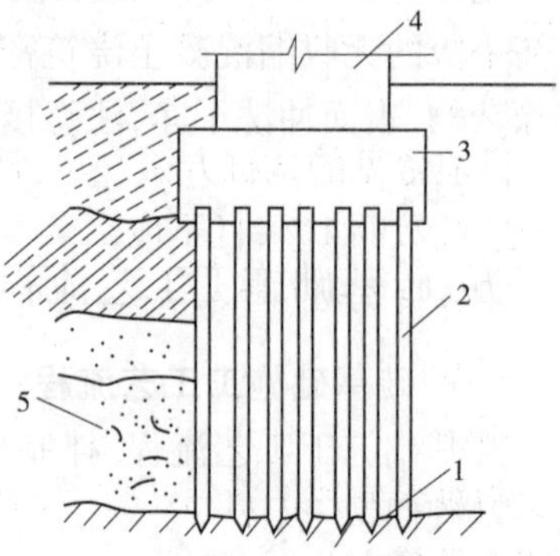

桩基础是深基础的一种,由沉入土中的桩和连接支承于桩顶的承台共同组成,以承受上部结构传来荷载的一种基础形式(见图3-17)。其具有承载能力高、稳定性好、沉降量小、便于机械化施工、适应性强等突出优点。与其他深基础相比桩基础的适用范围较为广泛。

1—持力层;2—桩;3—桩基承台;
4—上部建筑物;5—软弱层

**图 3-17 桩基础示意图**

桩按材料分为木桩、素混凝土桩、钢筋混凝土桩、钢桩、组合材料桩(指用两种材料组合的桩,如钢管桩内填充混凝土等)。

按承载方式分为端承桩(这种桩穿过浅层软弱土层,打入深层坚实土层或岩层中,主要或完全依靠桩端阻力来承担荷载)、摩擦桩(这种桩打入较好土层中,依靠桩侧摩阻力和桩端阻力共同来承担荷载)、纯摩擦桩(这种桩打入较厚的软弱土层中,主要或完全依靠桩侧摩阻力来承担荷载)。

桩按施工方法分为预制桩和灌注桩。

### (一)钢筋混凝土预制桩施工

#### 1.概述

钢筋混凝土预制桩是目前应用最广泛的一种桩基施工方式。预制钢筋混凝土桩分实心桩和空心管桩两种。为了便于施工,实心桩大多做成方形断面,截面边长以200～550 mm较为常见。现场预制桩的单根桩的最大长度主要取决于运输条件和打桩架的高度,一般不超过30 m,若桩长超过30 m,可将桩分成几段预制,在打桩过程中进行接桩处理。管桩在工厂内采用离心法制成,有直径400、直径500(外径)等数种。

1)桩的预制

短桩(10 m以内)多在预制厂生产。长桩一般在打桩现场附近或现场预制。

制桩时,桩与桩之间应刷隔离剂,使接触面不黏结,桩的混凝土应由桩顶向桩尖连续浇筑,严禁中断,及时养护。

制造完的每根桩上应标明编号、制作日期,若不预埋吊环,则应标明绑扎位置。预制桩制作的允许偏差如下:横截面边长 ±5 mm;保护层厚度 ±5 mm,桩顶对角线之差10 mm;桩尖对中心线的位移10 mm;桩身弯曲矢高不大于1‰桩长,且不大于20 mm;桩顶平面对桩中心线的倾斜≤3 mm。

此外,桩的制作质量还应符合下列规定:

(1)桩的表面应平整、密实,掉角的深度不应超过10 mm,且局部蜂窝和掉角的缺损总面积不得超过该桩表面全部面积的0.5%,并不得过分集中。

(2)由混凝土收缩产生的裂缝,深度不得大于20 mm,宽度不得大于0.25 mm,横向裂缝长度不得超过边长的一半(管桩、多角形桩不得超过直径或对角线的1/2)。

(3)桩顶和桩尖处不得有蜂窝、麻面、裂缝和掉角。

2)桩的起吊、运输和堆放

混凝土预制桩达到设计强度的75%方可起吊,达到100%后方可运输。桩堆放时,地面必须平整、坚实,垫木位置应与吊点位置相一致,各层垫木应位于同一垂直线上,堆放层数不宜超过 4 层。不同规格的桩,应分垛堆放。

3)试桩

目前常见的试桩方法有单桩竖向静载荷试验、高应变动力试桩两种方法。试桩数量不少于总桩数的 1%,且不应少于 3 根,当总桩数少于 50 根时,不应少于 2 根。

## 2.锤击沉桩(打入法)施工

1)概述

锤击沉桩也称打入桩,是利用桩锤下落产生的冲击能量将桩沉入土中,锤击沉桩是混凝土预制桩最常用的沉桩方法,该法施工速度快,机械化程度高,适应范围广,但施工时噪声污染和振动较大。

2)施工准备

(1)技术准备。

①核对工程地质勘察资料与现场情况。

②桩基工程施工图纸及图纸会审记录。

③编制施工方案经审批后进行技术交底。

④建筑场地和邻近区域内的地下管线(管道、电缆)、地下构筑物等的调查资料。

⑤主要施工机械及其配套设备的技术性能资料。

⑥施工现场场地平整、定位放线、供水、供电、道路、排水、集水坑的定位及开挖等。

(2)材料准备。

材料准备包括钢筋混凝土预制桩、焊条、钢板以及其他辅助机具的准备。

(3)施工机具准备。

①桩锤选择。

桩锤有落锤、单动汽锤、双动汽锤、柴油桩锤和振动桩锤等。

②桩架的选择。

桩架种类较多,有多功能柴油锤桩架和履带式桩架等。

3)材料要求

(1)钢筋混凝土预制桩:规格、质量必须符合设计要求和施工规范的规定,并有出厂合格证明,强度要求达到 100%,且无断裂等情况。

(2)焊条(接桩用):牌号、性能必须符合设计要求和有关标准的规定,一般宜用 E43 牌号。

(3)钢板(焊接接桩用):材质、规格符合设计要求,宜用 Q235 钢。

(4)其他辅助机具有电焊机、氧割工具、索具、扳手、撬棍和钢丝刷等。

4)施工流程

施工流程:确定打桩顺序→测量桩位→桩机就位→起吊预制桩、插桩→桩身对中调直→打桩。

5)施工工艺

(1)打桩顺序的确定。

打桩顺序直接影响打桩进度和施工质量。在确定打桩顺序时,应考虑桩对土体的挤压位移对施工本身和附近建筑物的影响。打桩时,由于桩对土体的挤密作用,先打入的桩水平推挤而造成偏移和变位,或被垂直挤拔造成浮桩;而后打入的桩难以达到设计标高或入土深度,造成土体隆起和挤压,截桩过大。所以,群桩施打时,为了保证质量和进度,防止周围建筑物破坏,打桩前应根据桩的密集程度、桩的规格、桩的长短和桩架移动方便来正确选择打桩顺序。

一般情况下,桩的中心距小于桩径或边长的 4 倍时就要拟定打桩顺序,桩距大于 4 倍桩径或边长时,打桩顺序与土壤挤压情况关系不大。打桩顺序一般分为逐排打、由中央向边缘打、由边缘向中间打和分段打等,如图 3-18 所示。当桩规格、埋深、长度不同时,宜先大后小、先深后浅、先长后短施打。当一侧毗邻建筑物时,由毗邻建筑物处向另一方向施打。当桩头高出地面时,桩机宜采用往后退打,否则可采用往前顶打。

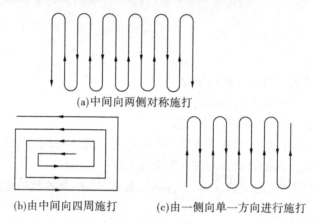

(a)中间向两侧对称施打

(b)由中间向四周施打  (c)由一侧向单一方向进行施打

图 3-18　打桩顺序

(2)打桩。

打桩过程包括桩架移动和就位、吊桩和定桩、打桩、截桩和接桩等。桩机就位时桩架应垂直,导桩中心线与打桩方向一致,校核无误后将其固定,然后将桩锤和桩帽吊升起来,其高度超过桩顶再吊起桩身,送至导杆内,对准桩位,调整垂直偏差,合格后,将桩帽或桩箍在桩顶固定,并将锤缓落到桩顶上,在桩锤的作用下,桩沉入土中一定深度,达到稳定,再校正桩位及垂直度,此谓定桩。然后,打桩开始,用短落距轻击数锤至桩入土一定深度,观察桩身与桩架、桩锤是否在同一垂直直线上,然后以全落距施打。桩的施打原则是重锤低击,这样可以使桩锤对桩头的冲击小、回弹小,桩头不易损坏,大部分能量用于沉桩。

桩开始打时,桩锤落距宜小,一般为 0.5～0.8 m,以便使桩能正常沉入土中,待桩入土到一定深度后,桩尖不易发生偏移时,可适当增加落距逐渐提高到规定数值,继续锤击。打混凝土管桩,最大落距不得大于 1.5 m。打混凝土实心桩不得大于 1.8 m。桩尖遇到孤石或穿过硬夹层时,为了把孤石挤开和防止桩顶开裂,桩锤落距不得大于 0.8 m。

桩的入土深度的控制,对于承受轴向荷载的摩擦桩,以标高为主,以贯入度作为参考;端承桩则以贯入度为主,以标高作为参考。

(3)打桩测量和记录。

打桩是隐蔽工程施工,应做好打桩记录,作为分析和处理打桩过程中出现的质量事故和工程验收时鉴定桩的质量的重要依据。

开始打桩时需统计桩身每沉入 1 m 所需的锤击数。当桩下沉接近设计标高时,则应实测其贯入度,贯入度值指的是每10击(一阵)或者1 min桩入土深度的平均值(mm)。合格的桩除满足贯入度和标高的要求,没有断裂外,还应保证桩的垂直偏差不大于1%,水平位移偏差不大于100~150 mm。

打桩时要用水准仪测量控制桩顶水平标高,水准仪位置应以能观测较多的桩位为宜。各种预制桩打桩完毕后,为使桩顶符合设计高程,应将桩头或无法打入的桩身截去。

6)质量标准

打桩质量包括两个方面的内容:一是能否满足贯入度或标高的设计要求,二是打入后的偏差是否在施工及验收规范允许范围以内(见表3-8)。

表3-8 预制桩(钢桩)桩位的允许偏差

| 序号 | 项目 | 允许偏差 |
|------|------|----------|
| 1 | 盖有基础梁的桩:<br>(1)垂直基础梁的中心线<br>(2)沿基础梁的中心线 | $100+0.01H$<br>$150+0.01H$ |
| 2 | 桩数为1~3根桩基中的桩 | 100 |
| 3 | 桩数为4~16根桩基中的桩 | 1/2桩径或边长 |
| 4 | 桩数大于16根桩基中的桩:<br>(1)最外边的桩<br>(2)中间桩 | 1/3桩径或边长<br>1/2桩径或边长 |

注:$H$为施工现场地面标高与桩顶设计标高的距离。

3.静力压桩施工

静力压桩特别适合于软弱土地基,在均匀软弱土中利用压桩架的自重和配重通过卷扬机的牵引传至桩顶,将桩逐节压入土中的一种施工方法。其优点为无噪声、无振动、对邻近建筑及周围环境影响小,适合于在城市,尤其是居民密集区施工。

静力压桩施工流程:测量放线→桩机就位→起吊预制桩(提前进行预制桩检验)→桩身对中调直→压桩→接桩→送桩→检查验收→转移桩机。

(二)混凝土灌注桩施工

混凝土灌注桩是直接在施工现场桩位上成孔,然后在孔内灌注混凝土或钢筋混凝土的一种成桩方法。

与预制桩相比避免了锤击应力,桩的混凝土强度和配筋只要满足使用要求即可,因而具有节约材料、成本低廉、施工不受地层变化的限制、无须接桩与截桩等优点。但也存在着技术间歇时间长,不能立即承受荷载,操作要求严,在软弱土层中易产生断桩、缩径,冬季施工困难等不足。

灌注桩按成孔方法分为:泥浆护壁成孔灌注桩、沉管成孔灌注桩、螺旋钻成孔灌注桩、人工挖孔灌注桩、爆扩成孔灌注桩等。

灌注桩适用范围如表3-9所示。

1.泥浆护壁成孔灌注桩

泥浆护壁成孔灌注桩是在成孔过程中采用泥浆护壁的方法,防止孔壁坍塌,机械成孔,与孔内灌注混凝土或钢筋混凝土的一种成桩方法。

1) 施工流程

施工工艺流程如下:测量放线,定好桩位→埋设护筒→钻孔机就位、调平、拌制泥浆→成孔→第一次清孔→质量检测→吊放钢筋笼→放导管→第二次清孔→灌注水下混凝土→成桩。

施工工艺流程如图 3-19 所示。

表 3-9　灌注桩适用范围

| 序号 | 项目 | | 适用范围 |
|---|---|---|---|
| 1 | 泥浆护壁成孔 | 冲击、冲抓、回转钻 | 碎石土、砂土、黏性土及风化岩 |
| | | 潜水钻 | 黏性土、淤泥、淤泥质土及砂土 |
| 2 | 螺旋钻成孔 | 螺旋钻 | 地下水位以上的黏性土、砂土及人工填土 |
| | | 钻孔扩底 | 地下水位以上的坚硬、硬塑的黏性土及中密以上的砂土 |
| | | 机动洛阳铲（人工） | 地下水位以上的黏性土、黄土及人工填土 |
| 3 | 套管成孔 | 锤击振动 | 可塑、软塑、流塑的黏性土,稍密及松散的砂土 |
| 4 | 人工挖孔 | | 黏土、粉质黏土及含少量砂、石黏土层,且地下水位低 |
| 5 | 爆扩成孔 | | 地下水位以上的黏性土、黄土、碎石土及风化岩 |

2) 施工工艺

(1) 一般要求。

①埋设护筒:护筒钢板厚度视孔径大小采用 4~8 mm,内径比设计桩径大 100 mm,上部开设两个溢流孔。埋置深度黏土中不小于 1 m,砂土中不小于 1.5 m,软弱土层宜进一步增加埋深。护筒顶面宜高出地面 300 mm。护筒中心与桩定位中心重合,误差不大于 50 mm。

②护壁泥浆的调制及使用:泥浆一般用水、黏土或膨润土、添加剂按一定比例配制而成,通过机械在泥浆池、钻孔中搅拌均匀。黏性土塑性指数应大于 25,若采用膨润土一般为用水量的 8%~12%(视钻孔土质情况)。外加剂有很多种类,作用及用量另见有关规程。泥浆调制各种材料的配比及掺量要经过计算确定,并达到性能指标的要求。泥浆池一般分循环池、沉淀池、废浆池三种,从钻孔中排出的泥浆先流入沉淀池沉淀,再通过循环池重新流入钻孔,沉淀池中的泥浆超标时,由泥浆泵排至废浆池集中排放。泥浆池的容量不宜小于桩体

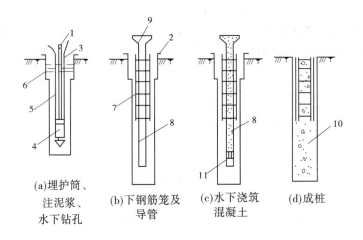

(a)埋护筒、    (b)下钢筋笼及    (c)水下浇筑    (d)成桩
注泥浆、        导管            混凝土
水下钻孔

1—钻杆；2—护筒；3—电缆；4—潜水电钻；5—输水胶管；6—泥浆；7—钢筋骨架；
8—导管；9—料斗；10—混凝土；11—隔水栓

**图 3-19　泥浆护壁成孔灌注桩施工程序**

积的 3 倍。混凝土浇筑过程中，孔内泥浆应直接排入废浆池，防止沉淀池和循环池中的泥浆受到污染。

③钻孔施工：钻机就位，钻具中心与钻孔定位中心偏差不应超过 20 mm，钻机应平整、稳固，保证在钻孔过程中不发生位移和晃动。钻孔时认真做好有关记录，经常对钻孔泥浆进行检测和试验。注意土层变化情况，变化时均应捞取土样，鉴定后做好记录并与地质勘察报告中的地质剖面图进行对比分析。在钻孔、停钻和排渣时应始终保持孔内规定的水位和泥浆质量。

（2）钻机成孔。

潜水钻机是一种旋转式钻孔机，防水电机和钻头密封在一起，由桩架和钻杆定位后可潜入水、泥浆中钻孔。机架轻便灵活，钻进速度快，深度可达 50 m。钻机成孔适用于小直径桩、软弱土层。

此外，还有回转钻机成孔、冲击钻成孔、冲抓锥成孔等方法。

（3）清孔。

清孔分两次进行，钻孔深度达到要求后，对孔深、孔径、孔的垂直度进行检查，符合要求后进行第一次清孔；钢筋骨架、导管安放完毕，浇筑混凝土之前，进行第二次清孔。第一次清孔时利用施工机械，采用换浆、抽浆、掏渣等方法进行；第二次清孔采用正循环、泵吸反循环、气举反循环等方法进行。清孔完成后沉渣厚度：纯摩擦桩≤300 mm、端承桩≤50 mm、摩擦桩≤100 mm；泥浆性能指标在浇筑混凝土前，孔底 500 mm 以内的相对密度≤1.25，黏度≤28 s，含砂率≤8%。不管采用何种方式进行清孔排渣，清孔时必须保证孔内水头高度，防止塌孔。不许采取加深钻孔的方式代替清孔。

（4）钢筋骨架制作安装。

钢筋骨架制作应符合设计要求。确保钢筋骨架在移动、起吊时不发生大的变形。钢筋笼四周沿长度方向每 2 m 设置不少于 4 个控制保护层厚度的垫块。骨架顶端设置吊环。钢筋骨架的制作允许偏差为：主筋间距 ±10 mm、箍筋间距 ±20 mm、骨架外径 ±10 mm、骨架

长度 ±50 mm。钢筋骨架吊装允许偏差:倾斜度 ±0.5%、水下灌注混凝土保护层厚度 ±20 mm、非水下灌注混凝土保护层厚度 ±10 mm、骨架中心 ±20 mm、骨架顶端高程 ±20 mm、骨架底端高程 ±50 mm。钢筋笼较长时宜采用分段制作,接头时宜采用焊接。主筋净距必须大于混凝土粗骨料粒径的 3 倍以上。钢筋笼的内径比导管接头处外径大 100 mm 以上。吊放时应防止碰撞孔壁,吊放后应采取措施进行固定,并保证在安放导管、清孔及灌注混凝土的过程中不会发生位移。

(5)水下混凝土的配制。

水下混凝土应有良好的和易性,在运输、浇筑过程中无明显离析、泌水现象。配合比通过试验确定,在选择施工配合比时,混凝土的试配强度应比设计强度提高 10% ~ 15%,坍落度宜为 180 ~ 220 mm。混凝土配合比的含砂率宜采用 0.4 ~ 0.5,水灰比宜采用 0.5 ~ 0.6。水泥用量不小于 360 kg/m³。掺有适量缓凝剂或粉煤灰时可不小于 300 kg/m³。

(6)灌注水下混凝土。

灌注水下混凝土时,混凝土必须保证连续灌注,且灌注时间不得长于首批混凝土初凝时间。灌注方法一般采用钢制导管回顶法施工,导管内径一般为 200 ~ 250 mm,壁厚不小于 3 mm,直径制作偏差不超过 2 mm。导管使用前应进行水密承压和接头抗拉试验,首次灌注混凝土插入导管时,导管底部应用预制混凝土塞、木塞或充气气球封堵管底。开始灌注时,应先搅拌 0.5 ~ 1.0 m³ 同混凝土强度的水泥砂浆,放于料斗的底部。导管底端应始终埋入混凝土 0.8 ~ 1.3 m,导管的第一节底管长度应不小于 4 m。

灌注过程中随时探测孔内混凝土的高度,调整导管埋入深度,绝对禁止导管拔出混凝土面。注意观察孔内泥浆返出和混凝土下落情况,发现问题及时处理。导管应在一定范围内上下反插,以捣固混凝土并防止混凝土的凝固和加快灌注速度。为防止钢筋骨架上浮,在灌注至钢筋骨架下方 1 m 左右时,应降低灌注速度;当灌注至钢筋骨架底口以上超过 4 m 时,提升导管,使其底口高于骨架底部 2 m 以上,此时可以恢复正常灌注。灌注桩的桩顶标高应比设计标高高出 0.5 ~ 1.0 m,以保证桩头混凝土强度,多余部分进行上部承台施工时凿除,并保证桩头无松散层。灌注结束,应核对混凝土灌注数量是否正确。同一配合比的试块,每班不得少于 1 组,每根桩不得少于 1 组。

# 第二节　砌体工程

## 一、常见脚手架的搭设施工要点

### (一)脚手架工程基本知识

脚手架是建筑施工中堆放材料、工人进行操作及进行材料短距离水平运送的一种临时设施。

当砌筑到一定高度后,不搭设脚手架就无法进行正常的施工操作。为此,考虑到工作效率和施工组织等因素,每次脚手架的搭设高度以 1.2 m 为宜,称为"一步架高",又叫砌体的可砌高度。

（二）外脚手架

1. 多立杆钢管式外脚手架的搭设与拆除

1）搭设前准备

（1）在搭设脚手架前应做好准备工作，单位工程各级负责人应按施工组织设计中有关脚手架的要求，逐级向架设和使用人员进行技术交底。

（2）搭设前应对搭设材料（钢管、扣件、脚手板等）进行检查和验收，不合格的构配件不得使用，合格的构配件按品种、规格堆放整齐。

（3）清理搭设现场、平整场地、做好排水。

2）放线、定位及铺垫板、放底座

根据脚手架的搭设高度、搭设场地土质情况进行地基处理。脚手架的柱距、排距要求进行放线、定位，垫板应准确地放在定位线上，必须铺放平稳，不得悬空，双管立杆应采用双管底座或点焊在一根槽钢上。

3）杆件搭设

（1）脚手架搭设顺序：放置纵向扫地杆→竖立柱→横向扫地杆→第一步纵向水平杆→第一步横向水平杆→连墙杆（或跑撑）→第二步纵向水平杆→第二步横向水平杆……

在搭双排脚手架时，搭设扫地杆和第一步架杆件一般应多人相互配合操作。竖立杆时，一人拿起立杆并插入底座中，另一人用左脚将底座的底端踩住，并用双手将立杆竖起准确插入底座内，要求内外排的立杆同时竖起，及时拿起纵、横向杆用直角扣件与立杆连接扣件固定，然后按规定的间距绑上临时抛撑。在竖立第一步架时，必须注意立杆的垂直度和横杆的水平度，第一步安装完成后再按上述安装上层纵、横向杆件。

（2）搭设立杆的注意事项：外径48 mm与51 mm的钢管严禁混合使用；相邻立杆的对接扣件不得在同一高度内，应错开500 mm；开始搭设立杆时，应每隔6跨设置一根抛撑，直至连墙杆件稳定后，方可根据情况拆除；当搭设至有连墙杆的构造层时，搭设完该处的立杆、纵向水平杆、横向水平杆后，应立即设置连墙杆。

（3）搭设纵、横水平杆的注意事项：封闭型脚手架的同一步纵向水平杆必须四周交圈，用直角扣件与内外角柱固定；双排脚手架的横向水平杆靠墙一端至墙装饰面的距离不应大于100 mm。

（4）安装扣件的注意事项。

扣件规格必须与钢管外径相同，扣件螺栓拧紧力矩不应小于40 N·m，并不应大于65 N·m主节点处，固定横向水平杆（或纵向水平杆）、剪刀撑、横向斜撑等扣件中心线距主节点的距离不应大于150 mm，对接扣件的开口应朝上或朝内，各杆件端头伸出盖板边缘的长度不应小于100 mm。

4）铺脚手板

脚手板一般设置在三根横向水平杆上，当脚手板长度小于2 m时，可采用两根横向水平杆，并应将脚手板两端与其他结构可靠固定，以防倾翻。

自顶层操作层的脚手板往下计，宜每隔12 m满铺一层脚手板。

铺设脚手板的注意事项：应铺满、铺稳、靠墙一侧离墙面距离不应小于150 mm。采用对接或搭接，脚手板的探头应用直径为3.2 mm的镀锌钢丝固定在支承杆上。在拐角、斜道平台口处的脚手板，应与横向水平杆可靠连接，以防滑动。

5)安置横向斜撑和剪刀撑

双排脚手架应设置剪刀撑与横向斜撑,单排脚手架应设置剪刀撑。剪刀撑和横向斜撑设置要求:

(1)每道剪刀撑跨越立柱的根数宜为5~7根,每道剪刀撑的宽度不应小于4跨,且不小于6 m,斜杆与地面的倾角宜为45°~60°。

(2)24 m以下的单排、双排脚手架,均必须在外侧立面的两端各设置一道剪刀撑,由底至顶连续设置,中间每道剪刀撑的净距不应大于15 m。

(3)24 m以上的双排脚手架应在外侧立面整个长度和高度上连续设置剪刀撑。剪刀撑斜杆的接头除顶层可以采用搭接外,其余各接头必须采用对接扣件连接。

(4)剪刀撑斜杆应用旋转扣件固定在与之相交的横向水平杆的伸出端或立柱上,旋转扣件中心线距主接点不应大于150 mm。

(5)横向斜撑的斜杆应在1~2步内,由底至顶层呈之字形连续布置,斜杆应采用旋转扣件固定在与之相交的立柱或横向水平杆的伸出端上。

(6)横向斜撑的间距不得超过6根立柱,与地面夹角为45°~60°,并在下脚处垫木板或金属板墩。

6)绑扎封顶杆、护身栏,安全挡脚板

在每一操作层都要设护身栏杆,安装挡脚板,在脚手架顶部设置封顶杆。

7)挂安全网

多层、高层建筑用外脚手架时,均需要设置安全网,安全网应随楼层施工进度逐步上升,高层建筑除这一道逐步的安全网外,尚应在下面间隔3~4层的部位设置一道安全网,施工过程中要经常对安全网进行检查和维修。

2.碗扣式脚手架的搭设与拆除

1)组成与杆配件

碗扣式钢管脚手架或称多功能碗扣型脚手架。这种新型脚手架的核心部件是碗扣接头,由上下碗扣、横杆接头和上碗扣的限位销等组成,如图3-20所示。具有结构简单,杆件全部轴向连接,力学性能好,接头构造合理,工作安全可靠,拆装方便,操作容易,零部件损耗率低等特点。

上、下碗扣和限位销按600 mm间距设置在钢管立柱上,其中下碗扣和限位销直接焊在立柱上。将上碗扣的缺口对准限位销后,即可将上碗扣向上拉起(沿立柱向上滑动),把横杆接头插入下碗扣圆槽内,随后将上碗扣沿限位销滑下,并顺时针旋转以扣紧横杆接头(用锤敲击几下即可达到扣紧要求),碗扣式接头可同时连接4根横杆,横杆可相互垂直或偏转一定角度。正是由于这一点,碗扣式钢管脚手架的部件可用以搭设多种形式脚手架,特别适合于搭设扇形表面及高层建筑施工和装饰作业两用外脚手架,还可作为模板的支撑。

碗扣式钢管脚手架的设计杆配件,按其用途可分为主构件、辅助构件、专用构件三类。主构件用以构成脚手架主体的杆部件有立杆、顶杆、横杆、斜杆和底座五种。

2)搭设要求

碗扣式脚手架用于构件双排外脚手架时,一般立杆横向间距取1.2 m,横杆步距取1.8 m,立杆纵向间距根据建筑物结构、脚手架搭设高度及作业荷载等具体要求确定,可选用0.9 m、1.2 m、1.5 m、1.8 m、2.4 m等多种尺寸,并选用相应的横杆。

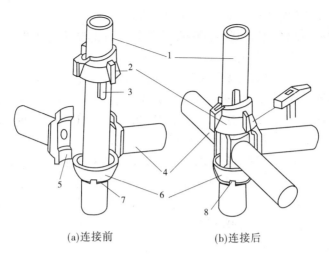

(a)连接前         (b)连接后

**图 3-20　碗扣接头构造**

(1)斜杆:可增强脚手架的稳定性,斜杆与横杆与立杆的连接相同。对于不同尺寸的框架应配备相应长度的斜杆。斜杆可装成节点斜杆(即斜杆接头与横杆接头装在同一碗扣接头内)或装成非节点斜杆(即斜杆接头与横杆接头不装在同一碗扣接头内)。

斜杆应尽量布置在框架节点上,对于高度在 30 m 以上的脚手架,可根据荷载情况,设置斜杆的面积为整架立面面积的 1/5 ~ 1/2;对于高度超过 30 m 的高层脚手架,设置斜杆的框架面积要不小于整架面积的 1/2。在拐角边缘及端部必须设置斜杆,中间可均匀间隔布置。

横向框架内设置斜杆即廊道斜杆,对于提高脚手架的稳定强度尤为重要。对于一字形及开口形脚手架,应在两端横向框架内设沿全高连续设置节点斜杆;对于 30 m 以下的脚手架,中间可不设廊道斜杆;对于 30 m 以上的脚手架,中间应每隔 5 ~ 6 跨设置一道沿全高连续搭设的廊道斜杆;对于高层和重载脚手架,除按上述构造要求设置廊道斜杆外,当横向平面框架所承受的总荷载达到或超过 25 kN 时,该框架应增设廊道斜杆。

当设置高层卸荷拉结杆时,须在拉结点以上第一层加设廊道水平斜杆,以防止卸荷时水平框架变形。斜杆既可用碗扣脚手架系列斜杆,也可用钢管和扣件代替。

(2)剪刀撑:竖向剪刀撑的设置应与碗扣式斜杆的设置相配合,一般高度在 30 m 以下的脚手架,可每隔 4 ~ 6 跨设置一组沿全高连续搭设的剪刀撑,每道剪刀撑跨越 5 ~ 7 根立杆,设剪刀撑的跨内不再设碗扣式斜杆;对于高度在 30 m 以上的高层脚手架,应沿脚手架外侧的全高方向连续设置,两组剪刀撑之间用碗扣式斜杆。纵向水平剪刀撑对于增强水平框架的整体性,均匀传递连墙撑的作用具有重要意义。对于 30 m 以上的高层脚手架,应每隔 3 ~ 5 步架设置一层连续的、闭合的纵向水平剪刀撑。

(3)连墙撑:是脚手架与建筑物之间的连接件,对提高脚手架的横向稳定性、承受偏心荷载和水平荷载等具有重要作用。一般情况下,对于高度在 30 m 以下的脚手架,可四跨三步设置一个(约 40 m²);对于高层及重载脚手架,则要适当加密,50 m 以下的脚手架至少应三跨三步布置一个(约 25 m²);50 m 以上的脚手架至少应三跨二步布置一个(约 20 m²)。连墙杆设置应尽量采用梅花形布置方式。另外,当设置宽挑架、提升滑轮、安全网支架、高层卸荷拉结杆等构件时,应增设连墙撑,对于物料提升架也是相应地增设连墙撑数目。

连墙撑应尽量连接在横杆层碗扣接头内,与脚手架、墙体保持垂直,并随建筑物及架子的升高及时设置。其他搭设要求同扣件式钢管脚手架。

（4）高层卸荷拉结杆：主要是为减轻脚手架荷载而设计的一种构件。高层卸荷拉结杆的设置要根据脚手架的高度和作业荷载而定，一般每30 m高卸荷一次，但总高度在50 m以下的脚手架可不用卸荷。卸荷层应将拉结杆同每一根立杆连接卸荷，设置时，将拉结杆一端用预埋件固定在墙体上，另一端固定在脚手架横杆层下碗扣底下，中间用索具螺旋调节拉杆，以达到悬吊卸荷目的。卸荷层要设置水平廊道斜杆，以增强水平框架刚度。另外，要用横托撑同建筑物顶紧，以平衡水平力。上、下两层增设连墙撑。

对一般方形建筑物的外脚手架，在拐角处两直角交叉的排架要连在一起，以增强脚手架的整体稳定性。连接形式可以采用直接拼接法和直角撑搭接法两种，直角撑搭接可实现任意部位直角交叉。

碗扣式脚手架还可搭设为单排脚手架、满堂脚手架、支撑架、移动式脚手架、提升井架和悬挑脚手架等。

3）拆除

当脚手架使用完成后，制订拆除方案，拆除前应对脚手架作一次全面检查，清除所有多余物件，并设立拆除区，严禁人员进入。

拆除顺序自上而下逐层拆除，不容许上、下两层同时拆除。连墙撑只能在拆到该层时才许拆除，严禁在拆架前先拆连墙撑。

拆除的构件应用吊具吊下，或人工递下，严禁抛掷。拆除的构件应及时分类堆放，以便运输、保管。

**3. 门式脚手架的搭设与拆除**

**1）基本结构和主要构件**

门式脚手架又称多功能门式脚手架，是目前国际上应用最普遍的脚手架之一，是由门式框架、剪刀撑和水平梁或脚手板构成基本单元，如图3-21所示。将基本单元连接起来（或增加梯子、栏杆等部件）即构成整片脚手架。

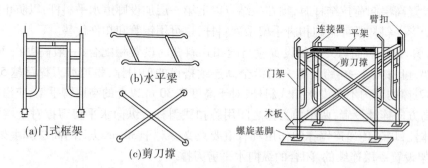

(a)门式框架　　(b)水平梁　　(c)剪刀撑

**图3-21　门式脚手架的主要部件**

门式脚手架部件之间的连接是采用方便可靠的自锚结构，如图3-50所示，常用形式有制动片式和偏重片式。

（1）制动片式。

如图3-22（a）所示，在挂扣的固定片上，铆有主制动片和被制动片，安装前二者脱开，开口尺寸大于门架横梁直径，就位后，将被动片逆时针方向转动卡住横梁，主制动片即自行落

安装前　　　　就位后

(a)制动片式挂扣　　　　(b)偏重片式锚扣

1—固定片;2—主制动片;3—被制动片;4—φ10 圆钢偏重片;5—铆钉

**图 3-22　门形脚手架连接形式**

下将被动片卡住,使脚手板(或水平梁架)自锚于门架横梁上。

（2）偏重片式。

如图 3-22(b)所示,用于门架与剪刀撑的偏重片式连接。它是在门架竖管上焊一段端头开柄的φ12 圆钢,槽呈坡形,上口长 23 mm,下口长 20 mm,槽内设一偏重片(用φ10 圆钢制成,厚 2 mm,一端保持原直径),在其近端处开一椭圆形孔,安装时置于虚线位置,其端部斜面与槽内斜面相合,不会转动,而后装入剪刀撑,就位后将偏重片稍向外拉,自然旋转到实线位置,达到自锁。

2）搭设与拆除要求

门式脚手架一般按以下程序搭设:铺放垫木（板）→拉线、放底座→自一端起立门架并随即装剪刀撑→装水平梁架（或脚手板）→装梯子→（需要时,装设通常的纵向水平杆）→装设连墙杆→照上述步骤,逐层向上安装→装加强整体刚度的长剪刀撑→装设顶部栏杆。

搭设门式脚手架时,基底必须严格夯实抄平,并铺可调底座,以免发生塌陷和不均匀沉降。首层门式脚手架垂直度(门架竖管轴线的偏移)偏差不大于 2 mm;水平度(门架平面方向和水平方向)偏差不大于 5 mm。门架的顶部和底部用纵向水平杆和扫地杆固定。门架之间必须设置剪刀撑和水平梁架（或脚手板）,其间连接应可靠,以确保脚手架的整体刚度。因进行作业需要临时拆除脚手架内侧剪刀撑时,应先在该层里侧上部加设纵向水平杆,以后再拆除剪刀撑。作业完毕后立即将剪刀撑重新装上,并将纵向水平杆移到下或上一作业层上。整片脚手架必须适量放置水平加固杆(纵向水平杆),前三层要每层设置,三层以上则每隔三层设一道。在架子外侧面设置长剪刀撑(φ48 脚手钢管,长 6~8 m),其高度和宽度为 3~4 个步距和柱距,与地面夹角为 45°~60°,相邻长剪刀撑之间相隔 3~5 个柱距,沿全高设置。使用连墙管或连墙器将脚手架和建筑结构紧密连接,连墙点的最大间距在垂直方向为 6 m,在水平方向为 8 m。高层脚手架应增加连墙点布设密度。脚手架在转角处必须作好连接和与墙拉结,并利用钢管和回转扣件把处于相交方向的门架连接起来。

拆除架子时应自上而下进行,部件拆除顺序与安装顺序相反。不允许将拆除的部件直接从高空掷下。应将拆下的部件分品种捆绑后,使用垂直吊运设备将其运至地面,集中堆放保管。

**（三）里脚手架**

里脚手架用于在楼层上砌墙、装饰和砌筑围墙等。常用的里脚手架有角钢（钢盘、钢管）折叠式里脚手架,支柱式里脚手架,木、竹、钢制马凳式里脚手架几种。

脚手架检查与验收标准见表 3-10。

表 3-10　脚手架检查与验收标准

| 序号 | 项目 | | 容许偏差 | 检查方法 |
|---|---|---|---|---|
| 1 | 立杆垂直度 | | ≤$H$/200 且≤100 | 吊线 |
| 2 | 间距 | 步距偏差 | ±20 | 钢卷尺 |
| | | 柱距偏差 | ±50 | |
| | | 排距偏差 | ±20 | |
| 3 | 大横杆高差 | 一根杆两端 | ±20 | 水平仪水平尺 |
| | | 同跨内、外大横杆高差 | ±10 | |
| 4 | 扣件螺栓拧紧扭力矩 | | 40~65 N·m | 扭力扳手 |
| 5 | 剪刀撑与地面倾角 | | 45°~60° | 角尺 |
| 6 | 脚手板外伸长度 | 对接 | 100≤$a$≤150 | 卷尺 |
| | | 搭接 | $a$≥100 | 卷尺 |

## 二、砖、石砌体施工工艺流程及施工要点

### (一)砖砌体砌筑

1. 砖砌体砌筑工艺

抄平→放(弹)线→立皮数杆→摆砖样(排脚、铺底)→盘角(砌头角)→挂线→砌筑→勾缝→楼层轴线标高引测及检查等。

1)抄平、放线

为了保证建筑物平面尺寸和各层标高的正确,砌筑前,必须准确地定出各层楼面的标高和墙柱的轴线位置,以作为砌筑时的控制依据。

砌墙前应在基础防潮层或楼层上定出各层标高,并用 M7.5 水泥砂浆或 C10 细石混凝土找平,使各段砖墙底部标高符合设计要求。找平时,需使上下两层外墙之间不致出现明显的接缝。

根据龙门板上给定的轴线及图纸上标注的墙体尺寸,在基础顶面上用墨线弹出墙的轴线和墙的宽度线,并分出门洞口位置线。二楼以上墙的轴线可以用经纬仪或垂球将轴线引上,并弹出各墙的宽度线,画出门洞口位置线。

2)立皮数杆

皮数杆是一种方木标志杆。皮数杆是指在其上画有每皮砖和砖缝厚度,以及门窗洞口、过梁、楼板、梁底、预埋件等标高位置的一种木制标杆。它是砌筑时控制砌体竖向尺寸的标志。

3)摆砖样

摆砖样是指在基础墙顶面上,按墙身长度和组砌方式先用砖块试摆。摆砖的目的是使每层砖的砖块排列和灰缝均匀,并尽可能减少砍砖,组砌得当。在砌清水墙时尤其重要。

4)盘角(砌头角)、挂线

皮数杆立好后,通常是先按皮数杆砌墙角(盘角),每次盘角不得超过五皮砖,在砌筑过

程中应勤靠勤吊,一般三皮一吊线,五皮一靠尺,把砌筑误差消灭在操作过程中,以保证墙面垂直、平整。砌一砖半厚以上的砖墙必须双面挂线,然后将准线挂在墙角上,拉线砌中间墙身。一般三七厚以下的墙身砌筑单面挂线即可,更厚的墙身砌筑则应双面挂线。墙角是确定墙身的主要依据,其砌筑的好坏对整个建筑物的砌筑质量有很大影响。

5)墙体砌筑、勾缝

砖砌体的砌筑方法有三一砌法、挤浆法、刮浆法和满口灰法等。一般采用一块砖、一铲灰、一挤揉的三一砌法。清水墙砌完后,应进行勾缝,勾缝是砌清水墙的最后一道工序。勾缝的方法有两种:一种是原浆勾缝,即利用砌墙的砂浆随砌随勾,多用于内墙面;另一种是加浆勾缝,即待墙体砌筑完毕后,利用1:1的水泥砂浆或加色砂浆进行勾缝。勾缝要求横平竖直,深浅一致,搭接平整并压实抹光。勾缝完毕后应清扫墙面。

2.砖砌体的技术要求

砖砌体砌筑时砖和砂浆的强度等级必须符合设计要求。

砌筑时水平灰缝的厚度一般为8~12 mm,竖缝宽一般为10 mm。为了保证砌筑质量,墙体在砌筑过程中应随时检查垂直度,一般要求做到三皮一吊线,五皮一靠尺。为减少灰缝变形引起砌体沉降,一般每日砌筑高度不超过1.5 m为宜,雨天施工时,每日砌筑高度不宜超过1.2 m。当施工过程中可能遇到大风时,应遵守规范所允许自由高度的限制。

砖砌体相邻工作段的高度差,不得超过一个楼层的高度,也不宜大于4 m。工作段的分段位置宜设在伸缩缝、沉降缝、防震缝或门窗洞口处。砌体临时间断处的高度差不得超过一步架高。

砌砖工程当采用铺浆法砌筑时,铺浆长度不得超过750 mm;施工期间气温超过30 ℃时,铺浆长度不得超过500 mm。

墙体的接槎,接槎是指先砌砌体和后砌砌体之间的接合方式。砖墙转角处和交接处应同时砌筑,严禁无可靠措施的内外墙分砌施工。对不能同时砌筑而又必须留置的临时间断处,应砌成斜槎,斜槎水平投影长度不应小于高度的2/3。若临时间断处留斜槎确有困难,除转角处外,可留直槎,但直槎必须做成阳槎,并应加设拉结钢筋,拉结钢筋的数量为每120 mm墙厚放置1Φ6拉结钢筋(240 mm厚墙放置2Φ6拉结钢筋),间距沿墙高不应超过500 mm,埋入长度从留槎处算起每边均不应小于500 mm,对抗震设防烈度6度、7度地区,不应小于1 000 mm;末端应有90°弯钩。

隔墙与墙或柱如不同时砌筑而又不留成斜槎时,可于墙或柱中引出阳槎,并于墙的立缝处预埋拉结筋,其构造要求同上,但每道不少于2根钢筋。

施工时需在砖墙中留置的临时孔洞,其侧边离交接处的墙面不应小于500 mm;洞口净宽度不应超过1 m且顶部应设置过梁。抗震烈度为9度的建筑物,临时孔洞的留置应会同设计单位研究决定。

不得在下列墙体或部位中留设脚手眼:①空斗墙、半砖墙和砖柱。②砖过梁上与过梁成60°角的三角形范围及过梁净跨度1/2的高度范围内。③宽度小于1 m的窗间墙。④梁或梁垫下及其左右各500 mm的范围内。⑤砖砌体门窗洞口两侧200 mm和转角450 mm的范围内,石砌体门窗洞口两侧300 mm和转角600 mm的范围内。⑥设计不允许设置脚手眼的部位。或不大于80 mm×140 mm,可不受③、④、⑤规定的限制。⑦轻质墙体。⑧夹心复合墙外叶墙。

混凝土构造柱的施工。设混凝土构造柱的墙体,混凝土构造柱的截面一般为240 mm ×240 mm,钢筋采用Ⅰ级钢筋,竖向受力钢筋一般采用4根,直径为12 mm。箍筋采用直径为6 mm,其间距为200 mm,楼层上下500 mm范围内应适当的加密箍筋,其间距为100 mm。构造柱的竖向受力钢筋应在基础梁和楼层圈梁中锚固,并应符合受拉钢筋的锚固长度要求。砖墙与构造柱应沿墙高每隔500 mm设置2根直径6 mm的水平拉结筋,拉结筋每边伸入墙内不应少于1 m。当墙上门窗洞边到构造柱边的长度小于1 m时,水平拉结筋伸到洞口边为止。

砖墙与构造柱相接处,应砌成马牙槎,每个马牙槎高度方向的尺寸不宜超过300 mm(或五皮砖砖高),每个马牙槎应退进60 mm。每个楼层面开始应先退槎后进槎。

### (二)石砌体施工工艺流程及施工要点

砌筑用的石料分为毛石、料石两类。

毛石又分为乱毛石和平毛石。乱毛石指形状不规则的石块;平毛石指形状不规则,但有两个平面大致平行的石块。毛石的中部厚度不应小于150 mm。料石按其加工面的平整程度分为细料石、粗料石和毛料石三种。料石的宽度、厚度均不宜小于200 mm,长度不宜大于厚度的4倍。石材的强度等级分为MU100、MU80、MU60、MU50、MU40、MU30和MU20、MU15和MU10。

石砌体一般用于两层以下的居住房屋及挡土墙等,一般采用水泥砂浆或混合砂浆砌筑,砂浆稠度30~50 mm,二层以上石墙的砂浆强度等级不小于M2.5。

#### 1.料石砌体施工

1)料石砌体砌筑要点

料石砌体应采用铺浆法砌筑,砌筑料石砌体时,料石应放置平稳,砂浆必须饱满。砂浆铺设厚度应略高于规定灰缝厚度,其高出厚度为:细料石宜为3~5 mm,粗料石、毛料石宜为6~8 mm。料石砌体的灰缝厚度:细料石砌体不宜大于5 mm,粗料石和毛料石砌体不宜大于20 mm。料石砌体的水平灰缝和竖向灰缝的砂浆饱满度均应大于80%。料石砌体上下皮料石的竖向灰缝应相互错开,错开长度应不小于料石宽度的1/2。

2)料石基础

料石基础的第一皮料石应坐浆丁砌,以上各层料石可按一顺一丁进行砌筑,阶梯形料石基础,上级阶梯的料石至少压砌下级阶梯料石的1/3,如图3-23所示。

3)料石墙

料石墙厚度等于一块料石宽度时,可采用全顺砌筑形式。料石墙厚度等于两块料石宽度时,可采用两顺一丁或丁顺组砌的砌筑形式。两顺一丁是两皮顺石与一皮丁石相间。丁顺组砌是同皮内侧顺石与丁石相间,可一块顺石与顶石相间或两块顺石与一块丁石相间,丁石应交错设置,其中距不应大于2.0 m,如图3-24所示。

#### 2.毛石砌体施工

1)毛石砌体砌筑要点

毛石砌体应采用铺浆法砌筑。砂浆必须饱满,砂浆饱满度应大于80%。

毛石砌体应分皮卧砌,上下错缝,内外搭砌,不得采用外面侧立毛石中间填心的砌筑方法,中间不得有铲口石(尖石倾斜向外的石块)、斧刃石(尖石向下的石块)和过桥石(仅在两端搭砌的石块),如图3-25所示。

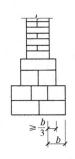

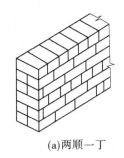

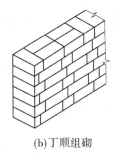

| 图 3-23 阶梯形料石基础 | (a)两顺一丁 | (b)丁顺组砌 |
|---|---|---|
| | 图 3-24 料石墙组砌形式 | |

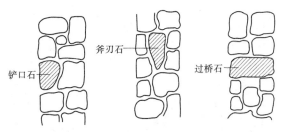

图 3-25 铲口石、斧刃石、过桥石

毛石砌体的灰缝厚度宜为 20 ~ 30 mm,石块间不得有相互接触现象。石块间较大的空隙应填塞砂浆后用碎石块嵌实,不得采用先放碎石后填塞砂浆或干填碎石块的方法。

2)毛石基础施工

砌筑毛石基础所用的毛石应质地坚硬、无裂纹,尺寸为 200 ~ 400 mm,质量为 20 ~ 30 kg,强度等级一般在 MU20 以上,采用 M2.5 或 M5.0 水泥砂浆砌筑,灰缝厚度一般为 20 ~ 30 mm,稠度为 5 ~ 7 cm,但不宜采用混合砂浆。

砌筑毛石基础的第一皮石块应坐浆,选大石块并将大面向下,转角处、交接处用较大的平毛石砌筑,然后分皮卧砌,上下错缝,内外搭砌;每皮高度为 300 mm,搭接不小于 80 mm;毛石基础扩大部分,如做成阶梯形,上级阶梯的石块应至少压砌下级阶梯的 1/2,每阶内至少砌两皮,扩大部分每边比墙宽出 100 mm,二层以上应采用铺浆砌法;毛石每日可砌高为 1.2 m,为增加整体性和稳定性,应大、中、小毛石搭配使用,并按规定设置拉结石,拉结石应分布均匀,毛石基础同皮内每隔 2 m 左右设置一块。拉结石长度应超过基础宽度的 2/3,毛石砌到室内地坪以下 5 cm,应设置防潮层,一般用 1:2.5 的水泥砂浆加适量防水剂铺设,厚度为 20 mm,如图 3-26 所示。

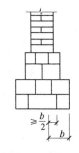

图 3-26 阶梯形
毛石基础

3)毛石墙施工

毛石墙是用乱毛石或平毛石与水泥砂浆或混合砂浆砌筑而成的。毛石墙的转角可用平毛石或料石砌筑。毛石墙的厚度不应小于350 mm。

施工时根据轴线放出墙身里外两边线,挂线每皮(层)卧砌,每层高度为 200 ~ 300 mm。砌筑时应采用铺浆法,先铺灰后摆石。毛石墙的第一皮、每一楼层最上一皮、转角处、交接处及门窗洞口处用较大的平毛石砌筑,转角处最好应用加工过的方整石。毛石墙砌筑时应先砌筑转角处和交接处,再砌中间墙身,石砌体的转角处和交接处应同时砌筑。对不能同时砌筑而又必须留置的临时间断处,应砌成斜槎。砌筑时石料大小搭配,大面朝下,外面平齐,上下错缝,内外交错搭砌,逐块卧砌坐浆。灰缝厚度不宜大于 20 mm,保证砂浆饱满,不得有干接现象。石块间较大的空隙应先堵塞砂浆,后用碎石块嵌实。为增加砌体的整体性,石墙面每 0.7 m² 内,应设置一块拉结石,同皮的水平中距不得大于 2.0 m,拉结长度为墙厚。

石墙砌体每日砌筑高度不应超过 1.2 m,但室外温度在 20 ℃ 以上时停歇 4 h 后可继续砌筑。石墙砌至楼板底时要用水泥砂浆找平。门窗洞口可用黏土砖作砖砌平拱或放置钢筋混凝土过梁。

石墙与实心砖的组合墙中,石与砖应同时砌筑,并每隔 4~6 皮砖用 2~3 皮砖与石砌体拉结砌合,石墙与砖墙相接的转角处和交接处应同时砌筑(见图 3-27)。

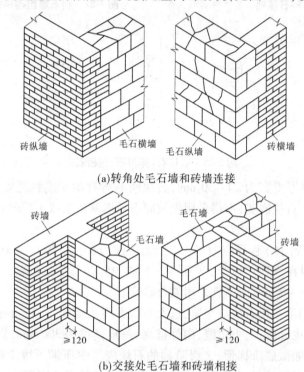

(a)转角处毛石墙和砖墙连接

(b)交接处毛石墙和砖墙相接

**图 3-27　石墙和砖墙相接的转角处和交接处同时砌筑**

4)毛石挡土墙

毛石挡土墙是用平毛石或乱毛石与水泥砂浆砌成的。毛石挡土墙的砌筑要点与毛石基础基本相同。石砌挡土墙除按石墙规定砌筑外还需满足下列要求:

毛石挡土墙的砌筑,要求毛石的中部厚度不宜小于 20 cm;每砌 3~4 皮毛石为一个分层高度,每个分层高度应找平一次;外露面的灰缝宽度不得大于 40 mm,上下皮毛石的竖向灰缝应相互错开 80 mm 以上;应按照设计要求收坡或退台,并设置泄水孔。泄水孔当设计无规定时,施工中应符合下列规定:①泄水孔应均匀布置,在每米高度上间隔 2 m 左右设置一个泄水孔;②泄水孔与土体间铺设长宽各为 300 mm、厚 200 mm 的卵石或碎石做疏水层。在砌筑挡土墙时,还应按规定留设伸缩缝。料石挡土墙宜采用同皮内丁顺相间的砌筑形式。

当中间部分用毛石填砌时,丁砌料石伸入毛石部分的长度不应小于 200 mm。

## 三、砌块砌体施工工艺流程及施工要点

### (一)加气混凝土砌块砌筑

**1.加气混凝土砌块砌体施工**

承重加气混凝土砌块砌体所用砌块强度等级应不低于A.5,砂浆强度不低于M5。

加气混凝土砌块砌筑前,应根据建筑物的平面、立面图绘制砌块排列图。在墙体转角处设置皮数杆,皮数杆上画出砌块皮数及砌块高度,并在相对砌块上边线间拉准线,依准线砌筑。

加气混凝土砌块的砌筑面上应适量洒水。

砌筑加气混凝土砌块宜采用专用工具(铺灰铲、锯、钻、镂、平直架等)。

加气混凝土砌块墙的上下皮砌块的竖向灰缝应相互错开,相互错开长度宜为300 mm,并不小于150 mm。当不能满足时,应在水平灰缝设置2Φ6的拉结钢筋或Φ4钢筋网片,拉结钢筋或钢筋网片的长度应不小于700 mm。

加气混凝土砌块墙的灰缝应横平竖直,砂浆饱满,水平灰缝砂浆饱满度不应小于90%;竖向灰缝砂浆饱满度不应小于80%。水平灰缝厚度宜为15 mm,竖向灰缝宽度宜为20 mm。

加气混凝土砌块墙的转角处,应使纵横墙的砌块相互搭砌,隔皮砌块露端面。加气混凝土砌块墙的T字交接处,应使横墙砌块隔皮露端面,并坐中于纵墙砌块(见图3-28)。

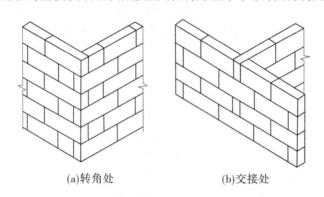

(a)转角处　　　　　　　(b)交接处

**图3-28　加气混凝土砌块墙的转角处、交接处砌法**

**2.加气混凝土砌块砌体质量**

加气混凝土砌块砌体质量分为合格和不合格两个等级。

加气混凝土砌块砌体质量合格应符合以下规定:

(1)主控项目应全部符合规定。

(2)一般项目应有80%及以上的抽检处符合规定,或偏差值在允许偏差范围以内。加气混凝土砌块砌体主控项目:砌块和砌筑砂浆的强度等级应符合设计要求。

检验方法:检查砌块的产品合格证书、产品性能检测报告和砂浆试块试验报告。

加气混凝土砌块砌体一般项目:

①砌体一般尺寸的允许偏差应符合表3-11的规定。

抽检数量:对表3-11中1、2项,在检验批的标准间中随机抽查10%,但不应少于3间;大面积房间和楼道接两个轴线或每10延长米按一标准间计数。每间检验不应少于3处。

对表 3-11 中 3、4 项,在检验批中抽检 10%,且不应少于 5 处。

表 3-11　加气混凝土砌体一般尺寸允许偏差

| 项次 | 项目 | | 允许偏差(mm) | 检验方法 |
|---|---|---|---|---|
| 1 | 轴线位移 | | 10 | 用尺检查 |
| | 垂直度 | 小于或等于 3 m | 5 | 用 2 m 托线板或吊线、尺检查 |
| | | 大于 3 m | 10 | |
| 2 | 表面平整度 | | 8 | 用 2 m 靠尺和楔形塞尺检查 |
| 3 | 门窗洞口高、宽(后塞口) | | ±5 | 用尺检查 |
| 4 | 外墙上、下窗口偏移 | | 20 | 用经纬仪或吊线检查 |

②加气混凝土砌块不应与其他块材混砌。

抽检数量:在检验批中抽检 20%,且不应少于 5 处。

检验方法:外观检查。

③加气混凝土砌块砌体的灰缝砂浆饱满度不应小于 80%。

抽检数量:每步架子不少于 3 处,且每处不应少于 3 块。

检验方法:用百格网检查砌块底面砂浆的黏结痕迹面积。

④加气混凝土砌块砌体留置的拉结钢筋或网片的位置与砌块皮数相符合。拉结钢筋或网片应置于灰缝中,埋置长度应符合设计要求,竖向位置偏差不应超过一皮砌块高度。

抽检数量:在检验批中抽检 20%,且不应少于 5 处。

检验方法:观察和用尺量检查。

⑤砌块砌筑时应错缝搭接,搭接长度不应小于砌块长度的 1/3;竖向通缝不应大于 2 皮。

抽检数量:在检验批的标准间中抽查 10%,且不应少于 3 间。

检验方法:观察和用尺检查。

⑥加气混凝土砌块砌体的水平灰缝厚度及竖向灰缝宽度分别宜为 15 mm 和 20 mm。

抽检数量:在检验批的标准间中抽查 10%,且不应少于 3 间。

检验方法:用尺量 5 皮砌块的高度和 2 m 砌体长度。

⑦加气混凝土砌块墙砌至接近梁、板底时,应留一定空隙,待墙体砌筑完并应至少间隔 7 d 后,再将其补砌挤紧。

抽检数量:每验收批抽 10% 墙片(每两柱间的填充墙为一墙片),且不应少于 3 片墙。

检验方法:观察检查。

**(二)混凝土空心砌块施工**

**1.一般构造要求**

混凝土小型空心砌块砌体所用的材料,除满足强度计算要求外,尚应符合下列要求:

(1)对室内地面以下的砌体,应采用普通混凝土小砌块和不低于 M5 的水泥砂浆。

(2)五层及五层以上民用建筑的底层墙体,应采用不低于 MU5 的混凝土小砌块和 M5 的砌筑砂浆。

(3)在墙体的下列部位,应用 C20 混凝土灌实砌块的孔洞:

①底层室内地面以下或防潮层以下的砌体;

②无圈梁的楼板支承面下的一皮砌块；

③没有设置混凝土垫块的屋架、梁等构件支承面下，高度不应小于 600 mm，长度不应小于 600 mm 的砌体；

④挑梁支承面下，距墙中心线每边不应小于 300 mm，高度不应小于 600 mm 的砌体。

砌块墙与后砌隔墙交接处，应沿墙高每隔 400 mm 在水平灰缝内设置不少于 2Φ4、横筋间距不大于 200 mm 的焊接钢筋网片，钢筋网片伸入后砌隔墙内不应小于 600 mm。

2. 施工工艺要点

1）小砌块施工

普通混凝土小砌块不宜浇水；当天气干燥炎热时，可在砌块上稍加喷水润湿；轻骨料混凝土小砌块施工前可洒水，但不宜过多。龄期不足 28 d 及潮湿的小砌块不得进行砌筑。

应尽量采用主规格小砌块，小砌块的强度等级应符合设计要求，并应清除小砌块表面污物和芯柱用小砌块孔洞底部的毛边。

在房屋四角或楼梯间转角处设立皮数杆，皮数杆间距不得超过 15 m。皮数杆上应画出各皮小砌块的高度及灰缝厚度。在皮数杆上相对小砌块上边线之间拉准线，小砌块依准线砌筑。小砌块砌筑应从转角或定位处开始，内外墙同时砌筑，纵横墙交错搭接。外墙转角处应使小砌块隔皮露端面；T 字交接处应使横墙小砌块隔皮露端面，纵墙在交接处改砌两块辅助规格小砌块（尺寸为 290 mm×190 mm×190 mm，一头开口），所有露端面用水泥砂浆抹平（见图 3-29）。

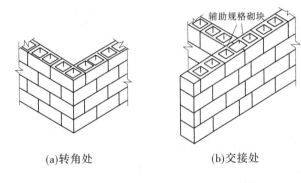

(a)转角处　　　　　　(b)交接处

**图 3-29　小砌块墙转角处及 T 字交接处砌法**

小砌块应对孔错缝搭砌。上下皮小砌块竖向灰缝相互错开 190 mm。个别情况当无法对孔砌筑时，普通混凝土小砌块错缝长度不应小于 90 mm，轻骨料混凝土小砌块错缝长度不应小于 120 mm；当不能保证此规定时，应在水平灰缝中设置 2Φ4 钢筋网片，钢筋网片每端均应超过该垂直灰缝，其长度不得小于 300 mm（见图 3-30）。

小砌块砌体的灰缝应横平竖直，全部灰缝均应铺填砂浆；水平灰缝的砂浆饱满度不得低于 90%；竖向灰缝的砂浆饱满度不得低于 80%；砌筑中不得出现瞎缝、透明缝。水平灰缝厚度和竖向灰缝宽度应控制在 8～12 mm。当缺少辅助规格小砌块时，砌体通缝不应超过两皮

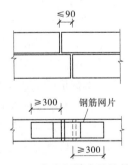

**图 3-30　水平灰缝中拉结筋**

砌块。

小砌块砌体临时间断处应砌成斜槎,斜槎长度不应小于斜槎高度的 2/3(一般按一步脚手架高度控制);如留斜槎有困难,除外墙转角处及抗震设防地区,砌体临时间断处不应留直槎外,可从砌体面伸出 200 mm 砌成阴阳槎,并沿砌体高每三皮砌块(600 mm),设拉结筋或钢筋网片,接槎部位宜延至门窗洞口。

承重砌体严禁使用断裂小砌块或壁肋中有竖向凹形裂缝的小砌块砌筑,也不得采用小砌块与烧结普通砖等其他块体材料混合砌筑。

小砌块砌体相邻工作段的高度差不得大于一个楼层高度或 4 m。

常温条件下,普通混凝土小砌块的日砌筑高度应控制在 1.8 m 内;轻骨料混凝土小砌块的日砌筑高度应控制在 2.4 m 内。

对砌体表面的平整度和垂直度,灰缝的厚度和砂浆饱满度应随时检查,校正偏差。在砌完每一楼层后,应校核砌体的轴线尺寸和标高,允许范围内的轴线及标高的偏差,可在楼板面上予以校正。

2)芯柱施工

芯柱部位宜采用不封底的通孔小砌块,当采用半封底小砌块时,砌筑前必须打掉孔洞毛边。

在楼(地)面砌筑第一皮小砌块时,在芯柱部位,应用开口砌块(或 U 形砌块)砌出操作孔,在操作孔侧面宜预留连通孔,必须清除芯柱孔洞内的杂物及削掉孔内凸出的砂浆,用水冲洗干净,校正钢筋位置并绑扎或焊接固定后,方可浇灌混凝土。

芯柱钢筋应与基础或基础梁中的预埋钢筋连接,上下楼层的钢筋可在楼板面上搭接,搭接长度不应小于 40d(d 为钢筋直径)。

# 第三节　钢筋混凝土工程

一、常见模板的种类、特性及安拆施工要点

**(一)模板作用及要求**

模板作用:成型混凝土。模板又称模型板,是使新浇混凝土结构和构件按所要求的几何尺寸成型的模型板。

对于模板设计、制作和施工等方面的要求,应符合《混凝土结构工程施工质量验收规范(2011 年版)》(GB 50204—2002)中关于模板工程的规定。对模板工程的基本要求如下:

(1)应保证工程结构和构件各部分形状、尺寸和相互位置的正确。

(2)要有足够的承载能力、刚度和稳定性,并能可靠地承受新浇筑混凝土的重量和侧压力,以及在施工中所产生的其他荷载。

(3)构造要简单,装拆要方便,并便于钢筋的绑扎与安装,有利于混凝土的浇筑及养护。

(4)模板接缝应严密,不得漏浆。

**(二)模板分类**

按模板所用的材料不同,分为木模板、钢模板、胶合板模板、钢木模板、钢竹模板、塑料模板、玻璃模板、铝合金模板等。

按模板的形状不同,分为平面模板和曲面模板。

按施工工艺不同,分为组合式模板(如木模板、组合钢模板)、工具模板(如大模板、滑模、爬模、飞模、模壳等)、胶合板模板和永久性模板。

按模板规格形式不同,分为定型模板(即定型组合模板,如小钢模板)和非定型模板(散装模板)。

按其结构的类型不同分为基础模板、柱模板、楼板模板、墙模板、壳模板和烟囱模板等。

按模板使用特点分为固定式、拆移式、移动式和滑动式。固定式用于现浇特殊部位,不能重复使用,后三种都能重复使用。

### (三)现浇混凝土结构构件的模板构造

#### 1.基础模板

基础模板的特点一般来说高度不高但体积较大,当土质良好时,可以不用侧模,采用原槽灌筑,这样比较经济,但通常需要支模板。

阶梯基础模板,每一台阶模板由四块侧板拼钉而成,四块侧板用木档拼成方框。上台阶模板通过轿杠木,支撑在下台阶上,下层台阶模板的四周要设斜撑及平撑。杯形基础模板在杯口位置要装设杯芯模,如图 3-31 所示。

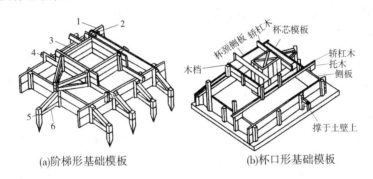

(a)阶梯形基础模板　　　　　　(b)杯口形基础模板

1—第一阶侧模;2—档木;3—第二阶侧模;4—轿杠木;5—木桩;6—斜撑

**图 3-31　阶梯、杯口形基础模板**

#### 2.柱模板

柱模板的特点是断面、尺寸不大而比较高。因此,柱模主要解决垂直度、柱模在施工时的侧向稳定及抵抗混凝土的侧压力的问题。同时应考虑方便灌注混凝土、清理垃圾与钢筋绑扎配合等问题。

柱模板的底部开有清理孔,以便清理模板内的垃圾,沿高度每隔约 2 m 开有灌注口(亦称振捣口),柱底一般采用一个木框用以固定柱子的水平位置。

同在一条直线上的柱,应先校正两头的柱模,再在柱模上口中心线拉一铁丝来校正中间的柱模。柱模之间,还要用水平撑及剪刀撑相互牵搭住。

#### 3.梁模板

梁模板的特点是跨度较大而宽度一般不大,因此混凝土对梁模板既有横向侧压力,又有垂直压力。梁模板主要由底模、夹木及支架部分组成,梁的下面一般是架空的,梁模板及其支架系统要能承受这些荷载而不致发生超过规范允许的过大变形,如图 3-32 所示。

单梁的侧模板一般拆除较早,因此侧板应包在底模的外面。柱的模板与梁的侧板一样,也可早拆除,梁的模板也就不应伸到柱模板的开口里面,次梁模板也不应伸到主梁侧模板开

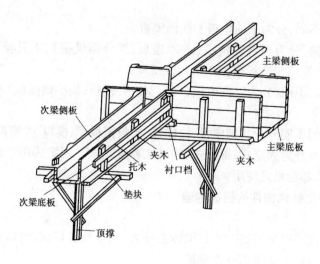

次梁侧板　　　　　　　　　　　　主梁侧板

夹木

托木　　衬口档　　　　　主梁底板

次梁底板　　　垫块　　　　夹木

顶撑

**图 3-32　梁模板**

口里面。

如梁的跨度在 4 m 及以上,应使梁横中部略为起拱,防止由于浇筑混凝土后跨中梁底下垂。当设计无规定时,起拱高度宜为全跨长度的 1‰ ~ 3‰。

4.墙模板

墙模板的特点是竖向面积大而厚度一般不大,因此墙模板主要应能保持自身稳定,并能承受浇筑混凝土时产生的水平侧压力。墙模板主要由侧模、主肋、次肋、斜撑对拉螺栓和撑块等组成。

5.楼板模板

楼板模板的特点是面积大而厚度一般不大,因此横向侧压力很小,楼板模板及其支架系统主要用于抵抗混凝土的垂直荷载和其他施工荷载,保证楼板不变形下垂。

楼板模板的安装顺序是,在主、次梁模板安装完毕后,首先安托板,然后安楞木,铺定型模板。铺好后核对楼板标高、预留孔洞及预埋铁等的部位和尺寸。

6.楼梯模板

楼梯模板的构造,与楼板模板相似,不同点是倾斜和做成踏步。

楼梯段楼梯模板安装时,特别要注意每层楼梯第一级与最后一级踏步的高度,不要疏忽了装饰面层的厚度,造成高低不同的现象。

7.圈梁模板

圈梁的特点是断面小但很长,一般除窗洞口及其他个别地方是架空外,其他均搁在墙上。因此,圈梁模板主要是由侧板和固定侧板用的卡具所组成的。底模仅在架空部分使用。

8.雨篷模板

雨篷包括过梁和雨篷板两部分,它的模板构造与安装,同梁及楼板的模板基本相同。

**(四)模板安装与拆除**

模板工程施工工艺流程:模板的选材→选型→设计→制作→安装→拆除→周转。

1.模板的安装

竖向模板和支撑部分安装在地面上时,应加设垫板,且地面土层必须坚实并有排水措施。对湿陷性黄土,必须有防水措施;对冻胀土必须有防冻措施。

模板及支撑在安装过程中,必须设置防倾覆的临时固定措施。

现浇多层房屋和构筑物,应采取分层分段的支模方法。安装上层模板及支撑应符合以下规定:

(1)下层模板应具有承受上层荷载的承载能力或加设支架支撑。

(2)上层支撑的立柱应对准下层支撑的立柱,并铺设垫板。

(3)当采用悬吊模板、桁架支模方法时,其支撑结构的承载能力和刚度必须符合要求。当层间高度大于5 m时,宜选用桁架支模或多层支架支模。当采用多层支架支模时,支架的横垫板应平整,支柱应垂直,上下层支柱应在同一竖向中心线上。

固定在模板上的预埋件和预留孔洞均不得遗漏,安装必须牢固,位置准确。

现浇混凝土结构模板安装的允许偏差及检验方法应符合表3-12的规定。

表3-12　现浇混凝土结构模板安装的允许偏差及检验方法

| 项目 | | 允许偏差(mm) | 检验方法 |
|---|---|---|---|
| 轴线位置 | | 5 | 钢尺检查 |
| 底模上表面标高 | | ±5 | 水准仪或拉线、钢尺检查 |
| 截面内部尺寸 | 基础 | +10 | 钢尺检查 |
| | 柱、墙、梁 | +4,−5 | 钢尺检查 |
| 层高垂直度 | 不大于5 m | 6 | 经纬仪或吊线、钢尺检查 |
| | 大于5 m | 8 | 经纬仪或吊线、钢尺检查 |
| 相邻两板表面高低差 | | 2 | 钢尺检查 |
| 表面平整度 | | 5 | 2 m靠尺和塞尺检查 |

### 2.模板的拆除

现浇结构的模板及支架拆除时的混凝土强度应符合设计要求,当设计无要求时,侧模应在混凝土强度能保证其表面及棱角不因拆除而受损坏时拆除。底模板拆除时的混凝土强度要求应符合表3-13的规定。

表3-13　底模拆除时的混凝土强度要求

| 构件类型 | 构件跨度(m) | 达到设计的混凝土立方体抗压强度标准值的百分比(%) |
|---|---|---|
| 板 | ≤2 | ≥50 |
| | >2,≤8 | ≥75 |
| | >8 | ≥100 |
| 梁、拱、壳 | ≤8 | ≥75 |
| | >8 | ≥100 |
| 悬臂构件 | — | ≥100 |

拆模顺序一般是先支后拆,后支先拆,先拆除侧模板,后拆除底模板。重大复杂模板的

拆除,事先应制订拆模方案。

肋形楼板的拆模顺序为柱模板→楼板底模板→梁侧模板→梁底模板。

多层楼板模板支架的拆除应按下列要求进行:上层楼板正在浇筑混凝土时,下一层楼板的模板支架不得拆除,再下一层楼板模板的支架仅可拆除一部分;跨度≥4 m 的梁下均应保留支架,其间距不得小于 3 m。

在拆除模板过程中,当发现混凝土影响结构安全质量时,应暂停拆除。经过处理后,方可继续拆除。

已拆除模板及支撑结构的混凝土,应在其强度达到设计强度标准值后才允许承受全部使用荷载。当承受施工荷载大于计算荷载时,必须通过核算加设临时支撑。

## 二、钢筋工程施工工艺流程及施工要点

### (一)钢筋验收

钢筋进场时,应按现行国家标准《钢筋混凝土用钢 第 2 部分:热轧带肋钢筋》(GB 1499.2—2007)的规定抽取试件做力学性能检验,其质量必须符合有关标准的规定。验收内容:查对标牌(钢筋进场时应具有出厂证明书或试验报告单,每捆/盘钢筋应有标牌),并按有关标准的规定进行外观检查和抽取试样进行力学性能试验。

钢筋的外观检查包括:钢筋应平直、无损伤,表面不得有裂纹、油污、颗粒状或片状锈蚀。钢筋表面凸块不允许超过螺纹的高度,钢筋的外形尺寸应符合有关规定。《混凝土结构工程施工质量验收规范(2011 年版)》(GB 50204—2010)第 5.2.2 规定:"对有抗震设防要求的结构,其纵向受力钢筋的性能应满足设计要求;当设计无具体要求时,对按一、二、三级抗震等级设计的框架和斜撑构件(含楼梯)中的纵向受力钢筋应采用 HRB335E、HRB400E、HRB500E、HRBF335E、HRBF400E 或 HRBF500E 钢筋"。即钢筋进场时,三级以上抗震等级设计的框架和斜撑构件中的纵向受力钢筋表面必须加有"E"专用标志。加"E"的钢筋,除应满足特殊的要求外,其他要求与相对应的已有牌号钢筋相同。这种牌号钢筋的特殊要求就是指《钢筋标准》中规定的特殊技术要求,即钢筋抗拉强度实测值与屈服强度实测值之比(简称强屈比)不小于 1.25;钢筋屈服强度实测值与规定的屈服强度标准值之比(简称超强比)不大于 1.30;钢筋最大拉力下总伸长率不应小于 9%。

《混凝土结构工程施工质量验收规范(2011 年版)》(GB 50204—2002)自 2011 年 8 月 1 日起实施。强制性条文第 5.2.1 规定:"钢筋进场时,应按国家现行相关标准的规定抽取试件作力学性能和重量偏差检验,检验结果必须符合有关标准的规定"的要求,钢筋进场质量检验应增加重量偏差检验(主要是防止"瘦身钢筋"的出现)。对于每批钢筋的检验数量,应按相关产品标准执行,《钢筋混凝土用钢 第 1 部分:热轧光圆钢筋》(GB 1499.1—2008)和《钢筋混凝土用钢 第 2 部分:热轧带肋钢筋》(GB 1499.2—2007)中规定每批抽取 5 个试件,先进行重量偏差检验,再取其中 2 个试件进行力学性能检验。钢筋内在指标(如屈服点、抗拉强度、伸长率和冷弯性能)通过力学性能试验检验。

### (二)钢筋配料和代换

1. 钢筋的配料

钢筋配料是根据《混凝土结构设计规范》(GB 50010—2010)及《混凝土结构工程施工质量验收规范(2011 年版)》(GB 50204—2002)中对混凝土保护层、钢筋弯曲和弯钩等规定,

按照结构施工图计算构件各钢筋的直线下料长度、根数及质量,然后编制钢筋配料单,作为钢筋备料加工的依据。具体指识读工程图→计算钢筋下料长度→编制钢筋表→申请加工。

结构施工图中注明的尺寸一般是钢筋外轮廓尺寸,即从钢筋外皮到外皮量得的尺寸,称为外包尺寸。在钢筋加工时,一般也按外包尺寸进行验收。

钢筋下料时应按轴线长度尺寸下料加工,才能使加工后的钢筋形状、尺寸符合设计要求。对弯曲的钢筋或端部有弯钩的钢筋,按外包尺寸总和下料是不准确的。这是由于钢筋弯曲时外皮伸长,内皮缩短。钢筋的外包尺寸和轴线长度之间存在一个差值,称为量度差值。计算下料长度时,量度差值应减去。对于端部有弯钩的钢筋,计算下料长度时应加上端部弯钩增长值。

钢筋的下料长度应是:

钢筋下料长度 = $\sum$(各段外包尺寸) - 弯曲处的量度差值 + 两端弯钩的增长值

1)弯曲量度差值

根据理论推理和实践经验,弯曲量度差值列于表 3-14。

表 3-14　常用弯曲角度的量度差值

| 弯曲角度 | 量度差值 | 经验取值 | 弯曲角度 | 量度差值 | 经验取值 |
|---|---|---|---|---|---|
| 30° | 0.306$d$ | 0.35$d$ | 90° | 2.29$d$ | 2$d$ |
| 45° | 0.543$d$ | 0.5$d$ | 135° | 2.83$d$ | 2.5$d$ |
| 60° | 0.90$d$ | 0.90$d$ | | | |

注:$d$ 为钢筋直径。

2)钢筋末端弯钩或弯折时的规定

规范规定:HPB300 级钢筋的末端需要做 180°弯钩,其圆弧内弯曲直径 $D \geq 2.5d$,平直段长度 $\geq 3d$,如图 3-33 所示。受力钢筋的弯钩和弯折应符合下列要求:

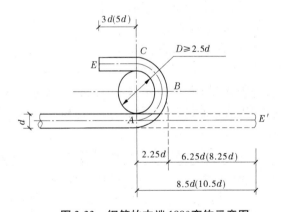

图 3-33　钢筋的末端 180°弯钩示意图

(1)HPB300 级钢筋末端应作 180°弯钩,其弯弧内直径不应小于钢筋直径的 2.5 倍,弯钩的弯后平直部分长度不应小于钢筋直径的 3 倍。

(2)当设计要求钢筋末端需作 135°弯钩时,HRB335 级、HRB400 级钢筋的弯弧内直径不应小于钢筋直径的 4 倍,弯钩的弯后平直部分长度应符合设计要求。

(3)钢筋作不大于 90°的弯折时,弯折处的弯弧内直径不应小于钢筋直径的 5 倍。

钢筋末端弯钩或弯折时增长值见表3-15。

表3-15 钢筋末端弯钩或弯折时增长值

| 钢筋级别 | 弯钩角度 | 弯曲最小直径 $D$ | 平直段长度 $l_p$ | 增加尺寸 |
|---|---|---|---|---|
| HPB235 | 180° | $2.5d$ | $3d$ | $6.25d$ |
| HRB335、HRB400 | 135° | $4d$ | 按设计(或规范) | $3d + l_p$ |
| HRB335、HRB400 | 90° | $4d$ | 按设计(或规范) | $d + l_p$ |

箍筋的下料长度计算分为不考虑抗震和考虑抗震两种情况。结构设计中,抗震设计越来越普遍,因此在实际施工中,箍筋下料长度计算以抗震为主。

不考虑抗震时,普通箍筋的下料长度,可按内包和外包两种形式计算:

外包尺寸:箍筋下料长度 = 箍筋外包尺寸周长 + 箍筋外包调整值

内包尺寸:箍筋下料长度 = 箍筋内包尺寸周长 + 箍筋内包调整值

表3-16为不考虑抗震时箍筋调整值。

表3-16 箍筋调整值

| 箍筋量度方法 | 箍筋直径(mm) | | | |
|---|---|---|---|---|
| | $4 \sim 5$ | 6 | 8 | $10 \sim 12$ |
| 量外包尺寸 | 40 | 50 | 60 | 70 |
| 量内包尺寸 | 80 | 100 | 120 | $150 \sim 170$ |

考虑抗震时:

内包尺寸:箍筋下料长度 = 箍筋内包尺寸周长 $+26d$($d$ 为箍筋直径)

外包尺寸:箍筋下料长度 = 箍筋外包尺寸周长 $-3 \times 90°$量度差值 $+2 \times 11.9d$

3)箍筋弯钩增长值

一般结构当设计无要求时可按图3-34(a)加工;有抗震要求的结构,应按图3-34(b)加工。

箍筋弯钩的弯曲直径 $D$ 应大于受力钢筋直径,且不小于箍筋直径的2.5倍。弯钩平直部分,一般结构不宜小于箍筋直径的5倍;有抗震要求的结构,不小于箍筋直径的10倍。箍筋一个弯钩增长值见表3-17。

(a)90°/90°弯钩

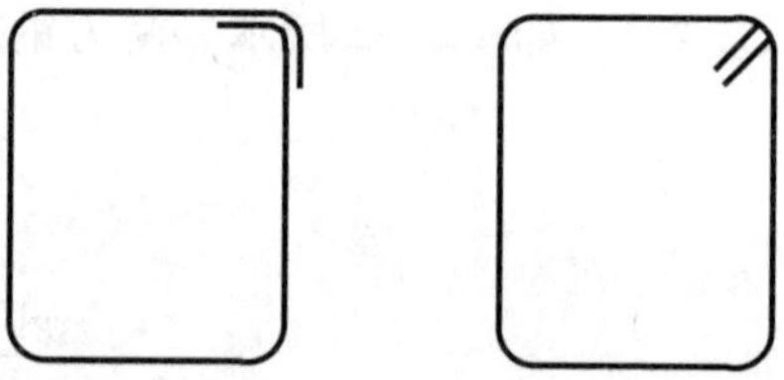

(b)135°/135°弯钩

图3-34 箍筋加工示意图

表3-17 箍筋一个弯钩增长值

| 箍筋弯钩 | 弯曲直径 | 平直段长度 | 增长值 |
|---|---|---|---|
| 90°/90°弯钩 | $2.5d$ | $5d$ | $5.5d$ |
| | | $10d$ | $10.5d$ |
| 135°/135°弯钩 | $2.5d$ | $5d$ | $6.5d$ |
| | | $10d$ | $11.9d$ |

2. 钢筋的代换

钢筋施工时应尽量按照施工图要求的钢筋的级别、种类和直径使用。但确实没有施工图中所要求的钢筋种类、级别或规格时，可以进行代换。代换时，必须充分了解设计意图和代换钢材的性能，严格依据规范的各项规定；必须满足构造要求（如钢筋的直径、根数、间距、锚固长度等）；对抗裂性要求高的构件，不宜采用光圆钢筋代换螺纹钢筋；凡属重要的结构和预应力钢筋，在代换时应征得设计单位的同意；钢筋代换后，其用量不宜大于原设计用量的5%。

1）钢筋代换的方法

（1）等强度代换。

构件配筋受强度控制时或不同种类的钢筋代换，按代换前后强度相等的原则进行代换，称为等强度代换。代换时应满足下式要求：

$$A_{s2}f_{y2} \geqslant A_{s1}f_{y1} \text{ 即 } A_{s2} \geqslant A_{s1}f_{y1}/f_{y2} \tag{3-13}$$

式中 $A_{s1}$——原设计钢筋总面积；

$A_{s2}$——代换后钢筋总面积；

$f_{y1}$——原设计钢筋的设计强度；

$f_{y2}$——代换后钢筋的设计强度。

在设计图纸上钢筋都是以根数表示的，由于 $A_{s1} = n_1 d_1^2 \pi/4, A_{s2} = n_2 d_2^2 \pi/4$，所以：

$$n_2 \geqslant \frac{n_1 d_1^2 f_{y1}}{d_2^2 f_{y2}}$$

式中 $n_1$——原设计钢筋根数；

$d_1$——原设计钢筋直径；

$n_2$——代换后钢筋根数；

$d_2$——代换后钢筋直径。

（2）等面积代换。

构件按最小配筋率配筋时或相同种类和级别的钢筋代换，按代换前后面积相等的原则进行代换，称为等面积代换，即

$$\begin{aligned} A_{s2} &\geqslant A_{s1} \\ n_2 &\geqslant n_1 d_1^2/d_2^2 \end{aligned} \tag{3-14}$$

2）钢筋代换应注意的问题

（1）钢筋代换后，应满足混凝土结构设计规范中所规定的钢筋间距、锚固长度、最小钢筋直径、根数的要求。

（2）对重要受力构件如吊车梁、薄腹梁、屋架下弦等，不宜用HPB300级光面钢筋代换变形钢筋。

（3）梁的纵向受力钢筋与弯起钢筋应分别进行代换。

（4）当构件配筋受抗裂裂缝宽度或挠度控制时，钢筋代换后应进行抗裂裂缝宽度或挠度验算。

（5）有抗震要求的框架，不宜以强度等级较高的钢筋代替原设计中的钢筋。当必须代换时，其代换的钢筋检验所得的实际强度，尚应符合下列要求：①钢筋的实际抗拉强度与实际屈服强度的比值应大于1.25；②钢筋的实际屈服强度与钢筋标准强度的比值：当按

HPB300 级抗震等级设计时不应大于 1.25,当按 HRB335 级抗震等级设计时不应大于 1.4。

(6)预制构件吊环,必须采用未经冷拉的 HPB235 级热轧钢筋制作,严禁以其他钢筋代换。

(7)不同种类钢筋的代换,应按钢筋受拉承载力设计值相等的原则进行。

**(三)钢筋场内加工**

1. 钢筋的冷加工

为了提高钢筋的强度,节约钢材,满足预应力钢筋的需要,工程上常采用冷拉、冷拔的方法对钢筋进行冷加工,用以获得冷拉钢筋和冷拔钢丝。冷拉Ⅰ级钢筋用于结构中的受拉钢筋,冷拉Ⅱ、Ⅲ、Ⅳ级钢筋用作预应力筋。

2. 钢筋的除锈

钢筋锈蚀程度可由锈迹分布状况、色泽变化以及钢筋表面平滑或粗糙程度等,凭肉眼外观确定,根据锈蚀轻重的具体情况采取除锈措施。常用除锈方法:手动钢丝刷除锈、电动机除锈等。

一般钢筋锈蚀现象有三种:

(1)浮锈。钢筋表面附着较均匀的细粉末,呈黄色或淡红色。

(2)陈锈。锈迹粉末较粗,用手捻略有微粒感,颜色转红,有的呈红褐色。

(3)老锈。锈斑明显,有麻坑,出现起层的片状分离现象,锈斑几乎遍及整根钢筋表面;颜色变暗,深褐色,严重的接近黑色。

浮锈一般可不作处理,陈锈和老锈必须清除。

3. 钢筋的调直

钢筋在使用前必须经过调直,否则会影响钢筋受力,甚至会使混凝土提前产生裂缝,若未调直钢筋直接下料,会影响钢筋的下料长度,并影响后续工序的质量。

钢筋调直方法可采用钢筋调直机、弯筋机、卷扬机等机械调直方法,也可采用冷拉方法。当采用冷拉方法调直钢筋时,HPB300 级钢筋的冷拉率不宜大于 4%,HRB335 级、HRB400 级和 RRB400 级钢筋的冷拉率不宜大于 1%。

目前常用的钢筋调直机有 GT16/4、GT3/8、GT6/12、GT10/16。此外,还有一种数控钢筋调直机,它具有自动调直、定位切断、除锈清垢等多种功能。

4. 钢筋切断

钢筋切断有人工切断、机械切断、氧气切割等三种方法。钢筋切断可采用手工切断器或钢筋切断机。手工切断器只用于切断直径小于 16 mm 的钢筋,钢筋切断机可切断直径 16 ~ 40 mm 的钢筋。直径大于 40 mm 的钢筋一般用氧气切割。

钢筋切断机主要类型有机械式、液压式和手持式等。机械式钢筋切断机有偏心轴立式、凸轮式和曲柄连杆式等形式。

5. 钢筋弯曲成型

钢筋的弯曲成型是将已切断、配好的钢筋,按图纸规定的要求,准确地加工成规定的形状尺寸。弯曲成型的顺序是:画线→试弯→弯曲成型。

弯曲钢筋有手工和机械两种弯曲方法。手工弯曲钢筋的方法设备简单,使用方便,工地经常采用。机械弯曲方法采用钢筋弯曲机,可将钢筋弯曲成各种形状和角度,成型准确、效率高。

6. 钢筋加工的允许偏差

钢筋加工的形状、尺寸应符合设计要求,其偏差应符合表 3-18 的规定。

表 3-18　钢筋加工的允许偏差

| 项目 | 允许偏差(mm) |
| --- | --- |
| 受力钢筋顺长度方向全长的净尺寸 | ±10 |
| 弯起钢筋的弯折位置 | ±20 |
| 箍筋内净尺寸 | ±5 |

### (四)钢筋连接

施工中钢筋往往因长度不足或施工工艺上的要求等必须连接。钢筋的连接方式可分为三类:绑扎连接、焊接和机械连接。纵向受力钢筋的连接方式应符合设计要求。机械连接接头和焊接连接接头的类型及质量应符合国家现行标准的规定。

1. 钢筋绑扎连接

钢筋绑扎安装前,应先熟悉施工图纸,核对钢筋配料单和料牌,研究钢筋安装和与有关工种配合的顺序,准备绑扎用的铁丝、绑扎工具、绑扎架等。

钢筋的绑扎连接就是将相互搭接的钢筋,用 18～22 号镀锌铁丝(其中 22 号铁丝只用于绑扎直径 12 mm 以下的钢筋)扎牢它的中心和两端,将其绑扎在一起。HPB235 级光面钢筋绑扎接头的末端应做 180°弯钩,弯钩平直段长度不应小于 $3d$,但做受压钢筋时可不做弯钩。钢筋绑扎连接示意图如图 3-35 所示。

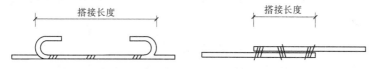

图 3-35　钢筋绑扎连接示意图

绑扎连接绑扎位置和搭接长度按《混凝土结构设计规范》(GB 50010—2010)的规定执行。

为确保结构的安全度,钢筋绑扎接头应符合如下规定:

(1)轴心受拉及小偏心受拉杆件(如桁架和拱的拉杆)的纵向受力钢筋不得采用绑扎搭接接头;当受拉钢筋的直径 $d > 28$ mm 及受压钢筋的直径 $d > 32$ mm 时,不宜采用绑扎搭接接头。

(2)绑扎接头中的钢筋的横向净距不应小于钢筋直径且不应小于 25 mm。

(3)受力钢筋的接头宜设置在受力较小处。在同一根钢筋上宜少设接头。不宜设置两个或两个以上接头。接头末端至钢筋弯起点的距离不应小于钢筋直径的 10 倍。

(4)同一构件中相邻纵向受力钢筋的绑扎搭接接头宜相互错开。钢筋绑扎搭接接头连接区段的长度为 1.3 倍搭接长度,凡搭接接头中点位于该连接区段长度内的搭接接头均属于同一连接区段,如图 3-36 所示。

(5)同一连接区段内纵向钢筋搭接接头面积百分率为该区段内有搭接接头的纵向受力钢筋截面面积与全部纵向受力钢筋截面面积的比值。位于同一连接区段内的受拉钢筋搭接

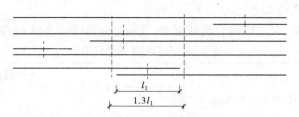

图 3-36　钢筋绑扎搭接接头

接头面积百分率应符合设计要求,无设计要求时,应符合下列规定:

对梁类、板类及墙类构件,不宜大于 25%;对柱类构件,不宜大于 50%。当工程中确有必要增大受拉钢筋搭接接头面积百分率时,对梁类构件,不应大于 50%;对板类、墙类及柱类构件,可根据实际情况放宽。

(6)纵向受拉钢筋绑扎搭接接头的最小搭接长度应符合表 3-19 的规定。

表 3-19　纵向受拉钢筋的最小搭接长度

| 钢筋类型 | | 混凝土强度等级 | | | |
| --- | --- | --- | --- | --- | --- |
| | | C15 | C20 ~ C25 | C30 ~ C35 | ≥C40 |
| 光圆钢筋 | HPB235 级 | $45d$ | $35d$ | $30d$ | $25d$ |
| 带肋钢筋 | HRB335 级 | $55d$ | $45d$ | $35d$ | $30d$ |
| | HRB400 级、RRB400 级 | — | $55d$ | $40d$ | $35d$ |

注:1. 两根直径不同钢筋的搭接长度,以较细钢筋的直径计算。

2. 当纵向受拉钢筋的绑扎搭接接头面积百分率≤25%时,其最小搭接长度应符合表 3-19 的规定。

3. 当纵向受拉钢筋搭接接头面积百分率 >25%,但≤50%时,其最小搭接长度应按表 3-19 中的数值乘以系数 1.2 取用;当接头面积百分率 >50%时,应按表 3-19 中的数值乘以系数 1.35 取用。

4. 在任何情况下,受拉钢筋的搭接长度不应小于 300 mm。

5. 纵向受压钢筋搭接时,其最小搭接长度应根据以上规定确定相应数值后,乘以系数 0.7 取用。在任何情况下,受压钢筋的搭接长度不应小于 200 mm。

6. 在梁、柱类构件的纵向受力钢筋搭接长度范围内,应按设计要求配置箍筋。当设计无具体要求时,应符合下列规定:箍筋直径不应小于搭接钢筋较大直径的 1/4 倍;受拉搭接区段的箍筋间距不应大于搭接钢筋较小直径的 5 倍,且不应大于 100 mm;受压搭接区段的箍筋间距不应大于搭接钢筋较小直径的 10 倍,且不应大于 200 mm;当柱中纵向受力钢筋直径大于 25 mm 时,应在搭接接头两个端面外 100 mm 范围内各设置两个箍筋,其间距宜为 50 mm。

**2. 钢筋焊接**

《混凝土结构设计规范》(GB 50010—2010)规定,钢筋连接宜优先采用焊接连接。钢筋的焊接质量与钢材的可焊性、焊接工艺有关。钢材可焊性的好坏,受钢材所含化学元素种类及含量影响很大。含碳、锰数量增加,则可焊性差,而含适量的钛,可改善可焊性。焊接工艺(焊接工艺与操作水平)也影响焊接质量,即使可焊性差的钢材,若焊接工艺合适,亦可获得良好的焊接质量。

常用的焊接方法有闪光对焊、电阻点焊、电弧焊、电渣压力焊、埋弧压力焊、气压焊等。

1)闪光对焊

闪光对焊属于焊接中的压焊(焊接过程中必须对焊件施加压力完成的焊接方法)。钢筋的闪光对焊是利用对焊机,将两段钢筋端面接触,通过施加低电压强电流在钢筋接头处,产生高温,钢筋熔化,产生强烈的金属蒸气飞溅,形成闪光,施加压力顶锻,使两根钢筋焊接在一起,形成对焊接头。闪光对焊是钢筋焊接中常用的方法。图3-37为钢筋闪光对焊原理示意图。

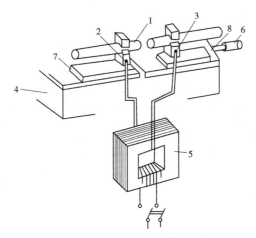

1—焊接的钢筋;2—固定电极;3—可移动电极;4—机座;
5—变压器;6—手动顶压机构;7—固定支座;8—滑动支座

**图 3-37　钢筋闪光对焊原理示意图**

根据钢筋的品种、直径和选用的对焊机功率,闪光对焊分为连续闪光焊、预热闪光焊和闪光—预热—闪光焊三种工艺。对可焊性差的钢筋,对焊后采用通电热处理的方法,以改善对焊接头的塑性。

(1)连续闪光焊。

连续闪光焊是自闪光一开始,就徐徐移动钢筋,形成连续闪光,接头处逐步被加热,形成对焊接头。连续闪光焊的工艺简单,适用于焊接直径 25 mm 以下的 HPB235 级、HRB335 级和 HRB400 级钢筋。

(2)预热闪光焊。

预热闪光焊是在连续闪光焊前增加一次预热过程,以使钢筋均匀加热。其工艺过程为预热—闪光—顶锻。即先闭合电源,使两根钢筋端面交替轻微接触和分开,发出断续闪光使钢筋预热,当钢筋烧化到规定的预热留量后,连续闪光,最后进行顶锻。预热闪光焊适用于直径 25 mm 以上端部平整的钢筋。

(3)闪光—预热—闪光焊。

闪光—预热—闪光焊是在预热闪光焊前加一次闪光过程,使钢筋端面烧化平整,预热均匀,适用于直径 25 mm 以上端部不平整的钢筋。

(4)焊后通电热处理。

对于 RRB400 级钢筋对焊接头拉伸试验结果发生脆性断裂,或弯曲试验不能达到规范要求时,为改善其焊接接头的塑性,可在焊后进行通电热处理。焊后通电热处理在对焊机上进行。钢筋对焊完毕,当焊接接头温度降低至呈暗黑色(300 ℃以下)时,松开夹具将电极钳口调至最大距离,重新夹紧。然后进行脉冲式通电加热,钢筋加热至表面呈桔红色(750～850 ℃)时,通电结束。松开夹具,待钢筋稍冷后取下,在空气中自然冷却。

2)电阻点焊

电阻点焊是将钢筋的交叉点放入点焊机两极之间,通电使钢筋加热到一定温度后,加压使焊点处钢筋互相压入一定的深度(压入深度为两钢筋中较细者直径的 1/4 ~ 2/5),将焊点焊牢。

点焊机主要由加压机构、焊接回路、电极组成。

混凝土结构中的钢筋骨架和钢筋网成型时优先采用电阻点焊。采用点焊代替绑扎,可以提高工效,便于运输。

3)电弧焊

电弧焊是利用电弧焊机使焊条和焊件之间产生高温电弧,熔化焊条和高温电弧范围内的焊件金属,熔化的金属凝固后形成焊接接头。

电弧焊广泛用于钢筋的接长、钢筋骨架的焊接、装配式结构钢筋接头焊接及钢筋与钢板、钢板与钢板的焊接等。

电弧焊的主要设备是弧焊机,分为交流弧焊机和直流弧焊机两类。工地常用交流弧焊机。

钢筋电弧焊接头主要有三种形式:帮条焊、搭接焊和坡口焊。

(1)帮条焊。

帮条焊是用两根一定长度的帮条,将受力主筋夹在中间,用两端电焊定位,然后焊接一面或两面。帮条焊宜采用与主筋同级别、同直径的钢筋制作。它分为单面焊缝和双面焊缝,若采用双面焊,接头中应力传递对称、平衡,受力性能好;若采用单面焊,则受力情况差。因此,当不能进行双面焊时,才采用单面焊。

帮条焊适用于直径 10 ~ 40 mm 的 HPB235、HRB400 级钢筋和 10 ~ 25 mm 的余热处理 HRB400 级钢筋。

(2)搭接焊。

搭接焊是把钢筋端部弯曲一定角度叠合起来,在钢筋接触面上焊接形成焊缝,它分为双面焊缝和单面焊缝。搭接焊宜采用双面焊缝,不能进行双面焊时,也可采用单面焊。

搭接焊适用于焊接直径 10 ~ 40 mm 的 HPB235、HPB335 级钢筋。

(3)坡口焊。

钢筋坡口焊接头可分为坡口平焊接头和坡口立焊接头两种,见图 3-38 钢筋坡口焊接头,适用于直径 16 ~ 40 mm 的 HPB235、HRB335、HRB400 级钢筋及 RRB400 级钢筋。

4)电渣压力焊

电渣压力焊是将钢筋安放成竖向对接形式,利用电流通过渣池所产生的热量来熔化母材,待到一定程度后施加压力,完成钢筋连接。图 3-39 所示为电渣焊构造示意图。这种钢筋接头的焊接方法与电弧焊相比,焊接效率高 5 ~ 6 倍,且接头成本较低,质量易保证,适用于直径为 14 ~ 40 mm 的 HPB235、HRB335 级竖向或斜向钢筋的连接。

电渣压力焊可用手动电渣压力焊机或自动压力焊机。

5)埋弧压力焊

埋弧压力焊是利用焊剂层下的电弧燃烧将两焊件相邻部位熔化,然后加压顶锻使两焊件焊合。图 3-40 所示为埋弧压力焊示意图。这种焊接方法工艺简单,比电弧焊工效高、质量好(焊后钢板变形小、抗拉强度高)、成本低(不用焊条)。

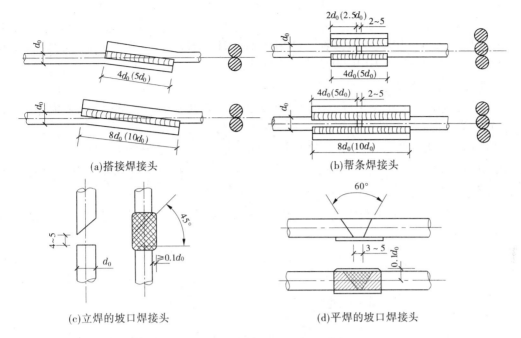

(a)搭接焊接头 (b)帮条焊接头

(c)立焊的坡口焊接头 (d)平焊的坡口焊接头

**图 3-38　钢筋电弧焊的接头形式**

埋弧压力焊适用于钢筋与钢板作丁字形接头焊接。埋弧压力焊可用手工埋弧压力焊机和自动埋弧压力焊机。

6）气压焊

钢筋气压焊是采用氧、乙炔火焰对钢筋接缝处进行加热，使钢筋端部加热达到高温状态，并施加足够的轴向压力而形成牢固的对焊接头。钢筋气压焊具有设备简单、焊接质量高、效果好，且不需要大功率电源等优点。当两钢筋直径不同时，其直径之差不得大于 7 mm，钢筋气压焊设备主要有氧、乙炔供气设备、加热器、加压器及钢筋卡具等，图 3-41 所示为气压焊装置系统图。

钢筋气压焊可用于直径 40 mm 以下的 HPB300 级、HRB335 级钢筋的纵向连接。

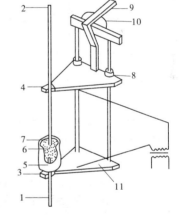

1、2—钢筋；3—固定电极；4—活动电极；
5—药盒；6—导电剂；7—焊药；8—滑动架；
9—手柄；10—支架；11—固定架

**图 3-39　电渣焊构造示意图**

**3.钢筋机械连接**

机械连接是指通过机械手段将两根钢筋端头连接在一起。这种连接方法的接头区变形能力与母材基本相同，工效高，连接可靠，能全天候作业。

机械连接主要有套筒挤压连接、直螺纹套筒连接。

1）套筒挤压连接

套筒挤压连接是把两根待接钢筋的端头先插入一个优质钢套管，然后用挤压机在侧向加压数道，套筒塑性变形后即与带肋钢筋紧密咬合达到连接的目的（见图 3-42）。压接顺序、压接力、压接道数为其三参数。它适用于竖向、横向及其他方向的较大直径变形钢筋的连接。由于是在常温下挤压连接的，所以称为钢筋冷挤压连接，这种连接方法具有性能可靠、操作简便、施工速度快、施工不受气候影响、省电等优点。

套筒挤压连接适用于钢筋混凝土结构中钢筋直径为16～40 mm的HRB335级、HRB400级带肋钢筋连接。

2)直螺纹套筒连接

直螺纹套筒连接是把两根待连接的钢筋端加工制成直螺纹,然后旋入带有直螺纹的套筒中,从而将两根钢筋连接成一体的钢筋接头。图3-43所示为直螺纹套筒连接。它施工速度快、不受气候影响。

直螺纹套筒连接适用于16～40 mm的HPB235～HRB400级同径或异径的钢筋连接。起连接作用的钢套管,

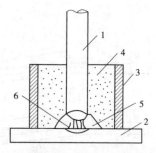

1—钢筋;2—钢板;3—焊剂盒;
4—431自动焊剂;5—电弧柱;6—弧焰;

图3-40　埋弧压力焊示意图

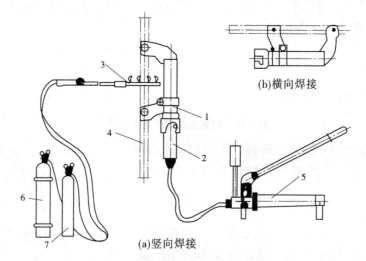

(b)横向焊接

(a)竖向焊接

1—压接器;2—顶头注缸;3—加热器;4—钢筋;5—手动加压器;6—氧气;7—乙炔

图3-41　气压焊装置系统图

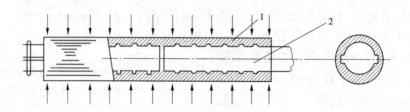

1—钢套筒;2—被连接的钢筋

图3-42　套筒挤压连接

内壁用专用机床加工螺纹,钢筋的连接端头亦在套螺纹机上加工有与套管匹配的螺纹。连接时,检查螺纹无油污和损伤后,先用手旋入钢筋,然后用扭矩扳手紧固至规定的数值,听到"哒哒"声,即可完成连接。

(五)钢筋绑扎与安装

单根钢筋经过调直、配料、切断、弯曲、连接等加工后,即可成型为钢筋骨架或钢筋网。钢筋成型最好采用焊接,并在车间预制好后直接运至现场安装,当条件不具备时,可在施工

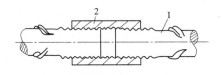

1—待接钢筋;2—套筒

**图 3-43　直螺纹套筒连接**

现场绑扎成型。

钢筋在绑扎与安装前,应首先熟悉钢筋图纸,核对钢筋配料单和料牌,根据工程特点、工作量大小、施工进度、技术水平等,研究与有关工种的配合,确定施工方法。

1. 钢筋绑扎的基本要求

1) 钢筋网片的绑扎

钢筋网片的交叉点应采用铁丝扎牢。对于板和墙的钢筋网,除靠近外围两行钢筋的相交点应全部扎牢外,中间部分交叉点可间隔交替扎牢,但必须保证受力钢筋不产生位置偏移。双向受力的钢筋网片须将所有相交点全部扎牢。

2) 梁和柱的箍筋

对梁和柱的箍筋,除设计有特殊要求(如用于桁架端部节点采用斜向箍筋)外,箍筋应与受力钢筋保持垂直;箍筋弯钩叠合处应沿受力钢筋方向错开放置。其中梁的箍筋弯钩应放在受压区,即不放在受力钢筋这一面,在个别情况下,例如连续梁支座处,受压区在截面下部,要是箍筋弯钩位于下面,有可能被钢筋压"开",这时,只好将箍筋弯钩放在受拉区(截面上部,即受力钢筋那一面),但应特别绑牢,必要时用电弧焊点焊几处。

3) 弯钩朝向

绑扎矩形柱的钢筋时,角部钢筋的弯钩平面应与模板面成45°角(多边形柱角部钢筋的弯钩平面应位于模板内角的平分线上,圆形柱钢筋的弯钩平面应朝向圆心);矩形柱和多边形柱的中间钢筋(即不在角部的钢筋)的弯钩平面应与模板面垂直;当采用插入式振捣器浇筑截面很小的柱时,弯钩平面与模板面的夹角不得小于15°。

4) 构件交叉点钢筋处理

在构件交叉点,例如柱与梁、梁与梁以及框架和桁架节点处杆件交会点,钢筋纵横交错,大部分在同一位置上发生碰撞,无法安装。在高层建筑中,这种情况尤为普遍,例如有的框架节点或基础底板,甚至有三四个方向的梁集聚在柱上,钢筋布置复杂,顺畅地安排几乎不可能。

遇到这种情况,必须在施工前的审图过程中就予以解决。处理办法一般是使一个方向的钢筋设置在规定的位置(按规定取保护层厚度),而另一个方向的钢筋则去避开它(常以调整保护层厚度来实现)。特别要注意对有关工人和质量检查员进行方案交底。

(1) 主梁与次梁交叉。

对于肋形楼板结构,在板、次梁与主梁交叉处,纵横钢筋密集,在这种情况下,钢筋的安装顺序自下至上应该为:主梁钢筋、次梁钢筋、板的钢筋。

(2) 杆件交叉。

框架、桁架的杆件交叉点(节点)是钢筋交叠密集的部位,如果交叉件的截面高度(或宽度)一样,而按照同样的混凝土保护层厚度取用,两杆件的主筋就会碰触到一起,这种现象通常发生在桁架的交叉杆、柱的牛腿与柱身交接处、框架节点处等。

纠正方法一般是将横杆(梁)的纵向钢筋弯折,插入竖杆(柱)的钢筋骨架内;也可以征得技术人员同意,将梁钢筋的保护层厚度加大,即将相应箍筋宽度改小(比原设计箍筋小两个柱筋的直径),使纵向钢筋能够直接插入柱的钢筋骨架内。

5)钢筋位置的固定

为了使安装好的钢筋,不致因施工过程中被人踩、放置工具、混凝土浇捣等影响而位移,必要时需准备一些相应的支架、撑件或垫筋备用。

(1)支架和撑件。

支架和撑件都可用钢筋弯折制成,上部钢筋使用支架,双层钢筋网上层使用撑件,如图3-44所示。

(2)垫筋。

梁的纵向钢筋布置两层时,为使上层钢筋保持准确位置,可在下层钢筋上放短钢筋头,以作为上层钢筋的垫筋(垫筋直径应符合设计要求的两层钢筋间的净距),如图3-45所示。

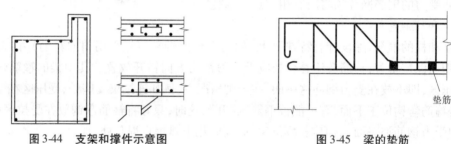

图3-44　支架和撑件示意图　　　　图3-45　梁的垫筋

2. 钢筋绑扎与安装质量验收

钢筋安装完毕后,浇筑混凝土之前,应根据施工质量验收规范对钢筋分项工程进行隐蔽工程验收,主要内容如下:

(1)钢筋的品种、级别、规格和数量必须符合设计要求。

(2)钢筋的连接方式、接头位置、接头数量、接头面积百分率等必须符合规定。

(3)钢筋连接是否牢固,有无松动、移位和变形现象,钢筋骨架里有无杂物等。

(4)预埋件的规格、数量、位置等要符合要求。

钢筋绑扎要求位置正确、绑扎牢固,钢筋安装位置的偏差应符合表3-20的规定。

## 三、混凝土工程施工工艺流程及施工要点

混凝土是以胶凝材料、水、细骨料、粗骨料,需要时掺入外加剂和矿物掺合料,按适当比例配合,经过均匀拌制、密实成型及养护硬化而成的人工石材。

混凝土工程施工工艺包括配料、搅拌、运输、浇筑、振捣和养护等施工过程。在整个混凝土工程施工过程中,各工序之间是紧密联系和相互影响的,我们必须保证每一工序的施工质量,以确保混凝土结构的强度、刚度、密实性和整体性。

### (一)混凝土的配料

施工配料是保证混凝土质量的重要环节之一,必须加以严格控制。为了确保混凝土的质量,在施工中随时按砂、石骨料实际含水率的变化调整施工配合比和严格控制称量。

表 3-20　钢筋安装位置的允许偏差和检验方法

| 项目 | | 允许偏差(mm) | 检验方法 |
|---|---|---|---|
| 绑扎钢筋网 | 长、宽 | ±10 | 钢尺检查 |
| | 网眼尺寸 | ±20 | 钢尺量连续三挡,取最大值 |
| 绑扎钢筋骨架 | 长 | ±10 | 钢尺检查 |
| | 宽、高 | ±5 | 钢尺检查 |
| 受力钢筋 | 间距 | ±10 | 钢尺量两端、中间各一点, |
| | 排距 | ±5 | 取最大值 |
| 受力钢筋 | 保护层厚度 基础 | ±10 | 钢尺检查 |
| | 保护层厚度 柱、梁 | ±5 | 钢尺检查 |
| | 保护层厚度 板、墙、壳 | ±3 | 钢尺检查 |
| 绑扎箍筋、横向钢筋间距 | | ±20 | 钢尺量连续三挡,取最大值 |
| 钢筋弯起点位置 | | 20 | 钢尺检查 |
| 预埋件 | 中心线位置 | 5 | 钢尺检查 |
| | 水平高差 | +3.0 | 钢尺和塞尺检查 |

注:1. 检查预埋件中心线位置时,应沿纵、横两个方向量测,并取其中的较大值。

2. 表中梁类、板类构件上部纵向受力钢筋保护层厚度的合格点率应达到90%及以上,且不得有超过表中数值1.5倍的尺寸偏差。

1. 施工配合比换算

混凝土实验室配合比是根据完全干燥的砂、石骨料制定的,但实际使用的砂、石骨料一般都含有一些水分,而且含水量又会随气候条件发生变化。所以施工时应及时测定砂、石骨料的含水率,并将混凝土实验室配合比换算成骨料在实际含水率情况下的施工配合比。

设实验室配合比为:水泥:砂子:石子 $=1:x:y$ 并测得砂子的含水率为 $W_x$,石子的含水率为 $W_y$,则施工配合比应为: $1:x(1+W_x):y(1+W_y)$。

按实验室配合比一立方米混凝土水泥用量为 $C(kg)$,计算时确保混凝土水灰比($W/C$)不变($W$ 为用水量),则换算后材料用量为:

水泥: $C' = C$

砂子: $C_砂 = C_x(1+W_x)$

石子: $C_石 = C_y(1+W_y)$

水: $W' = W - C_x W_x - C_y W_y$

2. 施工配料

求出每立方米混凝土材料用量后,还必须根据工地现有搅拌机出料容量确定每次需用几袋水泥,然后按水泥用量来计算砂石的每次拌用量。

为严格控制混凝土的配合比,搅拌混凝土时应根据计算出的各组成材料的重量准确投料。其重量偏差不得超过以下规定:水泥、外掺混合材料为 ±2%;粗、细骨料为 ±3%;水、外加剂溶液 ±2%。各种衡量器应定期校验,经常保持准确。骨料含水率应经常测定,雨天施工时,应增加测定次数。

**3.掺合外加剂和混合料**

在混凝土施工过程中,经常掺入一定量的外加剂或混合料,以改善混凝土某些方面的性能。混凝土外加剂有:

(1)改善新拌混凝土流动性能的外加剂,包括减水剂(如木质素类、萘类、糖蜜类、水溶性树脂类)和引气剂(如松香热聚物、松香皂)。

(2)调节混凝土凝结硬化性能的外加剂,包括早强剂(如氯盐类、硫酸盐类、三乙醇胺)、缓凝剂和促凝剂等。

(3)改善混凝土耐久性的外加剂,包括引气剂、防水剂和阻锈剂等。

(4)为混凝土提供其他特殊性能的外加剂,包括加气剂、发泡剂、膨胀剂、胶粘剂、抗冻剂和着色剂等。常用的混凝土混合料有粉煤灰、炉渣等。

由于外加剂或混合料的形态不同,使用方法也不相同,因此在混凝土配料中,要采用合理的掺合方法,保证掺合均匀、掺量准确,才能达到预期的效果。

**(二)混凝土的搅拌**

混凝土的搅拌,就是将水、水泥和粗、细骨料进行均匀拌和及混合的过程。同时,通过搅拌还可以使材料达到强化、塑化的作用。

**1.搅拌方法**

混凝土搅拌方法主要有人工搅拌和机械搅拌两种。人工搅拌拌和质量差,水泥耗量多,只有在工程量很少时采用。目前工程中一般采用机械搅拌。

**2.混凝土搅拌机**

混凝土搅拌机按搅拌原理分为自落式搅拌机和强制式搅拌机两类。自落式搅拌机多用于搅拌塑性混凝土和低流动性混凝土,适用于施工现场。强制式搅拌机主要用以搅拌干硬性混凝土和轻骨料混凝土,一般用于预制厂或混凝土集中搅拌站。

我国规定混凝土搅拌机以其出料容量($m^3$)×1 000为标定规格,故国内混凝土搅拌机的系列为:50、150、250、350、500、700、1 000、1 500和3 000。

**3.搅拌制度**

为拌制出均匀优质的混凝土,除正确地选择搅拌机的类型外,还必须正确地确定搅拌制度,其内容包括进料容量、搅拌时间与投料顺序等。

**1)进料容量**

搅拌机的容量有三种表示方式,即出料容量、进料容量和几何容量。出料容量也即公称容量,是搅拌机每次从搅拌筒内可卸出的最大混凝土体积,几何容量则是指搅拌筒内的几何容积,而进料容量是指搅拌前搅拌筒可容纳的各种原材料的累计体积。

**2)搅拌时间**

搅拌时间应为全部材料投入搅拌筒起,到开始卸料止所经历的时间。它是影响混凝土质量及搅拌机生产率的一个主要因素。混凝土搅拌的最短时间可按表3-21确定。

**3)投料顺序**

常用的方法有一次投料法、二次投料法和水泥裹砂法等。

(1)一次投料法:是在料斗中先装入石子,再加入水泥和砂子,然后一次投入搅拌机。

表 3-21　混凝土搅拌的最短时间　　　　　　　　　　　（单位:s）

| 混凝土坍落度（mm） | 搅拌机类型 | 搅拌机出料量(L) | | |
|---|---|---|---|---|
| | | <250 | 250~500 | >500 |
| ≤30 | 强制式 | 60 | 90 | 120 |
| | 自落式 | 90 | 120 | 150 |
| >30 | 强制式 | 60 | 60 | 90 |
| | 自落式 | 90 | 90 | 120 |

这种投料顺序是把水泥夹在石子和砂子之间,上料时水泥不致飞扬,而且水泥也不致粘在料斗底和鼓筒上。上料时水泥和砂先进入筒内形成水泥浆,缩短了包裹石子的过程,能提高搅拌机生产率。

(2)二次投料法:分为预拌水泥砂浆法和预拌水泥净浆法。

预拌水泥砂浆法是先将水泥、砂和水加入搅拌筒内进行充分搅拌,成为均匀的水泥砂浆后,再加入石子搅拌成均匀的混凝土。

预拌水泥净浆法是将水泥和水充分搅拌成均匀的水泥净浆后,再加入砂和石子搅拌成混凝土。

国内外的试验表明,二次投料法搅拌的混凝土与一次投料法相比较,混凝土强度可提高约15%,在强度等级相同的情况下,可节约水泥15%~20%。

(3)水泥裹砂法:又称为 SEC 法。是先将砂子表面进行湿度处理,控制在一定范围内,然后将处理过的砂子、水泥和部分水进行搅拌,使砂子周围形成黏着性很强的水泥糊包裹层。第二次加入水和石子,经搅拌,部分水泥浆便均匀地分散在已经被造壳的砂子及石子周围,最后形成混凝土。

采用该法制备的混凝土与一次投料法相比较,强度可提高20%~30%,混凝土不易产生离析现象,泌水少,工作性好。

**(三)混凝土的运输**

1.对混凝土运输的要求

混凝土自搅拌机中卸出后,应及时运至浇筑地点,为保证混凝土的质量,对混凝土运输的基本要求是:

(1)混凝土运输过程中要能保持良好的均匀性,不离析、不漏浆。

(2)保证混凝土具有设计配合比所规定的坍落度。

(3)使混凝土在初凝前浇入模板并捣实完毕。

(4)保证混凝土浇筑能连续进行。

2.混凝土运输工具

混凝土运输分为地面运输、垂直运输和楼面运输三种。

1)地面运输

地面水平运输的工具主要有搅拌运输车、自卸汽车、机动翻斗车和手推车,也可用自卸汽车;运距较近的场内运输宜用机动翻斗车,也可用手推车。

2)垂直运输

混凝土垂直运输工具有井架、塔式起重机及混凝土提升机等。

(1)井架运输机适用于多层工业与民用建筑施工时的混凝土运输。井架装有平台或混凝土自动倾卸料斗(翻斗)。混凝土搅拌机一般设在井架附近,当用升降平台时,手推车可直接推到平台上;用料斗时,混凝土可倾卸在料斗内。

(2)塔式起重机作为混凝土垂直运输的工具,一般均配有料斗。料斗的容积一般为 0.3 m³,上部开口装料,下部安装扇形手动闸门,可直接把混凝土卸入模板中。当搅拌站设在起重机工作半径范围内时,起重机可完成地面、垂直及楼面运输而不需要二次搬运。

(3)混凝土提升机是高层建筑混凝土垂直运输的最佳提升设备。它由钢井架、混凝土提升斗、高速卷扬机等组成。提升速度可达 50~100 m/min。一般每台容量为 0.5 m³×2 的双斗提升机,以 75 m/min 的速度提升 120 m 的高度时的输送能力可达 20 m³/h。

3)楼面运输

楼面运输工具有手推车、皮带运输机,也可用塔式起重机、混凝土泵等。楼面运输应采取措施保证模板和钢筋位置,防止混凝土离析等。

泵送混凝土是利用混凝土泵通过管道将混凝土输送到浇筑地点,一次完成地面水平运输、垂直运输及楼面水平运输。泵送混凝土具有输送能力大、速度快、效率高、节省人力、能连续作业的特点。因此,它已成为施工现场运输混凝土的一种重要的方法。当前,泵送混凝土的最大水平输送距离可达 800 m,最大垂直输送高度可达 300 m。

3.运输时间

混凝土应以最少的转运次数和最短的时间,从搅拌点运至浇筑地点,并在初凝前浇筑完毕。混凝土从搅拌机中卸出后到浇筑完毕的延续时间不宜超过表 3-22 的规定。

表 3-22 混凝土从搅拌机中卸出后到浇筑完毕的延续时间 (单位:min)

| 混凝土强度等级 | 气温 | | 混凝土强度等级 | 气温 | |
|---|---|---|---|---|---|
| | <25 ℃ | ≥25 ℃ | | <25 ℃ | ≥25℃ |
| ≤C30 | 120 | 90 | >C30 | 90 | 60 |

注:1.对掺用外加剂或采用快硬水泥拌制的混凝土的延续时间应按试验确定。

2.对轻骨料混凝土,其延续时间应适当缩短。

**(四)混凝土的浇筑与振捣**

混凝土的浇筑成型工作包括布料、摊平、捣实和抹面修整等工序。它对混凝土的密实性和耐久性、结构的整体性和外形的正确性等都有重要影响。

1.混凝土浇筑前的准备工作

(1)检查模板的位置、标高、尺寸、强度、刚度是否符合设计要求,接缝是否严密;钢筋及预埋件应对照图纸校核其数量、直径、位置及保护层厚度,并做好隐蔽工程记录。

(2)模板内的垃圾、泥土和钢筋油污应加以清除,木模板应浇水湿润但不得有积水。

(3)准备和检查材料、机具等。

(4)做好施工组织工作和安全技术交底。

2.混凝土浇筑

(1)混凝土浇筑前不应发生初凝和离析现象。混凝土运至现场后,其坍落度应满足表 3-23 的要求。

表 3-23　混凝土浇筑时的坍落度　　　　　　　　　（单位:mm)

| 序号 | 结构种类 | 坍落度 |
|---|---|---|
| 1 | 基础或地面等的垫层、无配筋的大体积结构(挡土墙、基础等)或配筋稀疏的结构 | 10~30 |
| 2 | 板、梁和大型及中型截面的柱子等 | 30~50 |
| 3 | 配筋密列的结构(薄壁、斗仓、筒仓、细柱等) | 50~70 |
| 4 | 配筋特密的结构 | 70~90 |

（2）控制混凝土自由倾落高度以防离析:混凝土倾倒高度一般不宜超过 2 m,竖向结构（如墙、柱)不宜超过 3 m,否则,应采用串筒、溜槽或振动串筒下料。

（3）浇筑竖向结构混凝土前,应先在底部填筑一层 50~100 mm 厚与混凝土成分相同的水泥砂浆,然后浇筑混凝土。

（4）为了使混凝土振捣密实,必须分层浇筑,每层浇筑厚度与振捣方法、结构配筋有关,应符合表3-24 的规定。

（5）混凝土应连续浇筑。当必须间歇时,间歇时间宜缩短,并应在下层混凝土初凝前,将上层混凝土浇筑完毕。混凝土从搅拌机中卸出,经运输、浇筑及间歇的全部时间不得超过有关规范的规定,否则应留置施工缝。

3. 施工缝的留设与处理

由于技术上的原因或设备、人力的限制,混凝土的浇筑不能连续进行,中间的间歇时间需超过混凝土的初凝时间,则应留置施工缝。所谓施工缝,是指先浇的混凝土与后浇的混凝土之间的薄弱接触面。施工缝宜留在结构受力(剪力)较小且便于施工的部位。

1）施工缝留设位置

根据施工缝留设的原则,一般柱应留水平缝,梁、板和墙应留垂直缝。施工缝留设具体位置如下:

表 3-24　混凝土浇筑层厚度　　　　　　　　　（单位:mm)

| 项次 | 捣实混凝土的方法 | | 浇筑层的厚度 |
|---|---|---|---|
| 1 | 插入式振捣器 | | 振捣器作用部分长度的1.25 倍 |
| 2 | 表面式振捣器 | | 200 |
| 3 | 人工捣固 | 在基础、无配筋混凝土或配筋稀疏的结构中 | 250 |
| | | 在梁、墙板、柱结构中 | 200 |
| | | 在配筋密列的结构中 | 150 |
| 4 | 插入式振捣器 | | 300 |
| | 表面振动(振动时需加压) | | 200 |

（1）柱子的施工缝宜留在基础顶面、梁或吊车梁牛腿的下面、吊车梁的上面和无梁楼盖柱帽下面。

（2）与板连为一体的大截面梁，施工缝应留在板底面以下 20 ~ 30 mm 处。

（3）单向板留在平行于板短边的任何位置。

（4）有主次梁的楼盖，宜顺次梁方向浇筑，施工缝留在次梁跨度中间 1/3 范围内。

（5）楼梯的施工缝应留置在楼梯长度中间 1/3 范围内。

（6）墙的施工缝应留置在门洞过梁跨中的 1/3 范围内，也可留在纵横墙的交接处。

双向受力楼板、大体积混凝土结构、拱、薄壳、蓄水池等复杂结构工程的施工缝应按设计要求留置。

2）施工缝的处理

在施工缝处继续浇筑混凝土时，已浇筑的混凝土抗压强度应不小于 1.2 MPa，以抵抗继续浇筑混凝土时扰动。

施工缝处浇筑混凝土前，应除去施工缝表面的浮浆、松动的石子和软弱的混凝土层；凿毛洒水湿润冲刷干净；然后浇一层 10 ~ 15 mm 厚的水泥浆（水泥：水 = 1:0.4）或与混凝土成分相同的水泥砂浆，以保证接缝的质量。混凝土浇筑过程中，施工缝处应细致捣实，使其紧密结合。

**4. 后浇带的施工**

后浇带是在现浇混凝土结构施工过程中，克服由于温度、收缩而可能产生有害裂缝而设置的临时施工缝。该缝需根据设计要求保留一段时间后再浇筑混凝土，将整个结构连成整体。

后浇带的留置位置应按设计要求和施工技术方案确定。在正常的施工条件下，有关规范对此的规定是：混凝土置于室内和土中，后浇带的设置距离为 30 m，露天为 20 m。

后浇带的保留时间应根据设计确定，当设计无要求时，一般至少保留 40 d 以上。

后浇带的宽度应考虑施工简便，避免应力集中。一般其宽度为 700 ~ 1 000 mm。后浇带内的钢筋应完好保存。后浇带的构造如图 3-46 所示。

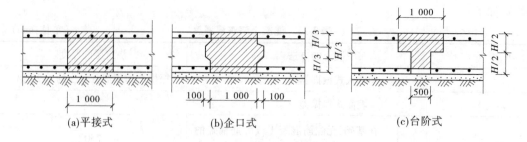

图 3-46　后浇带构造图

后浇带混凝土浇筑应严格按照施工技术方案进行。在浇筑混凝土前，必须将整个混凝土表面按照施工缝的要求进行处理。填充后浇带混凝土可采用微膨胀或无收缩水泥，也可采用普通水泥加入相应的外加剂拌制，但必须要求填筑混凝土的强度等级比原来结构强度提高一级，并保持至少 15 d 的湿润养护。

**5. 大体积混凝土浇筑**

大体积混凝土指的是最小断面尺寸大于 1 m 的混凝土结构，其尺寸已经大到必须采取相应的技术措施妥善处理温度差值，合理解决温度应力并控制裂缝开展的混凝土结构。

大体积混凝土结构在工业建筑中多为设备基础,在高层建筑中多为桩基承台或厚大基础底板等。其施工特点有:结构整体性要求高,一般不留施工缝,要求整体浇筑;结构体积大,水泥水化热温度应力大,要预防混凝土早期开裂;混凝土体积大,泌水多,施工中对泌水应采取有效措施。

1)整体浇筑方案

大体积混凝土的浇筑应根据整体连续浇筑的要求,结合结构实际尺寸的大小、钢筋疏密、混凝土供应条件等具体情况,分别选用不同的浇筑方案,以保证结构的整体性。常用的混凝土浇筑方案有以下三种:

(1)全面分层(见图3-47(a))。即将整个结构浇筑层分为数层浇筑,在已浇筑的下层混凝土尚未凝结时,即开始浇筑第二层,如此逐层进行,直至浇筑完毕。这种浇筑方案一般适用于结构平面尺寸不大的工程。施工时宜从短边开始,沿长边方向进行。

(2)分段分层(见图3-47(b))。即将基础划分为几个施工段,施工时从底层一端开始浇筑混凝土,进行到一定距离后就回头浇筑该区段的第二层混凝土,如此依次向前浇筑其他各段(层)。这种浇筑方案适用于厚度较薄而面积或长度较大的结构。

(3)斜面分层(见图3-47(c))。即混凝土浇筑时,不再水平分层,由底一次浇筑到结构面。这种浇筑方案适用于长度大大超过厚度的结构,也是大体积混凝土底板浇筑时应用较多的一种方案。

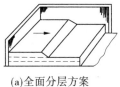 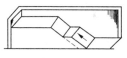

| (a)全面分层方案 | (b)分段分层方案 | (c)斜面分层方案 |

**图3-47  大体积混凝土浇筑方案**

2)早期温度裂缝预防

要防止大体积混凝土产生温度裂缝就要避免水泥水化热的积聚,使混凝土内外温差不超过25 ℃。为此,要优先采用水化热低的水泥(如矿渣硅酸盐水泥),降低水泥用量,掺入适量的粉煤灰,降低浇筑速度或减小浇筑厚度。

# 第四节　钢结构工程

## 一、钢结构的连接方法

钢结构连接方法通常有三种:焊接、铆接和螺栓连接等。钢构件的连接接头应经检查合格后方可紧固或焊接。焊接和高强度螺栓并用的连接,当设计无特殊要求时,应按先栓后焊的顺序施工。

### (一)焊接施工

1.焊接方法选择

焊接是钢结构最主要的连接方式之一,优点是任何形状的结构都可以用焊缝连接,构造简单,省工省料,而且大部分工作能实现自动化操作,生产效率高。在钢结构制作和安装领域中,广泛使用的是电弧焊。在电弧焊中又以药皮焊条、手工焊条、自动埋弧焊、半自动与自动 $CO_2$ 气体保护焊为主。在某些特殊场合,则必须使用电渣焊。焊接的类型、特点和适用范围见表 3-25。

2. 焊接工艺要点

(1)焊接工艺设计。确定焊接方式、焊接参数及焊条、焊丝、焊剂的规格型号等。

(2)焊条烘烤。焊条和粉芯焊丝使用前必须按质量要求进行烘焙,低氢型焊条经过烘焙后,应放在保温箱内随用随取。

(3)定位点焊。焊接结构在拼接、组装时要确定零件的准确位置,要先进行定位点焊。定位点焊的长度、厚度应由计算确定。电流要比正式焊接提高 10% ~ 15%,定位点焊的位置应尽量避开构件的端部、边角等应力集中的地方。

表 3-25　钢结构焊接方法选择

| 焊接的类型 | | 特点 | 适用范围 |
|---|---|---|---|
| 电弧焊 | 手工焊　交流焊机 | 利用焊条与焊件之间产生的电弧热焊接,设备简单,操作灵活,可进行各种位置的焊接,是建筑工地应用最广泛的焊接方法 | 焊接普通钢结构 |
| | 手工焊　直流焊机 | 焊接技术与交流焊机相同,成本比交流焊机高,但焊接时电弧稳定 | 焊接要求较高的钢结构 |
| | 埋弧自动焊 | 利用埋在焊剂层下的电弧热焊接,效率高,质量好,操作技术要求低,劳动条件好,是大型构件制作中应用最广的高效焊接方法 | 焊接长度较大的对接、贴角焊缝,一般是有规律的直焊缝 |
| | 半自动焊 | 与埋弧自动焊基本相同,操作灵活,但使用不够方便 | 焊接较短的或弯曲的对接、贴角焊缝 |
| | $CO_2$ 气体保护焊 | 用 $CO_2$ 气体或惰性气体保护的实芯焊丝或药芯焊接,设备简单,操作简便,焊接效率高,质量好 | 用于构件长焊缝的自动焊 |
| 电渣焊 | | 利用电流通过液态熔渣所产生的电阻热焊接,能焊大厚度焊缝 | 用于箱型梁及柱隔板与面板全焊透连接 |

(4)焊前预热。钢构件预热可降低热影响区冷却速度,防止焊接延迟裂纹的产生。预热区在焊缝两侧,每侧宽度均应大于焊件厚度的 1.5 倍以上,且不应小于 100 mm。在钢结构安装过程中,为防止焊接时夹渣、未焊透、咬肉,焊条应在 300 ℃下烘 2 h。

(5)焊接顺序确定。一般从焊件的中心开始向四周扩展;先焊收缩量大的焊缝,后焊收缩小的焊缝;尽量对称施焊;焊缝相交时,先焊纵向焊缝,待冷却至常温后,再焊横向焊缝;钢板较厚时分层施焊。

常见焊缝位置见图 3-48。

**(二)高强度螺栓连接施工**

高强度螺栓连接是目前与焊接并举的钢结构主要连接方法之一。其特点是施工方便、

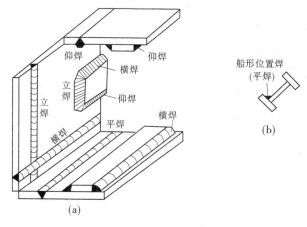

图 3-48　焊缝位置示意图

可拆可换、传力均匀、接头刚性好、承载能力大、疲劳强度高、螺母不易松动、结构安全可靠。高强度螺栓从外形上可分为大六角头高强度螺栓(即扭矩形高强度螺栓)和扭剪型高强度螺栓两种。高强度螺栓和与之配套的螺母、垫圈总称为高强度螺栓连接副。在用高强螺栓进行钢结构安装中,摩擦型连接是目前被广泛采用的基本连接形式。

**1.一般要求**

高强度螺栓使用前,应按有关规定对高强度螺栓的各项性能进行检验。运输过程中应轻装轻卸,防止损坏。当包装破损,螺栓有污染等异常现象时,应用煤油清洗,并按高强度螺栓验收规程进行复验,经复验扭矩系数合格后方能使用。工地储存高强度螺栓时,应放在干燥、通风、防雨、防潮的仓库内,并不得沾染脏物。安装时,应按当天需用量领取,当天没有用完的螺栓,必须装回容器内,妥善保管,不得乱扔、乱放。安装高强度螺栓时接头摩擦面上不允许有毛刺、铁屑、油污、焊接飞溅物。摩擦面应干燥,没有结露、积霜、积雪,并不得在雨天进行安装。使用定扭矩扳子紧固高强度螺栓时,每天上班前应对定扭矩扳子进行校核,合格后方能使用。

**2.安装工艺**

一个接头上的高强度螺栓连接,必须从螺栓群中间开始对称向两边,同时要求先松后紧向四周扩展,逐个拧紧。扭矩型高强度螺栓的初拧、复拧、终拧,每完成一次应涂上相应的颜色或标记,以防漏拧。接头当有高强度螺栓连接又有焊接连接时,宜按"先栓后焊"的方式施工,先终拧完高强度螺栓再焊接焊缝。高强度螺栓应自由穿入螺栓孔内,当板层发生错孔时,允许用铰刀扩孔。扩孔时,铁屑不得掉入板层间。扩孔数量不得超过一个接头螺栓数量的 1/3,扩孔后的孔径不应大于 $1.2d$($d$ 为螺栓直径)。严禁使用气割进行高强度螺栓孔的扩孔。一个接头多个高强度螺栓穿入方向应一致。垫圈有倒角的一侧应朝向螺栓头和螺母,螺母有圆台的一面应朝向垫圈,螺母和垫圈不应装反。高强度螺栓连接副在终拧以后,螺栓丝扣外露应为 2~3 扣,其中允许有 10% 的螺栓丝扣外露 1 扣或 4 扣。

**3.紧固方法**

1) 大六角头高强度螺栓连接副紧固

大六角头高强度螺栓连接副一般采用扭矩法和转角法紧固。

扭矩法。使用可直接显示扭矩值的专用扳手,分初拧和终拧二次拧紧。初拧扭矩为终拧扭矩的 60% ~80%,其目的是通过初拧,使接头各层钢板达到充分密贴,终拧扭矩把螺栓拧紧。一般常用规格的大六角头高强度螺栓的初拧扭距应为 200 ~ 300 N·m。

转角法。根据构件紧密接触后,螺母的旋转角度与螺栓的预拉力成正比的关系确定的一种方法。操作时分初拧和终拧两次施拧。初拧可用短扳手将螺母拧至使构件靠拢,并作标记。终拧用长扳手将螺母从标记位置拧至规定的终拧位置。转动角度的大小在施工前由试验确定。

2)扭剪型高强度螺栓紧固

扭剪型高强度螺栓有一特制尾部,采用带有两个套筒的专用电动扳手紧固。紧固时用专用扳手的两个套筒分别套住螺母和螺栓尾部的梅花头,接通电源后,两个套筒按反向旋转,拧断尾部后即达相应的扭矩值。一般用定扭矩扳手初拧,用专用电动扳手终拧。

## 二、钢结构安装施工工艺流程及施工要点

### (一)吊装前的准备工作

#### 1.基础的准备

钢柱基础的顶面通常设计为一平面,通过地脚螺栓将钢柱与基础连成整体。施工时应保证基础顶面标高及地脚螺栓位置准确。其允许偏差为:基础顶面高差为 ±2 mm,倾斜度 1/1 000;地脚螺栓位置允许偏差,在支座范围内为 5 mm。施工时可用角钢做成固定架,将地脚螺栓安置在与基础模板分开的固定架上。

为保证基础顶面标高的准确,施工时可采用一次浇筑法或二次浇筑法进行。

1)一次浇筑法

先将基础混凝土浇灌到低于设计标高 40 ~ 60 mm 处,然后用细石混凝土精确找平至设计标高,以保证基础顶面标高的准确。这种方法要求钢柱制作尺寸十分准确,且要保证细石混凝土与下层混凝土的紧密黏结,如图 3-49 所示。

2)二次浇筑法

钢柱基础分两次浇筑。第一次浇筑到比设计标高低 40 ~ 60 mm 处,待混凝土有一定强度后,上面放钢垫板,精确校正钢板标高,然后吊装钢柱。当钢柱校正完毕后,在柱脚钢板下浇灌细石混凝土,如图 3-50 所示。这种方法校正柱子比较容易,多用于重型钢柱吊装。

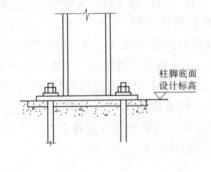

图 3-49 钢柱基础的一次浇筑法

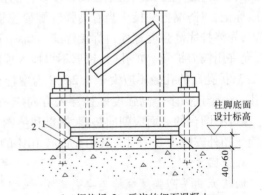

1—钢垫板;2—后浇的细石混凝土

图 3-50 钢柱基础的二次浇筑法

当基础采用二次浇筑混凝土施工时,钢柱脚应采用钢垫板或坐浆垫板做支承。垫板应设置在靠近地脚螺栓的柱脚底板加劲板或柱脚下,每根地脚螺栓侧应设 1~2 组垫块,每组垫板不得多于 5 块。垫板与基础面和柱底面的接触应平整、紧密。当采用成对斜垫板时,其叠合长度不应小于垫板长度的 2/3。采用坐浆垫板时,应采用无收缩砂浆。柱子吊装前砂浆试块强度应高于基础混凝土强度一个等级。

2. 构件的检查与弹线

在吊装钢构件之前,应检查构件的外形和几何尺寸,若有偏差应在吊装前设法消除。

在钢柱的底部和上部标出两个方向的轴线,在底部适当高度标出标高准线,以便校正钢柱的平面位置、垂直度、屋架和吊车梁的标高等。

对不易辨别上下、左右的构件,应在构件上加以标明,以免吊装时搞错。

3. 构件的运输、堆放

钢构件应根据施工组织设计要求的施工顺序,分单元成套供应。运输时,应根据构件的长度、重量选择车辆;钢构件在运输车辆上的支点、两端伸出的长度及绑扎方法均应保证构件不产生变形,不损伤涂层。

钢构件堆放的场地应平整坚实,无积水。堆放时应按构件的种类、型号、安装顺序分区存放。钢结构底层应设有垫枕,并且应有足够的支承面,以防支点下沉。相同型号的钢构件叠放时,各层钢构件的支点应在同一垂直线上,并应防止钢构件被压坏和变形。

**(二)构件的吊装工艺**

**1. 钢柱的吊装**

1)钢柱的吊升

钢柱的吊升可采用自行式或塔式起重机,用旋转法或滑行法吊升。当钢柱较重时,可采用双机抬吊,用一台起重机抬柱的上吊点,一台起重机抬柱的下吊点,采用双机并立相对旋转法进行吊装。

2)钢柱的校正与固定

钢柱的校正包括平面位置、标高、垂直度的校正。平面位置的校正应用经纬仪从两个方向检查钢柱的安装准线。在吊升前应安放标高控制块以控制钢柱底部标高。垂直度的校正用经纬仪检验,若超过允许偏差,用千斤顶进行校正。在校正过程中,随时观察柱底部和标高控制块之间是否脱空,以防校正过程中造成水平标高的误差。

为防止钢柱校正后的轴线位移,应在柱底板四边用 10 mm 厚钢板定位,并电焊牢固。钢柱复校后,紧固地脚螺栓,并将承重块上下点焊固定,防止走动。

**2. 钢吊车梁的吊装工艺流程**

吊车梁的吊升→钢吊车梁的校正与固定→钢屋架的吊装与校正。

# 第五节 防水工程

一、防水砂浆防水工程施工工艺流程及施工要点

**(一)防水砂浆分类**

水泥砂浆防水层按使用的材料不同可分为普通水泥砂浆防水层和掺外加剂的水泥砂浆

防水层。

普通水泥砂浆防水层是利用素灰和水泥砂浆交替抹压、后一层砂浆(素灰)将上一层素灰(砂浆)产生的毛细孔堵塞的原理来进行防水的,因此对施工质量要求极高,故目前较少采用。

由于水泥砂浆属于刚性材料,对结构变形较为敏感,在温度、湿度变化的情况下易产生空鼓开裂现象,因此水泥砂浆防水层对施工质量有着较高的要求,为克服水泥砂浆防水层的这一缺陷,目前一般采用在水泥砂浆中掺加聚合物的方法对水泥砂浆进行改性处理,掺加聚合物以后的砂浆提高了水密性,抗折、抗拉及黏结强度都得到提高,砂浆硬化过程中的干缩值也明显减小,从而提高了其防水能力,故后一种方法目前使用较多。

这类水泥防水砂浆目前较常用的有以下3类:

(1)掺小分子防水剂的防水砂浆:防水剂主要包括氯化钙、无机铝盐、有机硅、脂肪酸等。

(2)掺塑化膨胀剂的防水砂浆:防水剂主要包括硫铝酸盐、木钙萘系减水剂等。

(3)聚合物防水砂浆:防水剂主要包括氯丁橡胶、丙烯酸酯乳液等。

下面以掺小分子防水剂防水砂浆施工为例介绍其施工方法。

氯化物类防水剂配合比见表 3-26,掺氯化物类防水剂的防水净浆、砂浆配合比见表 3-27。

表 3-26    氯化物类防水剂配合比

| 材料名称 | 重量比(%) | 说明 |
| --- | --- | --- |
| 氯化铝 | 4 | 固体 |
| 氯化钙 | 46 | 氯化钙含量不小于70% |
| 水 | 50 | 自来水 |

表 3-27    掺氯化物类防水剂的防水净浆、砂浆配合比(重量比)

| 材料名称 | 水泥 | 砂 | 水 | 防水剂 |
| --- | --- | --- | --- | --- |
| 防水净浆 | 8 | | 6 | 1 |
| 防水砂浆 | 8 | 3 | 6 | 1 |

**(二)基层处理**

基层处理可以保证防水层与基层表面结合牢固,是防水层不空鼓和密实不透水的关键,处理后的基层,应洁净、平整、坚实、粗糙,抹防水材料前适当浇水湿润。

**(三)防水层操作要点**

(1)先在处理好的基层上抹防水净浆层,厚度 1 mm,施工时要求用铁抹子往返用力刮抹,使防水净浆填实基层表面的孔隙,随即再抹第二层防水净浆,厚度 1 mm,抹完后,用湿的毛刷在防水净浆表面涂刷一遍,便于和后抹的防水砂浆结合。

(2)在防水净浆初凝时抹第一层防水砂浆层,厚度 6~8 mm,配制的砂浆要注意软硬适度,过硬不利于与防水净浆层的结合,过软可能在用力抹压时破坏防水净浆层,故还要注意抹压的力度合适,以防水砂浆压入净浆层的1/4为宜。抹完以后,在砂浆初凝之前用扫帚在砂浆层上扫出横向条纹。接着抹第二层防水砂浆层,厚度也为 6~8 mm,先把防水砂浆抹平,在初凝之前把砂浆压实,终凝前压光。

浇水养护时间不少于 14 d。

## 二、防水涂料防水工程施工工艺流程及施工要点

由于防水涂料种类较多,施工方法各有一定差别,下面以聚氨酯防水涂料为例介绍其施工方法。

### (一)基层处理

处理后的基层要求表面平整、光滑,不得有疏松、砂眼等缺陷存在;有穿墙套管的位置,要求套管必须安装牢固,套管与基层接触处圆滑;要求基层洁净、干燥。

### (二)施工工艺

**1. 清理基层**

施工前将基层表面认真清扫干净。

**2. 涂刷基层处理剂**

基层处理剂配合比:聚氨酯甲组分: 聚氨酯乙组分: 二甲苯 = 1∶1.5∶2(重量比)。

使用时将以上材料拌和均匀,用长滚刷均匀涂刷在基层上,涂刷量以控制在 0.3 kg/m² 左右为宜,干燥 5 h 以上,方能进行下一道工序。

**3. 涂膜防水层施工**

防水涂膜配合比:聚氨酯甲组分: 聚氨酯乙组分 = 1∶1.5(重量比)。

用电动搅拌器搅拌均匀备用,一般配制好的防水材料宜随用随配制,放置时间不宜超过 2 h。

施工时采用刮板或滚刷来刮涂防水涂膜材料,一般平面防水层涂刮(刷)2~3 遍,材料用量为 0.8~1.0 kg/m²;立面防水层涂刮(刷)3~4 遍,材料用量为 0.5~0.6 kg/m²。

防水涂膜的总厚度一般不宜小于 2 mm。

每遍涂膜材料涂刮(刷)后,需要固化 5 h 以上(以手指触摸不粘手作为固化完成的参考标准),再进行下一道涂膜材料的涂刮(刷)。

在底板与立面围护结构交接部位,应加铺聚酯纤维无纺布进行加强处理,一般是在第二遍涂膜材料涂刮(刷)后立即铺贴,要求铺设牢固,无折叠、空鼓现象存在,铺贴好以后立即在无纺布上涂刮(刷)涂膜材料,要求涂抹材料要浸透无纺布内部。

涂膜施工完毕,在其表面虚铺一层纸胎石油沥青油毡隔离层,再在隔离层上做保护层,平面位置一般采用现浇混凝土 40~50 mm 作为保护层,立面保护层则采用粘贴聚乙烯泡沫塑料的方法。

保护层完成后,接着应尽快进行回填土工作。

## 三、卷材防水工程施工工艺流程及施工要点

### (一)屋面卷材防水施工

施工过程:屋面基层施工→隔汽层施工→保温层施工→找平层施工→刷冷底子油→卷材附加层施工→卷材防水层施工→保护层施工。

**1. 屋面基层施工**

现浇钢筋混凝土屋面板应连续浇筑,不宜留施工缝,要求振捣密实,表面平整,并符合规定的排水坡度;预制楼板则要求安放平稳牢固,板缝间应嵌填密实。结构层表面应清理干净

并平整。

2. 隔汽层施工

隔汽层可采用气密性好的卷材或防水涂料。一般是在结构层(或找平层)上涂刷冷底子油一道和热沥青二道,或铺设一毡两油。

隔汽层必须是整体连续的。在屋面与垂直面衔接的地方,隔汽层还应延伸到保温层顶部并高出 150 mm,以便与防水层相接。采用油毡隔汽层时,油毡的搭接宽度不得小于 70 mm。采用沥青基防水涂料时,其耐热度应比室内或室外的最高温度高出 20～25 ℃。

3. 保温层施工

根据所使用的材料,保温层可分为松散、板状和整体三种形式。

1) 松散材料保温层施工

施工前应对松散保温材料的粒径、堆积密度、含水率等主要指标抽样复查,符合设计或规范要求时方可使用。施工时,松散保温材料应分层铺设,每层虚铺厚度不宜大于 150 mm,边铺边适当压实,使表面平整。压实程度与厚度应经试验确定;压实后不得直接在保温层上行车或堆放重物。保温层施工完成后应及时进行下道工序——抹找平层。铺抹找平层时,可在松散保温层上铺一层塑料薄膜等隔水物,以阻止找平层砂浆中水分被保温材料所吸收。

2) 板状材料保温层施工

板状保温材料的外形应整齐,其厚度允许偏差为 ±5%,且不大于 4 mm,其表观密度、导热系数以及抗压强度也应符合规范规定的质量要求。板状保温材料可以干铺,应紧靠基层表面铺平、垫稳,接缝处应用同类材料碎屑填嵌饱满;也可用胶粘剂粘贴形成整体。多层铺设或粘贴时,板材的上、下层接缝要错开,表面要平整。

3) 整体材料保温层施工

常用的有水泥或沥青膨胀珍珠岩及膨胀蛭石,分别选用强度等级不低于 32.5 级的水泥或 10# 建筑石油沥青做胶结料。水泥膨胀珍珠岩、水泥膨胀蛭石宜采用人工搅拌,避免颗粒破碎,并应拌和均匀,随拌随铺,虚铺厚度应根据试验确定,铺后拍实抹平至设计厚度,压实抹平后应立即抹找平层;沥青膨胀珍珠岩、沥青膨胀蛭石宜采用机械搅拌,拌至色泽一致、无沥青团,沥青的加热温度不高于 240 ℃,使用温度不低于 190 ℃,膨胀珍珠岩、膨胀蛭石的预热温度宜为 100～120 ℃。

4. 找平层施工

找平层在屋面结构层或保温层上表面施工,为使卷材铺贴平整,找平层与屋面结构层或保温层上表面应黏结牢固并具有一定强度。找平层一般采用 1:3 水泥砂浆、细石混凝土或 1:8 沥青砂浆,其表面应平整、粗糙,按设计留置坡度,屋面转角处设半径不小于 100 mm 的圆角或斜边长 100～150 mm 的钝角垫坡。为了防止由于温差和结构层的伸缩而造成防水层开裂,顺屋架或承重墙方向留设宽度 20 mm 左右的分格缝,缝的最大间距不宜大于 4～5 mm。

水泥砂浆找平层的铺设应由远而近,由高到低;每个分格范围内应一次连续铺成,用 2 m 左右长的木条找平;待砂浆稍收水后,用抹子压实、抹平。完工后尽量避免踩踏。

沥青砂浆找平层施工时,基层必须干燥,然后满涂冷底子油 1～2 道,待冷底子油干燥后,可铺设沥青砂浆,其虚铺厚度为压实后厚度的 1.3～1.4 倍,刮平后,用火滚进行滚压至平整、密实、表面不出现蜂窝和压痕为止。滚筒应保持清洁,表面可涂刷柴油。滚压不到之处,可用烙铁烫压平整,沥青砂浆铺设后,当天应铺第一层卷材,否则要用卷材盖好,防止雨水、露水浸入。

5. 刷冷底子油

冷底子油是利用30% ~40%的石油沥青加入70%的汽油或者加入60%的煤油熔融而成。冷底子油渗透性强,喷涂在表面上,可使基层表面具有憎水性并增强沥青胶结材料与基层表面的黏结力。

刷冷底子油之前,先检查找平层的表面。冷底子油可以采用涂刷或喷涂方法施工,涂刷应薄而均匀,不得有空白、麻点或气泡。涂刷时间应待找平层干燥、铺卷材前1 ~2 d进行,使油层干燥而又不沾染灰尘。

6. 卷材附加层施工

屋面防水层施工时应对屋面排水比较集中的檐沟墙、女儿墙、天墙壁、变形缝、烟囱根、管道根与屋面交接处及檐口、天沟、斜沟、雨水口、屋脊等部位按设计要求先做附加层。附加层在排汽屋面排汽道、排汽帽等处必须单面点贴,以保证排汽通道畅通。

7. 卷材防水层施工

1)施工前的准备工作

卷材防水层施工应在屋面上其他工程完工后进行。施工前应先在阴凉干燥处将油毡打开,清除卷材表面的云母片或滑石粉,然后卷好直立放于干净、通风、阴凉处待用;准备好熬制、拌和、运输、刷油、清扫、铺贴油毡等施工操作工具以及安全和灭火器材;设置水平和垂直运输的工具、机具和脚手架等,并检查是否符合安全要求。

2)卷材铺贴的一般要求

铺贴多跨和高、低跨的房屋卷材防水层时,应按先高后低、先远后近的顺序进行;铺贴同一跨房屋防水层时,应先铺排水比较集中的水落口、檐口、斜沟、天沟等部位及卷材附加层,按标高由低到高向上施工;坡面与立面的油毡,应由下开始向上铺贴,使油毡按流水方向搭接。

油毡铺贴的方向应根据屋面坡度或屋面在使用时是否存在振动而确定。当坡度小于3%时,油毡宜平行屋脊方向铺贴;坡度在3% ~5%时,油毡可平行或垂直屋脊方向铺贴,坡度大于15%或屋面受振动时,应垂直屋脊铺贴。卷材防水屋面坡度不宜超过25%。油毡平行于屋脊铺贴时,长边搭接不小于70 mm;短边搭接平屋顶不应小于100 mm,坡屋顶不宜小于150 mm。当第一层油毡采用条粘、点粘或空铺时,长边搭接不应小于100 mm,短边不应小于150 mm,相邻两幅毡短边搭接缝应错开不小于500 mm,上、下两层油毡应错开1/3或1/2幅宽;上、下两层油毡不宜相互垂直铺贴;垂直于屋脊的搭接缝应顺主导风向搭接;接头顺水流方向,每幅油毡铺过屋脊的长度应不小于200 mm。为保证油毡搭接宽度和铺贴顺直,铺贴油毡时应弹出标线。油毡铺贴前,找平层应干燥。现场检验找平层干燥程度的简易方法是:将1 m²卷材平坦地干铺在找平层上,静置3 ~4 h后掀开卷材,检查找平层覆盖部位与卷材上有无水印,如果未见水印即可铺设隔汽层或防水层。

3)沥青防水卷材施工

沥青防水卷材一般为叠层铺设,采用热铺贴法施工。该法分为满贴法、条粘法、空铺法和点粘法四种。满贴法是将油毡下满涂玛琋脂(即沥青胶结材料),使油毡与基层全部黏结。铺贴油毡时,当保温层和找平层干燥有困难,需在潮湿的基层上铺贴油毡时,常采用空铺法、条粘法、点粘法与排气屋面相结合。空铺法是指铺贴防水卷材时,卷材与基层仅四周一定宽度内黏结,其余部分不黏结的施工方法。点粘法是铺贴防水卷材时,卷材或打孔卷材与基层采用点状黏结的施工方法,每 1 $m^2$ 黏结不少于 5 个点,每点面积为 100 mm × 100 mm。条粘法铺贴卷材时,卷材与基层黏结面不少于两条,每条宽度不少于 150 mm。

排汽屋面的施工:卷材应铺设在干燥的基层上。当屋面保温层或找平层干燥有困难而又急需铺设屋面卷材时,则应采用排汽屋面。排汽屋面是整体连续的,在屋面与垂直面连接的地方,隔汽层应延伸到保温层顶部,并高出 150 mm,以便与防水层相连,要防止房间内的水蒸气进入保温层,造成防水层起鼓破坏,保温层的含水率必须符合设计要求。在铺贴第一层卷材时,采用条粘、点粘、空铺等方法使卷材与基层之间留有纵横相互贯通的空隙作排汽道,排汽道的宽度为 30～40 mm,深度一直到结构层。对于有保温层的屋面,也可在保温层上的找平层上留槽做排汽道,并在屋面或屋脊上设置一定的排汽孔(每 36 $m^2$ 左右一个)与大气相通,这样就能使潮湿基层中的水分蒸发排出,防止了油毡起鼓。排汽屋面适用于气候潮湿,雨量充沛,夏季阵雨多,保温层或找平层含水率较大,且干燥有困难地区。

4)高聚物改性沥青防水卷材施工

依据高聚物改性沥青防水卷材的特性,其施工方法有冷粘法、热熔法和自粘法。在立面或大坡面铺贴高聚物改性沥青防水卷材时,应采用满粘法,并宜减少短边搭接。

5)合成高分子防水卷材施工

施工方法一般有冷粘法、自粘法和热风焊接法三种。

冷粘法、自粘法施工要求与高聚物改性沥青防水卷材基本相同,但冷粘法施工时搭接部位应采用与卷材配套的接缝专用胶粘剂,在搭接缝黏合面上涂刷均匀,并控制涂刷与黏合的间隔时间,排除空气,辊压黏结牢固。

热风焊接法是利用热空气焊枪进行防水卷材搭接黏合的方法。焊接前卷材铺放应平整顺直,搭接尺寸正确;施工时焊接缝的结合面应清扫干净,应无水滴、油污及附着物。先焊长边搭接缝,后焊短边搭接缝,焊接处不得有漏焊、缺焊、焊焦或焊接不牢的现象,也不得损害非焊接部位的卷材。

**8. 保护层施工**

为了减少阳光辐射对沥青老化的影响,降低沥青表面的温度,防止暴雨和冰雪对防水层的侵蚀,卷材铺设完毕,经检查合格后,应立即进行保护层的施工,常用的保护层有绿豆砂保护层和预制板块保护层。

1)绿豆砂保护层

在卷材铺设完毕,经检查合格后,应立即进行绿豆砂保护层施工,以免油毡表面遭受损坏。施工时,应选用色浅、耐风化、清洁、干燥,粒径为 3～5 mm 的绿豆砂,在锅内或钢板上加热至 100 ℃ 左右,均匀撒铺在涂刷过 2～3 mm 厚的沥青胶结材料的油毡防水层上,并使其 1/2 的粒径嵌入沥青中,未黏结的绿豆砂应随时清扫干净。

2)预制板块保护层

一般采用砂或水泥砂浆作为结合层。当采用砂结合层时,铺砌块体前应将砂洒水压实刮平;块体应对接铺砌,缝隙宽度为 10 mm 左右;板缝用1:2水泥砂浆勾成凹缝;为防止砂子流失,保护层四周 500 mm 范围内,应改用低强度等级水泥砂浆做结合层。

**（二）地下工程卷材防水层施工**

地下工程的卷材附加防水层铺贴在地下结构的围护结构表面，要求围护结构必须具有一定的强度，只有这样，卷材防水层同围护结构粘贴在一起才具有可靠的防水作用。因此，卷材防水层适用于铺贴在整体的混凝土结构基层上或铺贴在整体的水泥砂浆、沥青砂浆等找平层上。

要求铺贴卷材的基层表面必须牢固、平整、清洁干净，用 2 m 长直尺检查，基面与直尺间的最大空隙不应超过 5 mm，且每米长度内不得多于一处，凹陷处只允许有平缓的变化。转角处应做成圆弧形（高聚物改性沥青防水卷材圆弧半径不小于 50 mm，合成高分子防水卷材圆弧半径不小于 20 mm）。卷材铺贴前基层应表面干燥（含水率≤9%）。

在垂直面层上铺贴卷材时，为提高卷材与基层的黏结，应满涂与所铺卷材相容的基层处理剂。在平面面层上铺贴卷材时，由于卷材防水层上面压有底板或保护层，不会产生滑脱或流淌现象，因此可以不涂刷基层处理剂。

将卷材防水层铺贴在地下围护结构的外侧（迎水面）称为外防水。这种防水层的铺贴法可以借助回填土的压力压紧卷材，并与结构一起抵抗有压地下水的渗透和侵蚀作用，防水效果良好，采用比较广泛。

按照卷材的铺贴位置，卷材铺贴施工分为外防外贴法（简称外贴法）与外防内贴法（简称内贴法）两种。

**1. 外贴法**

外贴法的施工步骤：浇筑底板垫层→砌筑永久保护墙→1:3 水泥砂浆找平层→铺贴垫层防水卷材→铺贴保护墙防水卷材→浇筑底板及围护结构的墙体→铺贴围护结构防水卷材→砌筑临时性保护墙（或者抹水泥砂浆、贴塑料板）。

外贴法见图 3-51。

外贴法的优点是防水卷材直接铺贴在结构外表面上，与结构形成一体，因此较少受结构沉降的影响，由于混凝土结构施工在前，所以浇捣混凝土不会损坏防水层；缺点是施工工序多，需要较大的工作面，浇筑混凝土相对需要的模板较多。

外贴法施工时，先浇筑底板的垫层，在垫层周围砌筑保护墙，保护墙下干铺油毡条，永久性保护墙采用水泥砂浆砌筑，保护墙的高度应比底板厚

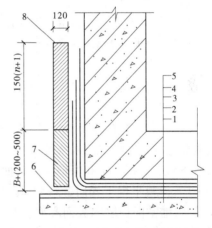

1—混凝土垫层；2—找平层；3—卷材防水层；
4—保护层；5—构筑物；6—油毡条；
7—永久性保护墙；8—临时性保护墙

**图 3-51 外贴法图**

度高 100 mm，其上接着砌临时保护墙，采用石灰砂浆砌筑，墙高 300 mm，垫层上面及永久性保护墙内侧抹 1:3 水泥砂浆找平层，临时性保护墙内侧抹石灰砂浆找平层，并刷一道石灰浆。

在找平层干燥后，按照要求铺贴防水卷材。在铺贴大面之前，在垫层与保护墙转角处加铺一层卷材附加层，铺贴时先铺平面，再铺立面。在垫层和永久性保护墙上应将卷材空铺。在临时保护墙上则采取措施将卷材临时贴服，分层临时固定在保护墙顶部。

浇筑混凝土底板和墙体时不得损坏已经做好的防水卷材。

墙体施工完毕,铺贴立面卷材之前,应将保护墙顶部的卷材整理好,将其表面清理干净,接着铺贴里面的防水卷材,采用高聚物改性沥青卷材时搭接长度不小于150 mm,采用合成高分子卷材时不小于100 mm。

卷材铺贴完毕,经验收合格后,应尽快在卷材防水层的外侧做保护结构,一般采用砌筑永久保护墙、抹水泥砂浆、贴塑料板等方法。

砌筑永久性保护墙的时候,墙体沿长度每隔5~6 m或转角处应断开,断开的缝隙中填满沥青麻丝,保护墙与防水卷材的缝隙应随砌随用砌筑砂浆填满,保护墙砌筑完毕即可进行回填土方工作。

抹水泥砂浆是在涂抹卷材防水层最后一道沥青胶结材料时,趁热在其表面撒上干净的热砂或散麻丝,冷却后在其上抹一层10~20 mm厚的1:3水泥砂浆,养护到一定强度后可进行土方回填。

贴塑料是在防水层外侧直接用氯丁系列的胶粘剂采用花粘方法固定5~6 mm厚的聚乙烯泡沫塑料板,随即可进行土方回填。

2. 内贴法

内贴法的施工步骤:浇筑底板垫层→砌筑永久保护墙→1:3水泥砂浆找平层→铺贴防水卷材→做保护层。

内贴法见图3-52。

内贴法的优点是可以利用保护墙作为围护结构浇筑的模板,减少了模板用量;缺点是防水层铺贴在保护墙内侧,受结构沉降影响较大,再者就是由于利用防水层做模板使用,振捣混凝土时要求不得损坏防水层,内侧模板支模有一定难度。

内贴法施工时,在混凝土底板垫层做好后,在四周砌筑铺贴卷材防水层用的永久性保护墙(保护墙下干铺油毡条),在底板垫层和保护墙内表面抹1:3水泥砂浆找平层,待找平层干燥后,涂刷基层处理剂,待处理剂干燥后,铺贴保护墙内表面和底板垫层面的卷材防水层,为保护已经铺好的防水层,宜先铺立面,再铺平面,在铺贴大面之前,在垫层与保护墙转角处加铺一层卷材附加层,要求附加层粘贴紧密。

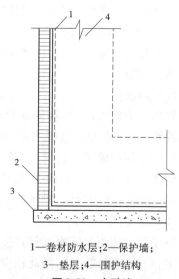

1—卷材防水层;2—保护墙;
3—垫层;4—围护结构
图3-52 内贴法

卷材铺贴完毕,经验收合格后,应尽快做保护层,内侧立面保护层一般采用抹水泥砂浆、贴塑料板、石油沥青纸胎油毡等方法,平面保护层可抹水泥砂浆、浇筑厚度50 mm以上的细石混凝土。

# 小 结

本章内容包括土(石)的开挖、运输、填筑、平整和压实等施工过程,以及为保证土方开挖安全顺利进行而采取的排水、降水和土壁支护等准备工作与辅助工作;常用地基处理方法;混凝土基础、砖基础、桩基础施工工艺流程及施工要点;脚手架工程、砖砌体工程,加气混凝土小型砌块施工、混凝土空心砌块施工等内容;钢筋混凝土模板工程、钢筋工程、混凝土工程施工;钢结构的连接方法、钢结构安装施工工艺流程及施工要点;屋面防水、地下工程防水的施工方法、施工工艺及质量控制要求;抹灰工程、楼地面工程、饰面工程、门窗工程、涂料工程。

掌握土的分类、土方开挖、回填;混凝土基础、砖基础、桩基础的施工要点;脚手架工程包括脚手架的种类、作用、搭设要求,安全防护措施;砖墙的构造和砌筑工艺、中型砌块的砌筑方法和砌筑工艺、砌筑工程的质量标准和安全防护措施;模板作用及要求、模板分类、模板构造、模板配板设计、模板安装与拆除、模板工程质量控制;钢筋工程包括钢筋种类和性能、钢筋验收和存放、钢筋配料和代换、钢筋场内加工、钢筋连接、钢筋绑扎与安装;混凝土工程包括混凝土的制备、混凝土运输、混凝土浇筑等;钢结构安装施工要点;防水屋面采用防水卷材的施工方法和地下防水的施工方法。

# 第四章 工程项目管理的基本知识

## 【学习目标】

1. 掌握项目管理的基本内容。
2. 掌握施工项目管理的组织形式。
3. 掌握项目经理部的基本概念。
4. 掌握进度计划的检查和调整。
5. 掌握质量管理统计的方法。
6. 掌握质量控制的方法。
7. 掌握施工项目控制的方法。
8. 掌握施工成本分析的方法和考核的内容。
9. 掌握人力资源的优化配置与动态管理。
10. 掌握施工现场文明施工管理。
11. 熟悉施工项目管理组织的基本理论。
12. 熟悉施工项目进度计划的编制。
13. 熟悉施工项目成本计划的原则和预测的过程与方法。
14. 熟悉机械设备使用。
15. 熟悉施工现场管理的内容。
16. 了解施工项目成本管理的目的、任务和作用。
17. 了解施工项目资源管理的主要内容。

# 第一节 施工项目管理的内容及组织

## 一、施工项目管理的内容

项目管理的核心任务是项目的目标控制,因此按项目管理学的基本理论,没有明确目标的建设工程不能成为项目管理的对象。

### (一)建设工程管理的概念

建设工程项目管理的内涵是:自项目开始至项目完成,通过项目的策划和项目控制,以使项目的费用目标、进度目标和质量目标得以实现。

"自项目开始至项目完成"指的是项目的实施期;"项目的策划"指的是目标控制前的一系列筹划和准备工作;"费用目标"对业主而言是投资目标,对施工方而言是成本目标。项目决策期管理工作的主要任务是确定项目的定义,而项目实施期管理的主要任务是通过管理使项目的目标得以实现。

### (二)建设工程项目管理类型

按照建设工程生产组织特点,一个项目往往由众多单位承担不同的建设任务,而各参与单位的工作性质、工作任务和利益不同,因此就形成了不同类型的项目管理。由于业主方是建设工程项目生产过程的总集成者——人力资源、物资资源和知识的集成,业主方也是建设工程项目生产过程中的总组织者,因此对于一个建设工程项目而言,虽有代表不同利益方的项目管理,但是业主方的项目管理是管理的核心。

按建设工程项目不同参与方的工作性质和组织特征划分,项目管理有业主方的项目管理,设计方的项目管理,施工方的项目管理,供货方的项目管理,建设项目工程总承包方的项目管理等几种类型。

投资方、开发方和由咨询公司提供的代表业主方利益的项目管理服务都属于业主方的项目管理。施工总承包方和分包方的项目管理都属于施工方的项目管理。材料和设备供应方的项目管理都属于供货方的项目管理。建设项目总承包有多种形式,如设计和施工任务综合承包,设计、采购和施工任务综合承包(简称 EPC)等,它们的项目管理都属于建设项目总承包方的项目管理。

(三)业主方项目管理的目标和任务

业主方项目管理服务于业主方的利益,其项目管理的目标包括投资目标、进度目标和质量目标。其中,投资目标是指项目的总投资目标;进度目标指的是项目动用的时间目标,即项目交付使用的时间目标;项目的质量目标不仅涉及施工的质量,还涉及设计质量、材料质量、设备质量和影响项目运行或运营的环境质量等。质量目标包括满足相应的技术规范和技术标准的规定,以及满足业主方相应的质量要求。

项目的投资目标、进度目标和质量目标之间既有矛盾的一面,又有统一的一面,它们之间的关系是对立统一关系。要加快进度往往需要增加投资,欲提高质量往往需要增加投资,过度的缩短进度会影响质量目标的实现,这都表明了目标之间关系矛盾的一面,但通过有效的管理,在不增加投资的前提下,也可以缩短工期和提高工程质量,这反映关系统一的一面。

建设工程项目的全寿命周期包括项目的决策阶段、实施阶段和使用阶段。项目的实施阶段包括设计前的准备阶段、设计阶段、施工阶段。

业主方的项目管理工作涉及项目实施阶段的全过程,即在设计的准备阶段、设计阶段、施工阶段、动用前的准备阶段和保修期分别进行如下工作:

(1)安全管理;

(2)投资控制;

(3)进度控制;

(4)质量控制;

(5)合同管理;

(6)信息管理;

(7)组织与协调。

其中,安全管理是项目管理中最重要的工作,因为安全管理关系到人身的健康与安全,而投资控制、进度控制、质量控制和合同管理等则主要涉及物质利益。

(四)设计方项目管理的目标与任务

设计方作为建设项目的一个参与方,其项目管理主要服务于项目的整体利益和设计方本身的利益。其项目的管理目标包括设计的成本目标、设计的进度目标和设计的质量目标,以及项目的投资目标。

设计方的项目管理工作主要在设计阶段进行,但它也涉及设计前的准备阶段、施工阶段、动用前准备阶段和保修期。其管理任务包括:

(1)与设计工作有关的安全管理;

(2)设计成本控制和与设计工作有关的工程造价控制;

(3)设计进度控制;

(4)设计质量控制;

(5)设计合同管理;

(6)设计信息管理;

(7)与设计工作有关的组织和协调。

**(五)供货方项目管理的目标与任务**

供货方作为项目建设的一个参与方,其项目管理主要服务于项目的整体利益和供货方的本身利益。其项目管理的目标包括供货方的成本目标、供货方的进度目标和供货方的质量目标。

供货方的项目管理工作主要在施工阶段进行,但它也涉及设计准备阶段、设计阶段、动用前的准备阶段和保修期。其主要任务包括:

(1)供货方的安全管理;

(2)供货方的成本控制;

(3)供货方的进度控制;

(4)供货方的质量控制;

(5)供货合同管理;

(6)供货信息管理;

(7)与供货有关的组织与协调。

**(六)建设项目工程总承包方项目管理的目标和任务**

建设项目工程总承包方作为项目建设的一个参与方,其项目管理主要服务于项目的利益和建设项目总承包方本身的利益。其项目管理的目标包括项目的总投资目标和总承包方的成本目标、项目的进度目标和项目的质量目标。

建设项目工程总承包方项目管理工作涉及项目实施阶段的全过程,即设计准备阶段、设计阶段、施工阶段、动用前的准备阶段和保修期。其项目管理主要任务包括:

(1)安全管理;

(2)投资控制和总承包方的成本控制;

(3)进度控制;

(4)质量控制;

(5)合同管理;

(6)信息管理;

(7)与建设项目总承包方有关的组织和协调。

## 二、施工项目管理的组织机构

### (一)常用的组织结构模式

常用的组织结构模式包括职能组织结构(见图4-1)、线性组织结构(见图4-2)和矩形组织结构(见图4-3)等。这几种常用的组织结构模式既可以在企业管理中运用,也可以在建设项目管理中运用。

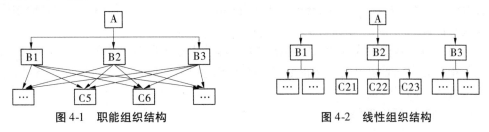

图 4-1　职能组织结构　　　　　　　　　图 4-2　线性组织结构

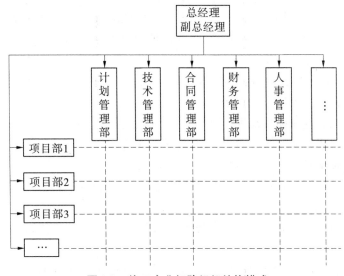

图 4-3　施工企业矩阵组织结构模式

1. 职能组织结构的特点和应用

在职能组织结构中,每一个职能部门可根据它的管理职能对其直接和非直接的下属工作部门下达工作指令,因此每一个工作部门可能得到其直接和非直接的上级工作部门下达的工作指令,它就会有多个矛盾指令源。我国多数的企业、学校、事业单位目前还沿用这种传统的组织结构模式。许多建设项目目前也还用这种传统的组织结构模式,在工作中常出现交叉和矛盾的工作指令关系,严重影响了项目管理机制的运行和项目目标的实现。

2. 线性组织结构的特点及应用

在线性组织结构中,每一个工作部门只能对其直接下属部门下达工作指令,每一个工作部门也只有一个直接的上级部门,因此每一个工作部门只有唯一一个指令源,避免了由于矛盾的指令而影响组织系统的运行。

在国际上,线性组织结构模式是建设项目管理组织系统的一种常用模式,线性组织结构模式可确保工作指令的唯一性。但是在一个特大组织系统中,由于线性组织结构模式指令路径过长,有可能造成组织系统在一定程度上运行困难。

3. 矩阵组织结构的特点及应用

矩阵组织结构是一种较新型的组织结构模式,在矩阵组织结构最高指挥者(部门)下设纵向和横向两种不同类型的工作部门。

在矩阵组织结构中，每一项纵向和横向的工作，指令都来源于纵向和横向两个工作部门，因此指令源为两个。当纵向和横向工作部门的指令发生矛盾时，由该组织系统中最高指挥者进行协调或决策。

在矩阵组织结构中为避免纵向和横向工作部门指令矛盾对工作的影响，可以采用以纵向工作指令为主或者以横向工作指令为主的矩阵组织结构模式，这样也可以减轻该组织最高指挥者的协调工作量。

**（二）施工项目经理部**

1. 施工项目经理部的定义

施工项目经理部是由施工项目经理在施工企业的支持下组建并领导进行项目管理的组织机构。它是施工项目现场管理的一次性具有弹性的施工生产组织机构，负责施工项目从开工到竣工的全过程施工生产经营的管理工作，既是企业某一施工项目的管理层，又对劳务作业层负有管理与服务的双重职能。

大、中型施工项目，施工企业必须在施工现场设立施工项目经理部，小型施工项目可由企业法定代表人委托一个项目经理部兼管。

施工项目经理部直属项目经理的领导，接受企业各职能部门指导、监督、检查和考核。

施工项目经理部在项目竣工验收、审计完成后解体。

2. 施工项目经理部的作用

（1）负责施工项目从开工到竣工的全过程施工生产经营的管理，对作业层负有管理与服务的双重职能。

（2）为施工项目经理决策提供信息依据，当好参谋，同时又要执行项目经理的决策意图，向项目经理全面负责。

（3）施工项目经理部作为组织主体，应完成企业所赋予的基本任务——施工项目管理任务；凝聚管理人员的力量，调动其积极性，促进管理人员的合作，建立为事业献身的精神；协调部门之间、管理人员之间的关系，发挥每个人的岗位作用，为共同目标进行工作。

（4）施工项目经理部是代表企业履行工程承包合同的主体，对生产全过程负责。

3. 施工项目经理部的设立

施工项目经理部的设立应根据施工项目管理的实际需要进行。施工项目经理部的组织机构可繁可简，可大可小，其复杂程度和职能范围完全取决于组织管理体制、规模和人员素质。

**（三）施工项目经理责任制**

1. 施工项目经理的概念

施工项目经理是指由建筑业企业法定代表人委托和授权，在建设工程施工项目中担任项目经理责任岗位职务，直接负责施工项目的组织实施，对建设工程施工项目实施全过程、全面负责的项目管理者，他是建设工程施工项目的责任主体，是建筑业企业法定代表人在承包建设工程施工项目上的委托代理人。

2. 施工项目经理的地位

一个施工项目是一项一次性的整体任务，在完成这个任务的过程中，现场必须有一个最高的责任者和组织者，这就是施工项目经理。

施工项目经理是对施工项目管理实施阶段全面负责的管理者,在整个施工活动中占有举足轻重的地位,确立施工项目经理的地位是搞好施工项目管理的关键。

(1)施工项目经理是建筑施工企业法定代表人在施工项目上负责管理和合同履行的委托代理人,是施工项目实施阶段的第一责任人。施工项目经理是项目目标的全面实现者,既要对项目业主的成果性目标负责,又要对企业效益性目标负责。

(2)施工项目经理是协调各方面关系,使之相互协作、密切配合的桥梁和纽带。施工项目经理对项目管理目标的实现承担着全部责任,即合同责任,履行合同义务,执行合同条款,处理合同纠纷。

(3)施工项目经理对施工项目的实施进行控制,是各种信息的集散地和处理中心。

(4)施工项目经理是施工项目责、权、利的主体。

3.施工项目经理的职责

施工项目经理的职责主要包括两个方面:一是要保证施工项目按照规定的目标高速、优质、低耗地全面完成,另一方面要保证各生产要素在授权范围内最大限度地优化配置。

4.施工项目经理的权限

赋予施工项目经理一定的权利是确保项目经理承担相应责任的先决条件。为了履行项目经理的职责,施工项目经理必须具有一定的权限,这些权限应由企业法人代表授权,并用制度和目标责任书的形式具体确定下来。施工项目经理在授权和企业规章制度范围内,应具有以下权限:

(1)用人决策权。

(2)财务支付权。

(3)进度计划控制权。

(4)技术质量管理权。

(5)物资采购管理权。

(6)现场管理协调权。

5.施工项目经理的利益

施工项目经理最终的利益是项目经理行使权利和承担责任的结果,也是市场经济条件下,责、权、利、效(经济效益和社会效益)相互统一的具体体现。利益可分为两大类:一是物资兑现,二是精神奖励。施工项目经理应享有以下利益:

(1)获得基本工资、岗位工资和绩效工资。

(2)在全面完成《施工项目管理目标责任书》确定的各种责任目标,工程交工验收并结算后,接受企业的考核和审计,除按规定获得物资奖励外,还可获得表彰、记功、优秀项目经理等荣誉称号及其他精神奖励。

(3)经考核和审计,为完成《施工项目管理目标责任书》确定的责任目标或造成亏损的,按有关条款承担责任,并接受经济或行政处罚。

6.在国际上,施工企业项目经理的地位和作用及其特征

(1)项目经理是企业任命的一个项目的项目管理班子的负责人(领导人),但它并不一定是(多数不是)一个企业法定代表人在工程项目上的代表人,因为一个企业法定代表人在工程项目上的代表人在法律上赋予其的权限范围太大。

(2)他的任务权限于支持项目管理工作,其主要任务是项目目标的控制和组织协调。

（3）在有些文献中明确界定,项目管理不是一个技术岗位,而是一个管理岗位。

（4）他是一个组织系统中的管理者,至于他是否有人权、财权和物资采购权等管理权限,则由其上级确定。

# 第二节　施工项目目标控制

## 一、施工成本控制

施工成本管理应从工程投标报价开始,直至项目竣工结算,贯穿于项目实施的全过程。成本作为项目管理的一个关键性目标,施工成本管理就是要在保证工期和质量满足要求的情况下,采取相应的管理措施、经济措施、技术措施、合同措施把成本控制在计划范围之内,并进一步寻求最大程度的成本节约。

### （一）建筑安装工程费项目组成

建筑安装工程费由直接费、间接费、利润和税金组成,直接费由直接工程费和措施费组成,间接费由规费和企业管理费组成。

### （二）施工成本管理的任务

施工成本管理的主要任务包括施工项目成本预测、施工项目成本计划、施工项目成本控制、成本核算、成本分析以及成本考核六项内容。

### （三）施工成本管理的措施

为了取得施工成本管理的理想效果,应当从多方面采取措施实施管理,通常可以将这些措施归纳为组织措施、技术措施、经济措施、合同措施。

1. 组织措施

组织措施是从施工成本管理的组织方面采取的措施。施工成本控制是全员的活动,如实行项目经理责任制,落实施工成本管理的组织结构和人员,明确各级施工成本管理人员任务和职能分工、权利和责任。施工成本管理不仅是专业成本管理人员的工作,各级项目管理人员都负有成本控制的责任。

2. 技术措施

施工过程中降低成本的技术措施,包括如进行技术经济分析,确定最佳的施工方案。结合施工方法,进行材料的使用比选,在满足功能要求的前提下,通过代用、改变配合比、使用添加剂等方法降低材料消耗的费用。确定最合适的施工机械、设备使用方案。结合项目的施工组织设计及自然地理条件,降低材料的库存成本和运输成本。先进的施工技术的应用,新材料的运用,新开发机械设备的使用等。在实践中,也要避免仅从技术角度选定方案而忽视对其经济效果的分析论证。

3. 经济措施

经济措施是最易为人们所接受和采取的措施。管理人员应编制资金使用计划,确定、分解施工成本管理目标。对施工成本管理目标进行风险分析,并制定防范性对策。对各种支出,应认真做好资金的使用计划,并在施工中严格控制各项开支。及时准确地记录、收集、整理、核算实际发生的成本。对各种变更,及时做好增减账,及时落实业主签证,及时结算工程款。通过偏差分析和未完工工程预测,可发现一些潜在的问题将引起未完工程施工成本增加,以这些主动控制为出发点,及时采取预防措施。

4.合同措施

采用合同措施控制施工成本,应贯穿整个合同周期,包括从合同谈判开始到合同终结的全过程。首先,是选用合适的合同结构,对各种合同结构模式进行分析、比较,在合同谈判时,要争取选用适合于工程规模、性质和特点的合同结构模式。其次,在合同条款中应仔细考虑一切影响成本和效益的因素,特别是潜在的风险因素。通过对引起成本变化的风险因素的识别和分析,采取必要的风险对策。如通过合理的方式,增加承担风险的个体数量,降低损失发生的比例,并最终使这些策略反映在合同的具体条款中。在合同执行期间,合同管理的措施既要密切注视对方合同执行的情况,以寻求合同索赔的机会;同时也要密切关注自己履行合同的情况,以防止被对方索赔。

**(四)施工项目成本控制**

施工项目成本控制是指在项目生产成本形成过程中,采用各种行之有效的措施和方法,对生产经营的消耗和支出进行指导、监督、调节和限制,使项目的实际成本能控制在预定的计划目标范围内,及时纠正将要发生和已经发生的偏差,以保证计划成本得以实现。

1.施工项目成本控制的原则

1)效益原则

在工程项目施工中控制成本的目的在于追求经济效益及社会效益,只有二者同时兼顾,才能杜绝顾此失彼的现象,使施工项目费用能够降低的同时,企业的信誉也能不断提高。

2)"三全"原则

"三全"原则即全面、全员、全过程的控制,其目的是使施工项目中所有经济方面的内容都纳入控制的范围之内,并使所有的项目成员都来参与工程项目成本的控制,从而增强项目管理人员对工程项目成本控制的观念和参与意识。

3)责、权、利相结合的原则

建筑工程项目施工中的责权利是施工项目成本控制的重要内容。为此,要按照经济责任制的要求贯彻责权利相结合的原则,使施工项目成本控制真正发挥效益,达到预期目的。

4)分级控制的原则

分级控制原则,也称目标管理原则,即将施工项目成本的指标层层分解,分级落实到各部门,做到层层控制,分级负责。只有这样才能使成本控制落到实处,达到行之有效的目的。

5)动态控制的原则

施工中的成本控制重点要放在施工项目各个主要施工段上,及时发现偏差,及时纠正偏差,在生产过程中进行动态控制。

2.施工项目成本控制的内容

1)成本控制的组织工作

在施工项目经理部,应以项目经理为主,下设专职的成本核算员,全面负责项目成本管理工作,并在其他各管理职能人员的协助配合下,负责日常控制的组织管理工作,制定有关的成本控制制度,把日常控制工作落实到各有关部门和人员,使他们都明确自己在成本控制中应承担的具体任务与相应的经济责任。

2)成本开支的控制工作

为了控制施工过程中的消耗和支出,首先必须要按照一定的原则和方法制定出各项开支的计划、标准和定额,然后严格控制一切开支,以达到节约开支、降低工程成本的目标。

3)加强施工项目实际成本的日常核算工作

施工项目成本的日常核算工作,是通过记账和算账等手段,对施工耗费和施工成本进行价格核算,及时提供成本开支和成本信息资料,以随时掌握和控制成本支出,促使项目成本的降低。

4)加强项目成本控制偏差的分析工作

项目成本控制偏差一般有两种,即实际成本小于计划成本的有利偏差和实际成本超过计划成本的不利偏差。偏差分析是运用一定方法研究偏差产生的原因,用以总结经验,不断提高成本控制的水平。

3. 施工项目成本控制的步骤

在确定了项目施工成本计划后,必须定期地进行施工成本计划值与实际值的比较,当实际值偏离计划值时,分析产生偏差的原因,采取适当的纠偏措施,以确保施工成本控制目标的实现。其步骤如下。

1)比较

按照某种确定的方式将施工成本计划值与实际值逐项进行比较以发现施工成本是否已超支。

2)分析

在比较的基础上,对比较的结果进行分析,以及偏差的严重性及偏差的原因,从而采取有针对性的措施,减少或避免相同原因的再次发生或减少由此造成的损失。

3)预测

根据项目实施情况估算整个项目完成时的施工成本。预测的目的在于为决策提供支持。

4)纠偏

当施工项目的实际施工成本出现偏差,应当根据施工项目的具体情况、偏差分析和预测的结果,采取适当的措施,以期达到使施工成本偏差尽可能小的目的,纠偏是施工成本控制中最具实质性的一步。只有通过纠偏,才能最终达到有效控制施工成本的目的。

5)检查

它是指对工程的进展进行跟踪和检查,及时了解工程进展状况以及纠偏措施的执行情况和效果,为今后的工作积累经验。

(五)施工项目成本分析

施工项目成本分析,是根据会计核算、业务核算和统计核算提供的资料,对施工成本的形成过程和影响成本升降的因素进行分析。为了实现项目的成本控制目标,保质保量地完成施工任务,项目管理人员必须进行施工项目成本分析。施工项目成本考核是贯彻项目成本责任制的重要手段,也是项目管理激励机制的体现。

1. 施工项目成本分析的作用

(1)有助于恰当评价成本计划的执行结果。

(2)揭示成本节约和超支的原因,进一步提高企业管理水平。

(3)寻求进一步降低成本的途径和方法,不断提高企业的经济效益。

2.施工项目成本分析应遵守的原则

(1)实事求是的原则。成本分析一定要有充分的事实依据,对事物进行实事求是的评价,并要尽可能做到措辞恰当,能为绝大多数人所接受。

(2)用数据说话的原则。成本分析要充分利用会计核算、业务核算、统计核算和有关台账的数据进行定量分析,尽量避免抽象的定性分析。

(3)时效性原则。成本分析要做到分析及时,发现问题及时,解决问题及时。

(4)为生产经营服务的原则。成本分析不仅要揭露矛盾,而且要分析产生矛盾的原因,提出积极有效的解决矛盾的合理化建议。

3.施工项目成本分析的方法

1)比较法

比较法又称指数对比分析法,就是通过技术经济指标的对比,检查目标的完成情况,分析产生差异的原因,进而挖掘内部潜力的方法。这种方法通俗易懂、简单易行、便于掌握,因而得到了广泛的应用。

2)因素分析法

因素分析法又称连环置换法,这种方法可用来分析各种因素对成本的影响程度。在进行分析时,首先要假定众多因素中的一个因素发生了变化,而其他因素则不变,然后逐个替换,分别比较其计算结果,以确定各个因素的变化对成本的影响程度。

3)差额计算法

差额计算法是因素分析法的一种简化形式,它利用各个因素的目标与实际的差额来计算其对成本的影响程度。

4)比率法

比率法是指用两个以上的指标的比例进行分析的方法。它的基本特点是:先把对比分析的数值变成相对数,再观察其相互之间的关系。

## 二、施工进度控制

### (一)施工进度管理的任务与措施

1.进度管理的定义

施工项目进度管理是为实现预定的进度目标而进行的计划、组织、指挥、协调和控制等活动,即在限定的工期内,确定进度目标,编制出最佳的施工进度计划,在执行进度计划的施工过程中,经常检查实际施工进度,并不断地用实际进度与计划进度相比较,确定实际进度是否与计划进度相符,若出现偏差,分析产生的原因和对工期的影响程度,找出必要的调整措施,修改原计划,如此不断地循环,直至工程竣工验收。

2.进度管理过程

施工进度管理过程是一个动态的循环过程。它包括进度目标的确定,编制进度计划和进度计划的跟踪检查与调整。其基本过程如图4-4所示。

3.进度管理的措施

施工进度管理的措施主要有组织措施、管理措施、经济措施和技术措施。

1)组织措施

组织是目标能否实现的决定性因素,为实现项目的进度目标,应健全项目管理的组织体

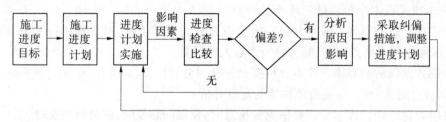

**图4-4 施工进度管理过程**

系;在项目组织结构中应由专门的工作部门和符合进度管理岗位资格的专人负责进度管理工作;进度管理的工作任务和相应的管理职能应在项目管理组织设计的任务分工表和管理职能分工表中标示并落实;应编制施工进度的工作流程,如:确定施工进度计划系统的组成,各类进度计划的编制程序、审批程序和计划调整程序等;应进行有关进度管理会议的组织设计,以明确会议的类型,各类会议的主持人和参加单位及人员,各类会议的召开时间,各类会议文件的整理、分发和确认等。

2)管理措施

管理措施涉及管理的思想、管理的方法、承发包模式、合同管理和风险管理等。树立正确的管理观念,包括进度计划系统观念、动态管理的观念、进度计划多方案比较和选优的观念;运用科学的管理方法,工程网络计划的方法有利于实现进度管理的科学化;选择合适的承发包模式;重视合同管理在进度管理中的应用;采取风险管理措施。

3)经济措施

经济措施涉及编制与进度计划相适应的资源需求计划和采取加快施工进度的经济激励措施。

4)技术措施

技术措施涉及对实现施工进度目标有利的设计技术和施工技术的选用。

4.施工进度目标

1)施工进度管理的总目标

施工进度管理以实现施工合同约定的竣工日期为最终目标。作为一个施工项目,总有一个时间限制,即施工项目的竣工时间。而施工项目的竣工时间就是施工阶段的进度目标。有了这个明确的目标以后,才能进行针对性的进度管理。

在确定施工进度目标时,应考虑的因素有:项目总进度计划对项目施工工期的要求、项目建设的特殊要求、已建成的同类或类似工程项目的施工期限、建设单位提供资金的保证程度、施工单位可能投入的施工力量、物资供应的保证程度、自然条件及运输条件等。

2)进度目标体系

施工项目进度管理的总目标确定后,还应对其进行层层分解,形成相互制约、相互关联的目标体系。施工项目进度的目标是从总的方面对项目建设提出的工期要求,但在施工活动中,是通过对最基础的分部分项工程的施工进度管理,来保证各单位工程、单项工程或阶段工程进度管理的目标完成,进而实现施工项目进度管理总目标的完成。

施工阶段进度目标可根据施工阶段、施工单位、专业工种和时间进行分解。

(1)按施工阶段分解。

根据工程特点,将施工过程分为几个施工阶段,如基础、主体、屋面、装饰。根据总体网络计划,以网络计划中表示这些施工阶段起止的节点为控制,明确提出若干阶段目标,并对每个施工阶段的施工条件和问题进行更加具体的分析研究和综合平衡,制定各阶段的施工规划,以阶段目标的实现来保证总目标的实现。

(2)按施工单位分解。

若项目由多个施工单位参加施工,则要以总进度计划为依据,确定各单位的分包目标,并通过分包合同落实各单位的分包责任,以各分包目标的实现来保证总目标的实现。

(3)按专业工种分解。

只有控制好每个施工过程完成的质量和时间,才能保证各分部工程进度的实现。因此,既要对同专业、同工种的任务进行综合平衡,又要强调不同专业工种间的衔接配合,明确相互间的交接日期。

(4)按时间分解。

将施工总进度计划分解成逐年、逐季、逐月的进度计划。

**(二)流水施工的应用**

工程项目组织实施的管理形式有三种:依次施工、平行施工和流水施工。

依次施工又叫顺序施工,是将拟建工程划分为若干个施工过程,每个施工过程按施工工艺流程顺次进行施工,前一个施工过程完成后,后一个施工过程才开始施工。

平行施工是全部工程任务的各施工段同时开工、同时完成的一种施工组织方式,当拟建工程十分紧迫,工作面、资源供应允许的条件下,采用平行施工。

流水施工是将拟建工程划分为若干个施工段,并将施工对象分解为若干个施工过程,按施工过程成立相应工作队,各工作队按照一定的时间间隔依次投入施工,各个施工过程陆续开工、陆续竣工,使同一施工过程的施工班组保持连续、均衡施工,不同施工过程实现最大限度的搭接施工。

1.横道图进度计划的编制方法

横道图是一种最简单并运用最广的传统的计划方法,尽管有许多新的计划技术,横道图在建设领域中的应用还是非常普遍的。

横道图用于小型项目或大型项目的子项目上,或用于计算资源需用量、概要预示进度,也可以用于其他计划技术的表示结果。

横道图计划表中的进度线与时间坐标对应,这种表达方式比较直观,容易看懂计划编制的意图。但是横道图计划法也存在一些问题,如:

(1)工序之间的逻辑关系可以设法表达,但不易表达清楚。

(2)适用于手工编制计划。

(3)没有通过严谨的进度计划时间参数计算,不能确定计划的关键工作、关键线路与时差。

(4)计划调整只能手工方式进行,其工作量较大。

(5)难以适应大的进度计划系统。

2.工程网络计划

网络图是指由箭线和节点组成,用来表示工作流程的有向、有序的网状图形。这种表达方式具有以下优点:能正确地反映工序(工作)之间的逻辑关系;进行各种时间参数计算,确定关键工作、关键线路与时差;可以用电子计算机对复杂的计划进行计算、调整与优化。网络图的种类很多,较常用的是双代号网络图。双代号网络图是以箭线及其两端节点的编号表示工作的网络图。

建筑施工进度既可以用横道图表示,也可以用网络图表示,从发展的角度讲,网络图更有优势,因为它具有以下几个特点:

(1)组成有机的整体,能全面明确反映各工序间的制约与依赖关系。

(2)通过计算,能找出关键工作和关键线路,便于管理人员抓主要矛盾。

(3)便于资源调整和利用计算机管理和优化。

网络图也存在一些缺点,如表达不直观,难掌握;不能清晰地反映流水情况、资源需要量的变化情况等。

### (三)施工项目进度计划的实施

施工项目进度计划的实施就是落实施工进度计划,按施工进度计划开展施工活动并完成施工项目进度计划。施工项目进度计划逐步实施的过程就是项目施工逐步完成的过程。为保证项目各项施工活动,按施工进度计划所确定的顺序和时间进行,以及保证各阶段进度目标和总进度目标的实现,应做好下面的工作。

1. 检查各层次的计划,并进一步编制月(旬)作业计划

施工项目的施工总进度计划、单位工程施工进度计划、分部分项工程施工进度计划,都是为了实现项目总目标而编制的,其中高层次计划是低层次计划编制和控制的依据,低层次计划是高层次计划的深入和具体化,在贯彻执行时,要检查各层次计划间是否紧密配合、协调一致。计划目标是否层层分解、互相衔接,检查在施工顺序、空间及时间安排、资源供应等方面有无矛盾,以组成一个可靠的计划体系。

2. 综合平衡,做好主要资源的优化配置

施工项目不是孤立完成的,它必须由人、财、物(材料、机具、设备等)诸资源在特定地点有机结合才能完成。同时,项目对诸资源的需要又是错落起伏的,因此施工企业应在各项目进度计划的基础上进行综合平衡,编制企业的年度、季度、月旬计划,将各项资源在项目间动态组合,优化配置,以保证满足项目在不同时间对诸资源的需求,从而保证施工项目进度计划的顺利实施。

3. 层层签订承包合同,并签发施工任务书

按前面已检查过的各层次计划,以承包合同和施工任务书的形式,分别向分包单位、承包队和施工班组下达施工进度任务,其中总承包单位与分包单位、施工企业与项目经理部、项目经理部与各承包队和职能部门、承包队与各作业班组间应分别签订承包合同,按计划目标明确规定合同工期、相互承担的经济责任、权限和利益。

4. 全面实行层层计划交底,保证全体人员共同参与计划实施

在施工进度计划实施前,必须根据任务进度文件的要求进行层层交底落实,使有关人员都明确各项计划的目标、任务、实施方案、预控措施、开始日期、结束日期、有关保证条件、协作配合要求等,使项目管理层和作业层能协调一致工作,从而保证施工生产按计划、有步骤、连续均衡地进行。

5. 做好施工记录,掌握现场实际情况

在计划任务完成的过程中,各级施工进度计划的执行者都要跟踪做好施工记录。在施工中,如实记载每项工作的开始日期、工作进程和完成日期,记录每日完成数量、施工现场发

生的情况和干扰因素的排除情况,可为施工项目进度计划实施的检查、分析、调整、总结提供真实、准确的原始资料。

6. 做好施工中的调度工作

施工中的调度即是在施工过程中针对出现的不平衡和不协调进行调整,以不断组织新的平衡,建立和维护正常的施工秩序。它是组织施工中各阶段、各环节、各专业和各工种的互相配合、进度协调的指挥核心,也是保证施工进度计划顺利实施的重要手段。其主要任务是监督和检查计划实施情况,定期组织调度会,协调各方协作配合关系,采取措施消除施工中出现的各种矛盾,加强薄弱环节,实现动态平衡,保证作业计划及进度控制目标的实现。

7. 预测干扰因素,采取预控措施

在项目实施前和实施过程中,应经常根据所掌握的各种数据资料,对可能致使项目实施结果偏离进度计划的各种干扰因素进行预测,并分析这些干扰因素所带来的风险程度的大小,预先采取一些有效的控制措施,将可能出现的偏离尽可能消灭于萌芽状态。

**(四)施工项目施工进度计划的检查与调整**

1. 施工项目进度计划的检查

在施工项目的实施过程中,为了进行施工进度管理,进度管理人员应经常性地、定期地跟踪检查施工实际进度情况,主要是收集施工项目进度材料,进行统计整理和对比分析,确定实际进度与计划进度之间的关系。其主要工作包括以下几点:

(1)跟踪检查施工实际进度。

(2)整理统计检查数据。

(3)将实际进度与计划进度进行对比分析。

将收集的资料整理和统计成具有与计划进度可比性的数据后,用施工项目实际进度与计划进度的比较方法进行比较。通常采用的比较方法有横道图比较法、S形曲线比较法、香蕉形曲线比较法、前锋线比较法等。

①横道图比较法。横道图比较法是把项目施工中检查实际进度收集的信息,经整理后直接用横道线并列于原计划的横道线处,进行直观比较的一种方法。这种方法简明直观,编制方法简单,使用方便,是人们常用的方法。

②S形曲线比较法。S形曲线比较法是在一个以横坐标表示进度时间,纵坐标表示累计完成任务量的坐标体系上,首先按计划时间和任务量绘制一条累计完成任务量的曲线(即S形曲线),然后将施工进度中各检查时间时的实际完成任务量也绘在此坐标上,并与S形曲线进行比较的一种方法。

对于大多数工程项目来说,从整个施工全过程来看,其单位时间消耗的资源量,通常是中间多而两头少,即资源的投入开始阶段较少,随着时间的增加而逐渐增多,在施工中的某一时期达到高峰后又逐渐减少直至项目完成,其变化过程可用图4-5(a)表示。而随着时间进展累计完成的任务量便形成一条中间陡而两头平缓的S形变化曲线,故称S形曲线,如图4-5(b)所示。

③香蕉形曲线比较法。香蕉形曲线实际上是两条S形曲线组合成的闭合曲线,如图4-6所示。一般情况下,任何一个施工项目的网络计划,都可以绘制出两条具有同一开始时间和同一结束时间的S形曲线:其一是计划以各项工作的最早开始时间安排进度所绘制的S形曲线,简称ES曲线;其二是计划以各项工作的最迟开始时间安排进度所绘制的S形

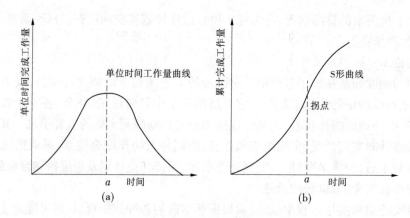

图4-5  时间与完成任务量关系曲线

曲线,简称 LS 曲线。由于两条 S 形曲线都是相同的开始点和结束点,因此两条曲线是封闭的。除此之外,ES 曲线上各点均落在 LS 曲线相应时间对应点的左侧,由于这两条曲线形成一个形如香蕉的曲线,故称为香蕉形曲线。只要实际完成量曲线在两条曲线之间,则不影响总的进度。

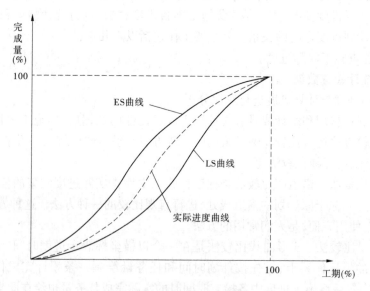

图4-6  香蕉形曲线比较图

④前锋线比较法。前锋线比较法是通过某检查时刻施工项目实际进度前锋线,进行施工项目实际进度与计划进度比较的方法,它主要适用于时标网络计划。所谓前锋线是指在原时标网络计划上,从检查时刻的时标点出发,用点画线依次将各项工作实际进展位置点连接而成的折线。前锋线比较法就是按前锋线与工作箭线交点的位置判定施工实际进度与计划进度的偏差。凡前锋线与工作箭线的交点在检查日期的右方,表示提前完成计划进度;若其点在检查日期的左方,表示进度拖后;若其点与检查日期重合,表明该工作实际进度与计划进度一致。

(4)施工进度检查结果的处理。

对施工进度检查的结果要形成进度报告,把检查比较的结果及有关施工进度现状和发展趋势提供给项目经理及各级业务职能负责人。进度报告的内容包括:进度执行情况的综合描述,实际进度与计划进度的对比资料,进度计划的实施问题及原因分析,进度执行情况对质量、安全和成本等的影响情况,采取的措施和对未来计划进度的预测。进度报告可以单独编制,也可以根据需要与质量、成本、安全和其他报告合并编制,提出综合进展报告。

2. 施工项目进度计划的调整

1) 分析进度偏差产生的影响

当实际进度与计划进度进行比较,判断出现偏差时,首先应分析该偏差对后续工作和对总工期的影响程度,然后才能决定是否调整以及调整的方法与措施。具体分析步骤如下:

(1) 分析出现进度偏差的工作是否为关键工作。

(2) 分析进度偏差时间是否大于总时差。

(3) 分析进度偏差时间是否大于自由时差。

2) 施工项目进度计划的调整方法

在对实施的进度计划分析的基础上,应确定调整原计划的方法,一般主要有以下几种:

(1) 改变某些工作间的逻辑关系。

(2) 缩短某些工作的持续时间。

(3) 资源供应的调整。

(4) 增减工程量。

增减工程量主要是指改变施工方案、施工方法,从而导致工程量的增加或减少。

(5) 起止时间的改变。

# 三、施工质量控制

## (一)施工项目质量管理概述

### 1. 质量的概念

质量有广义与狭义之分,狭义的质量是指产品的自身质量;广义的质量除指产品自身质量外,还包括形成产品全过程的工序质量和工作质量。

产品质量是指满足相应设计和使用的各项要求所具备的特性。

工序质量是人、机具设备、材料、方法和环境对产品质量综合起作用的过程中所体现的产品质量。

工作质量是指所有工作对工程达到和超过质量标准、减少不合格品、满足用户需要所起到保证作用的程度。

### 2. 影响工程质量的主要因素

影响工程质量的因素很多,但归纳起来主要有五方面,即人(Man)、材料(Material)、机械(Machine)、方法(Method)、环境(Environment),简称4M1E因素。

1) 人员素质

人员素质即人的文化水平、技术水平、决策能力、管理能力、组织能力、作业能力、控制能力、身体素质及职业道德等,都将直接或间接地对规划、决策、勘察、设计和施工的质量产生影响,所以人员因素是影响工程质量的一个重要因素。因此,建筑业企业实行经营资质管理和各类专业人员持证上岗制度是保证人员素质的重要管理措施。

2）工程材料

工程材料是指构成工程实体的各类建筑材料、构配件、半成品等，工程材料选用是否合理、产品是否合格、材质是否经过检验、保管是否得当等，都将直接影响建设工程实体的结构强度和刚度，影响工程的外表及观感，影响工程的适用性和安全性。

3）机械设备

机械设备可分为两种：一种是组成工程实体及配套的工艺设备和各类机具，如电梯、泵机、通风设备等，它们构成了建筑设备安装工程，形成完整的使用功能；另一种是指施工过程中使用的各类机具设备，如大型垂直与水平运输设备、各类操作工具、各类施工安全设施、各类测量仪器和计量器具等，它们是施工生产的手段。工程用机具设备及其产品质量直接影响工程使用功能质量；施工机具设备的类型是否符合施工特点，性能是否先进稳定，操作是否方便安全等，都将影响工程项目的质量。

4）方法

方法是指工艺方法、操作方法和施工方案。在施工过程中，施工工艺是否先进，施工操作是否正确，施工方案是否合理，都将对工程质量产生重大的影响。因此，大力推广新工艺、新方法、新技术，不断提高工艺技术水平，是保证工程质量稳定提高的重要途径。

5）环境条件

环境条件是指对工程质量特性起重要作用的环境因素，包括工程技术环境、工程作业环境、工程管理环境、周边环境等。加强环境管理，改进作业环境，把握技术环境，辅以必要的措施，是控制环境对质量影响的重要保证。

3.质量管理的概念

质量管理，是指企业为保证和提高产品质量，为用户提供满意的产品而进行的一系列管理活动。

质量管理的发展，一般认为经历了三个阶段，即质量检验阶段、统计质量管理阶段和全面质量管理阶段。

1）质量检验阶段（1920～1940 年）

质量检验是一种专门的工序，是从生产过程中独立出来的对产品进行严格的质量检验为主要特征的工序。其目的是通过对最终产品的测试与质量对比，剔除次品，保证出厂产品的质量是合格的。

质量检验的特点：事后控制，缺乏预防和控制废品的产生，无法把质量问题消灭在产品设计和生产过程中，是一种功能很差的"事后验尸"的管理方法。

2）统计质量管理阶段（1940～1950 年）

统计质量管理阶段是第二次世界大战初期发展起来的，主要是运用数理统计的方法，对生产过程中影响质量的各种因素实施质量控制，从而保证产品质量。

统计质量管理的特点：事中控制，即对产品生产的过程控制，从单纯的"事后验尸"发展到"预防为主"，预防与检验相结合的阶段，但统计质量管理过分强调统计工具，忽视了人的因素和管理工作对质量的影响。

3）全面质量管理阶段（20 世纪 60 年代至今）

全面质量管理是在质量检验和统计质量管理的基础上，按照现代生产技术发展的需要，以系统的观点来看待产品质量，注重产品的设计、生产、售后服务全过程的质量管理。

全面质量管理的特点:事前控制,预防为主,能对影响质量的各类因素进行综合分析并进行有效控制。

以上三个阶段的本质区别是:质量检验阶段靠的是事后把关,是一种防守型的质量管理;统计质量管理主要靠在生产过程中对产品质量进行控制,把可能发生的质量问题消灭在生产过程之中,是一种预防型的质量管理;全面质量管理保留了前两者的长处,对整个系统采取措施,不断提高质量,是一种进攻型或全攻全守的质量管理。

4.质量管理常用的统计方法

1)调查表法

调查表法又称统计调查分析法,是收集和整理数据用的统计表,利用这些统计表对数据进行整理,并可粗略地进行原因分析。常用的检查表有工序分布检查表、缺陷位置检查表、不良项目检查表、不良因素检查表等。

2)分层法

分层法又称分类法,是将调查收集的原始数据,根据不同的目的和要求,按某一性质进行分组、整理的分析方法。

3)排列图法

排列图法又称主次因素分析图法或称巴列特图,它是由两个纵坐标、一个横坐标、几个直方图和一条曲线所组成,利用排列图寻找影响质量主次因素的方法。

4)直方图法

直方图法又称频数分布直方图法,是将收集到的质量数据进行分组整理,绘制成频数分布直方图,用以描述质量分布状态的一种分析方法。根据直方图可掌握产品质量的波动情况,了解质量特征的分布规律,以便对质量状况进行分析判断。

5)因果分析图法

因果分析图法又称特性要因图,是用因果分析图来整理分析质量问题(结果)与其产生原因之间关系的有效工具。

6)控制图法

控制图法又称管理图法,是在直角坐标系内画有控制界限,描述生产过程中产品质量波动状态的图形。利用控制图区分质量波动原因,判断生产工序是否处于稳定状态的方法即为控制图法。

7)散布图法

散布图法又称相关图法,在质量管理中它是用来显示两种质量数据之间的一种图形。质量数据之间的关系多属相关关系。一般有三种类型:一是质量特性和影响因素之间的关系,二是质量特性和质量特性之间的关系,三是影响因素和影响因素之间的关系。

5.施工项目质量管理的概念和特点

施工项目质量管理是指围绕着项目施工阶段的质量管理目标进行的策划、组织、控制、协调、监督等一系列管理活动。

施工项目质量管理的工作核心是保证工程达到相应的技术要求,工作的依据是相应的技术规范和标准,工作的效果取决于工程符合设计质量要求的程度,工作的目的是提高工程质量,使用户和企业都满意。

6.施工项目质量控制的原则

(1)坚持"质量第一,用户至上"的原则。

(2)以人为核心的原则。

(3)以预防为主的原则。

(4)坚持质量标准,一切用数据说话的原则。

(5)贯彻科学、公正、守法的职业规范。

7.质量管理的基本原理

质量管理的基本方法是 PDCA 循环。这种循环能使任何一项活动有效进行的合乎逻辑的工作程序,是现场质量保证体系运行的基本方式,是一种科学有效的质量管理方法。

PDCA 循环包括四个阶段和八个步骤,如图 4-7、图 4-8 所示。

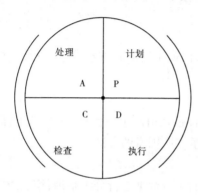

图 4-7　PDCA 循环的四个阶段　　　图 4-8　PDCA 的八大步骤

(1)计划阶段。

在开始进行持续改善的时候,首先要进行的工作是计划。计划包括制定质量目标、活动计划、管理项目和措施方案。计划阶段需要检讨企业目前的工作效率、追踪流程和收集流程过程中出现的问题点,根据收集到的资料,进行分析并制定初步的解决方案,提交公司高层批准。

计划阶段包括四个工作步骤:

①分析现状。通过现状的分析,找出存在的主要质量问题,并尽可能以数字说明。

②寻找原因。在所收集到的资料的基础上,分析产生质量问题的各种原因或影响因素。

③提炼主因。从各种原因中找出影响质量的主要原因。

④制订计划。针对影响质量的主要原因,制定技术组织措施方案,并具体落实到执行者。

(2)实施阶段。

在实施阶段,就是将制订的计划和措施具体组织实施和执行。

(3)检查阶段。

检查就是将执行的结果与预定目标进行对比,检查计划执行情况,看是否达到了预期的效果。按照检查的结果,来验证生产的运作是否按照原来的标准进行,或者原来的标准规范是否合理等。

生产按照标准规范运作后,分析所得到的检查结果,寻找标准化本身是否存在偏移。如果发生偏移现象,重新策划,重新执行。这样,通过暂时性生产对策的实施,检验方案的有效性,进而保留有效的部分。检查阶段可以使用的工具主要有排列图、直方图和控制图。

(4)处理阶段。

第四阶段是对总结的检查结果进行处理,成功的经验加以肯定,并予以标准化或制定作业指导书,便于以后工作时遵循;对于失败的教训也要总结,以免重现。对于没有解决的问题,应提到下一个 PDCA 循环中去解决。

处理阶段包括两方面的内容:

①总结经验,进行标准化。总结经验教训,把成功的经验肯定下来,制定成标准;把差错记录在案,作为借鉴,防止今后再度发生。

②转入下一个循环。

**(二)施工项目质量计划**

1. 施工项目质量计划的主要内容

施工项目质量计划是指确定施工项目的质量目标和如何达到这些质量目标所规定必要的作业过程、专门的质量措施和资源等工作。

施工项目质量计划的主要内容包括:

(1)编制依据;

(2)项目概述;

(3)质量目标;

(4)组织机构;

(5)质量控制及管理组织协调的系统描述;

(6)必要的质量控制手段,施工过程、服务、检验和试验程序及与其有关的支持性文件;

(7)确定关键过程和特殊过程及作业指导书;

(8)与施工阶段相适应的检验、试验、测量、验证要求;

(9)更改和完善质量计划的程序。

2. 施工项目质量计划编制的依据

施工项目质量计划编制的主要依据有:

(1)工程承包合同、设计文件;

(2)施工企业的《质量手册》及相应的程序文件;

(3)施工操作规程及作业指导书;

(4)各专业工程施工质量验收规范;

(5)《中华人民共和国建筑法》、《建设工程质量管理条例》、环境保护条例及法规;

(6)安全施工管理条例等。

3. 施工项目质量计划编制的要求

施工项目质量计划应由项目经理编制。质量计划作为对外质量保证和对内质量控制的依据文件,应体现施工项目从分项工程、分部工程到单位工程的工程控制,同时也要体现从资源投入到完成工程质量最终检验和试验的全过程控制。

**(三)施工准备阶段的质量管理**

施工准备是为保证施工生产正常进行而事先做好的工作。施工准备工作不仅是在工程开工前要做好,而且要贯穿整个施工过程。施工准备的基本任务就是为施工项目建立一切必要的施工条件,确保施工生产顺利进行,确保工程质量符合要求。

1. 技术资料、文件准备的管理

1）施工项目所在地的自然条件及技术经济条件的调查资料

对施工项目所在地的自然条件及技术经济条件的调查,是为选择施工技术和组织方案收集基础资料,并以此作为施工准备工作的依据。因此,要尽可能详细,并能为工程施工服务。

2）施工组织设计

施工组织设计是指导施工准备和组织施工的全面性技术经济文件。对施工组织设计的控制要进行两方面的控制:一是选定施工方案后,制定施工进度时,必须考虑施工顺序、施工流向,主要分部分项工程的施工方法,特殊项目的施工方法和技术措施能否保证工程质量;二是制订施工方案时,必须进行技术经济比较,使工程项目满足符合性、有效性和可靠性要求,取得工期短、成本低、安全生产、效益好的经济质量。做到现场的三通一平、临时设施的搭建满足施工需要,保证工程顺利进行。

3）有关质量管理方面的法律、法规性文件及质量验收标准

质量管理方面的法律、法规,规定了工程建设参与各方的质量责任和义务,质量管理体系建立的要求、标准,质量问题的处理要求、质量验收标准等,都是进行质量控制的重要依据。

4）工程测量控制资料

施工现场的原始基准点、基准线、标高及施工控制网等数据资料,是施工之前进行质量控制的一项基础工作,这些数据是进行工程测量控制的重要内容。

2. 设计交底和图纸审核的管理

设计图纸是进行质量控制的重要依据。为使施工单位熟悉有关图纸,充分了解项目工程的特点、设计意图和工艺与质量要求,减少图纸差错,消灭图纸中的质量隐患,要做好设计交底和图纸审核工作。

1）设计交底

设计交底是由设计单位向施工单位有关人员进行设计交底,主要包括地形、地质、水文等自然条件,施工设计依据,设计意图,施工注意事项等。交底后,由施工单位提出图纸中的问题和疑问,以及要解决的技术难题。经各方协商研究,拟订出解决方案。

2）图纸审核

通过图纸审核,可以广泛听取使用人员、施工人员的正确意见,弥补设计上的不足,提高设计质量;使得施工人员更了解设计意图、技术要求、施工难点,为保证工程质量打好基础。重要内容包括:

（1）设计是否满足抗震、防火、环境卫生等要求;

（2）图纸与说明是否齐全;

（3）图纸中有无遗漏、差错或相互矛盾之处,图纸表示方法是否清楚并符合标准要求;

（4）所需材料来源有无保证,能否代替;

（5）施工工艺、方法是否合理,是否切合实际,是否便于施工,能否保证质量要求;

（6）施工图及说明书中涉及的各种标准、图册、规范、规程等,施工单位是否具备。

3. 现场勘察与三通一平、临时设施搭建

掌握现场地质、水文等勘察资料,检查三通一平、临时设施搭建能否满足施工需要,保证工程顺利进行。

4. 物资和劳动力的准备

检查原材料、构配件是否符合质量要求,施工机具是否可以进行正常运行;施工力量的集结能否进入正常的作业状态,特殊工种及缺门工种的培训是否具备应有的操作技术和资格,劳动力的调配,工种间的搭接能否为后续工种创造合理的、足够的工作条件。

5. 质量教育与培训

通过质量教育培训和其他措施提高员工的能力,增强质量和顾客意识,使员工达到所从事的质量工作对能力的要求。

项目领导班子应着重以下几方面的培训:质量意识教育;充分理解和掌握质量方针和目标;质量管理体系有关方面的内容;质量保持和质量改进意识。

**(四)施工阶段的质量管理**

按照施工组织设计总进度计划,编制具体的月度和分项工程施工作业计划和相应的质量计划。对操作人员、材料、机具设备、施工工艺、生产环境等影响质量的因素进行控制,以保持建筑产品总体质量处于稳定状态。

1. 施工工艺的质量控制

工程项目施工应编制"施工工艺技术标准",规定各项作业活动和各道工序的操作规程、作业规范要点、工作顺序、质量要求。上述内容应预先向操作者进行交底,并要求认真贯彻执行。对关键环节的质量、工序、材料和环境应进行验证,使施工工艺的质量控制符合标准化、规范化、制度化的要求。

2. 施工工序的质量控制

1)工序质量控制的概念

工序质量控制是为把工序质量的波动限制在要求的界限内所进行的质量控制活动。其目的是要保证稳定地生产合格产品。具体地说,工序质量控制是使工序质量的波动处于允许的范围之内,一旦超出允许范围,立即对影响工序质量波动的因素进行分析。

2)工序质量控制点的设置和管理

(1)质量控制点。

质量控制点是指为了保证(工序)施工质量而对某些施工内容、施工项目、工程的重点和关键部位、薄弱环节等,在一定时间和条件下进行重点控制和管理,以使其施工过程处于良好的控制状态。

(2)质量控制点设置的原则。

质量控制点的设置,应根据工程的特点、质量的要求、施工工艺的难易程度、施工队伍的素质和技术操作水平等因素,进行全面分析后确定。在一般情况下,选择质量控制点的基本原则有:

①重要的和关键性的施工环节和部位;

②质量不稳定、施工质量没有把握的施工工序和环节;

③施工技术难度大的、施工条件困难的施工工序和环节;

④质量标准或质量精度要求高的施工内容和项目;

⑤对后续施工或后续工序质量或安全有重要影响的施工工序或部位；

⑥采用新技术、新工艺、新材料施工的部位或环节。

对于一个分部分项工程，究竟应该设置多少个质量控制点，应根据施工的工艺、施工的难度、质量标准和施工单位的情况来决定。一般来说，施工工艺复杂时可多设，施工工艺简单时可少设；施工难度较大时可多设，施工难度不大时可少设；质量标准要求较高时应多设，质量标准不高时可少设；施工单位信誉不高时应多设，施工单位信誉较高时可少设。表4-1列举出某些分部分项工程质量控制点设置的一般位置，可供参考。

表4-1　质量控制点的设置位置

| 分项工程 | 质量控制点 |
|---|---|
| 工程测量定位 | 标准轴线桩、水平桩、龙门桩、定位轴线、标高 |
| 地基、基础（含设备基础） | 基坑（槽）尺寸、标高、土质、地基承载力、基础垫层标高，基础位置、尺寸、标高，预留洞孔、预埋件的位置、规格、数量，基础墙皮数杆及标高、杯底弹线 |
| 砌体 | 砌体轴线，皮数杆，砂浆配合比，预留洞孔、预埋件位置、数量，砌块排列 |
| 模板 | 位置、尺寸、标高，预埋件位置，预留洞孔尺寸、位置，模板承载力及稳定性，模板内部清理及润湿情况 |
| 钢筋混凝土 | 水泥品种、强度等级，砂石质量，混凝土配合比，外加剂比例，混凝土振捣，钢筋品种、规格、尺寸、搭接长度，钢筋焊接，预留洞、孔及预埋件规格、数量、尺寸、位置，预制构件吊装或出场（脱模）强度，吊装位置、标高、支承长度、焊缝长度 |
| 吊装 | 吊装设备起重能力、吊具、索具、地锚 |
| 刚结构 | 翻样图、放大样 |
| 焊接 | 焊接条件、焊接工艺 |
| 装修 | 视具体情况而定 |

（3）工序质量控制点的管理。

在操作人员上岗前，施工员、技术员做好交底及记录工作，在明确工艺要求、质量要求、操作要求的基础上方能上岗。施工中发现问题，及时向技术人员反映，由有关技术人员指导后，操作人员方可继续施工。

3. 人员素质的控制

定期对职工进行规程、规范、工序工艺、标准、计量、检验等基础知识的培训，开展质量管理和质量意识教育。

4. 设计变更与技术复核的控制

加强对施工过程中提出的设计变更的控制。重大问题须经业主、设计单位、施工单位三方同意，由设计单位负责修改，并向施工单位签发设计变更通知书。对建设规模、投资方案等有较大影响的变更，须经原批准初步设计单位同意，方可进行修改。所有设计变更资料，均需有文字记录，并按要求归档。

对重要的或影响全局的技术工作，必须加强复核，避免发生重大差错，影响工程质量和使用。

5.成品保护

加强成品保护,要从两个方面着手,首先加强教育,提高全体员工的成品保护意识;其次要合理安排施工顺序,采取有效的保护措施。具体如下:

(1)防护;

(2)包裹;

(3)覆盖;

(4)封闭;

(5)合理安排施工顺序。

**(五)竣工验收阶段的质量管理**

1.工序间交工验收工作的质量管理

工程施工中往往上道工序的质量成果被下道工序所覆盖,分项或分部工程质量成果被后续的分项或分部工程所掩盖,因此要对施工全过程的分项与分部施工的各工序进行质量控制。要求班组实行保证本工序、监督前工序、服务后工序的自检、互检、交接检和专业性的"中间"质量检查,保证不合格工序不转入下道工序。出现不合格工序时,做到"三不放过"(原因未查清楚不放过、责任未明确不放过、措施未落实不放过),并采取必要的措施,防止此类现象再发生。

2.竣工交付使用阶段的质量管理

单位工程或单项工程竣工后,由施工项目的上级部门严格按照设计图纸、施工说明书及竣工验收标准,对工程的施工质量进行全面鉴定,评定等级,作为竣工交付的依据。

工程进入交工验收阶段,应有计划、有步骤、有重点地进行首尾工程的清理工作,通过交工前的预验收,找出漏项项目和需要补修的工程,并及早安排施工。除此之外,还应做好竣工工程成品保护,以提高工程的一次成优及减少竣工后的返工整修。工程项目经自检、互检后,与业主、设计单位和上级有关部门进行正式的交工验收工作。

# 第三节  施工资源与现场管理

## 一、施工项目生产要素管理概述

施工项目生产要素是指生产力作用于施工项目的各种要素,即形成生产力的各种要素,也可以说是投入施工项目的劳动力、材料、机械设备、技术和资金等诸要素。加强施工项目管理,必须对施工项目的生产要素进行认真研究,强化其管理。

## 二、项目资源管理的主要内容

### (一)人力资源管理

人力资源泛指能够从事生产活动的体力和脑力劳动者,在项目管理中包括不同层次的管理人员和参加作业的各种工人。人是生产力中最活跃的因素,人具有能动性、再生性和社会性等。项目人力资源管理的任务是根据项目目标,不断获取项目所需人员,并将其整合到项目组织之中,使之与项目团队融为一体。项目中人力资源的使用,关键在于明确责任、调动职工的劳动积极性、提高工作效率。从劳动者个人的需要和行为科学的观点出发,责权利相结合,采取激励措施,并在使用中重视对他们的培训,提高他们的综合素质。

## (二)材料管理

建筑材料分为主要材料、辅助材料和周转材料等。主要材料指在施工中被直接加工,构成工程实体的各种材料,如钢材、水泥、砂子、石子等。辅助材料在施工中有助于产品的形成,但不构成工程实体的材料,如外加剂、脱模剂等。周转材料指不构成工程实体,但在施工中反复周转使用的材料,如模板、架管等。建筑材料还可以按其自然属性分类,包括金属材料、硅酸盐材料、电器材料、化工材料等。一般工程中,建筑材料占工程造价的70%左右,加强材料管理对于保证工程质量,降低工程成本都将起到积极的作用。项目材料管理的重点在现场、在使用、在节约和核算,尤其是节约,其潜力巨大。

## (三)机械设备管理

机械设备主要指作为大中型工具使用的各类型施工机械。机械设备管理往往实行集中管理与分散管理相结合的办法,主要任务在于正确选择机械设备,保证机械设备在使用中处于良好状态,减少机械设备闲置、损坏,提高施工机械化水平,提高使用效率。提高机械使用效率必须提高利用率和完好率,利用率的提高靠人,完好率的提高在于保养和维修。

## (四)技术管理

技术是指人们在改造自然、改造社会的生产和科学实践中积累的知识、技能、经验及体现它们的劳动资料。技术包括操作技能、劳动手段、生产工艺、检验试验、管理程序和方法等。任何物质生产活动都是建立在一定的技术基础上的,也是在一定技术要求和技术标准的控制下进行的。随着生产的发展,技术水平也在不断提高,由于施工的单件性、复杂性、受自然条件的影响等,技术管理在工程项目管理中的作用更加重要。

## (五)资金管理

工程项目的资金,从流动过程来讲,首先是投入,即将筹集到的资金投入到工程项目的实施上;其次是使用,也就是支出。资金管理应以保证收入、节约支出、防范风险为目的,重点是收入与支出问题,收支之差涉及核算、筹资、利息、利润、税收等问题。

## (六)项目资源管理的过程

项目资源管理非常重要,而且比较复杂,全过程包括如下4个环节。

1. 编制资源计划

项目实施时,其目标和工作范围是明确的。资源管理的首要工作是编制计划。计划是优化配置和组合的手段,目的是对资源投入时间及投入量作出合理安排。

2. 资源配置

配置是按编制的计划,从资源的供应到投入项目实施,保证项目需要。

3. 资源控制

控制是根据每种资源的特性,制定科学合理的措施,进行动态配置和组合,协调投入,合理使用,不断纠正偏差,以尽可能少的资源满足项目要求,达到节约资源、降低成本的目的。

4. 资源处置

处置是根据各种资源投入、使用与产生的核算,进行使用效果分析,实现节约使用的目的。一方面是对管理效果的总结,找出经验和问题,评价管理活动;另一方面又为管理提供储备与反馈信息,以指导下一阶段的管理工作,并持续改进。

### 三、施工现场管理的主要内容

现代化建筑施工是一项多工种、多专业的复杂的系统工程,要使施工全过程顺利进行,以期达到预定的目标,就必须运用科学的方法进行建筑施工管理,特别是施工项目现场管理,正确利用管理手段,科学地组织施工现场的各项管理工作,在建立正常的现场施工秩序,进行文明施工,保证质量和安全生产,提高劳动生产率,降低工程成本,促进施工管理现代化等方面奠定良好的基础。

#### (一)施工项目现场管理概述

施工项目现场管理是指项目经理部按照有关施工现场管理的规定和城市建设管理的有关法规,科学、合理地安排使用施工现场,协调各专业管理和各项施工活动,控制污染,创造文明、安全的施工环境及人流、物流、资金流、信息流畅通的施工秩序所进行的一系列管理工作。

1.施工项目现场管理的基本任务

建筑产品的施工是一项非常复杂的生产活动,其生产经营管理既包括计划、质量、成本和安全等目标管理,又包括劳动力、建筑材料、工程机械设备、财务资金、工程技术、建设环境等要素管理,以及为完成施工目标和合理组织施工要素而进行的生产事务管理。其目的是充分利用施工条件,发挥各个生产要素的作用,协调各方面的工作,保证施工正常进行,按时提供优质的建筑产品。

施工项目现场管理的基本任务是按照生产管理的普遍规律和施工生产的特殊规律,以每一个具体工程(建筑物和构筑物)和相应的施工现场(施工项目)为对象,妥善处理施工过程中的劳动力、劳动对象和劳动手段的相互关系,使其在时间安排上和空间布置上达到最佳配合,尽量做到人尽其才、物尽其用,多快好省地完成施工任务,为国家提供更多更好的建筑产品,并达到更好的经济效益。

2.施工项目现场管理的原则

施工项目现场管理是全部施工管理活动的主体,应遵照下述四项基本原则进行:

(1)讲求经济效益。

(2)讲究科学管理。

(3)组织均衡施工。

(4)组织连续施工。

3.施工项目现场管理的内容

1)规划及报批施工用地

(1)根据施工项目建筑用地的特点科学规划,充分、合理地使用施工现场场内占地。

(2)当场地内空间不足时,应会同建设单位按规定向城市规划部门、公安交通部门申请施工用地,经批准后方可使用场外临时用地。

2)设计施工现场平面图

(1)根据建筑总平面图、单位工程施工图、拟订的施工方案、现场地理位置和环境及政府部门的管理标准,充分考虑现场布置的科学性、合理性、可行性,设计施工总平面图、单位工程施工平面图。

(2)单位工程施工平面图应根据施工内容和分包单位的变化,设计出阶段性施工平面图,并在阶段性进度目标开始实施前通过协调会议确认后实施。这样就能按照施工部署、施工方案和施工总进度计划的要求,将施工现场的交通道路、材料仓库、附属生产或加工企业、临时建筑以及临时水、电管线等合理规划和部署,用图纸的形式表达施工现场施工期间所需各项设施与永久建筑、拟建工程之间的空间关系,正确指导施工现场进行有组织、有计划的文明施工。

### 4. 建立施工现场管理组织

项目经理全面负责施工过程的现场管理,并建立施工项目现场管理组织体系,包括土建、设备安装、质量技术、进度控制、成本管理、要素管理、行政管理在内的各种职能管理部门。

### 5. 建立文明施工现场

一个工地的文明施工水平是该工地乃至所在企业各项管理工作水平的综合体现。文明施工水平的高低从侧面反映了建设者的文化素质和精神风貌。

### 6. 及时清场转移

(1)施工结束后,应及时组织清场,向新工地转移。

(2)组织剩余物资退场,拆除临时设施,清除建筑垃圾,按市容管理要求,恢复临时占用土地。

### (二)现场文明施工管理

文明施工是指保持施工场地整洁卫生、施工组织科学、施工程序合理的一种施工现象,是现代施工生产管理的一个重要组成部分。通过加强现场文明施工管理,可提高施工生产管理水平,促进劳动生产率的提高和工程成本的降低,促进安全生产,杜绝各种事故的发生,保证各项经济、技术指标的实现。

#### 1. 现场文明施工管理的内容和措施

1)现场文明施工管理的内容

实现文明施工不仅要着重做好现场的场容管理工作,而且还要做好现场材料、机械、安全、技术、保卫、消防和生活卫生等管理工作。现场文明施工管理的主要内容包括以下几点:

(1)场容管理。包括现场的平面布置,现场的材料、机械设备和现场施工用水、用电管理。

(2)安全生产管理。包括工程项目的内外防护、个体劳保用品的使用、施工用电以及施工机械的安全保护。

(3)环境卫生管理。包括生活区、办公区、现场厕所的管理。

(4)环境保护管理。主要指现场防止水源、大气和噪声污染。

(5)消防保卫管理。包括现场的治安保卫、防火救火管理。

2)现场文明施工管理的具体措施

(1)遵循国务院及地方建设行政主管部门颁布的施工现场管理法规和规章,认真管理施工现场,并制定《施工现场创文明安全工地实施细则》、《施工现场文明安全工地管理检查办法》等。

(2)按审核批准的施工总平面图布置和管理施工现场,规范场容。

(3)项目经理应对施工现场场容、文明形象管理作出总体策划和部署,分包人应在项目经理部的指导和协调下,按照分区划块原则,做好分包人施工用地场容、文明形象管理的规划。

（4）经常检查施工项目现场管理的落实情况，听取社会公众、近邻单位的意见，发现问题，及时解决，不留隐患，避免事故再度发生并实施奖惩措施。

（5）接受政府建设行政主管部门的考评机构和企业对建设工程施工现场管理的定期抽查、日常检查、考评和指导。

（6）对施工项目现场的文明施工进行检查和评定，检查评比应贯彻精神鼓励与物质奖励相结合的原则，对优秀的工地授予"文明工地"的称号，对不合格的工地，令其限期整改，甚至予以适当的经济处罚。文明施工的检查、评定一般是按文明施工的要求，按其内容的性质分解为场容、材料、技术、机械、安全、保卫消防和生活卫生等管理分项，分别由有关业务部门列出具体项目，列出检查评分表，逐项检查、评分，根据检查评分结果，确定工地文明施工等级，如文明工地、合格工地或不合格工地等。

（7）加强施工现场文明建设，展示和宣传企业文化，塑造企业及项目经理部的良好形象。

2. 场容管理

场容是指施工现场、特别是主现场的现场面貌。包括人口、围护、场内道路、堆场的整齐清洁，还应包括办公室内环境甚至包括现场人员的行为。施工项目的场容管理，实际上是根据施工组织设计的施工总平面图，对施工现场的平面管理。它是保持良好的施工现场秩序，保证交通道路和水电畅通，实现文明施工的前提。它不仅关系到工程质量的优劣，人工材料消耗的多少，而且还关系到生命财产的安全，因此场容管理体现了建筑工地的管理水平和精神状态。

施工项目场容管理的要求如下：

（1）设置现场标志牌。

施工项目现场要有明显的标志，原则上所有施工现场均应设置围墙，凡设出入口的地方均应设门，以利于管理。在施工现场门头应设置企业名称标志，如"某某市第一建筑公司第二项目部检察院办公楼工地"。在门口旁边明显的地方应设立标牌，标明工程名称、建设单位、施工单位和现场负责人姓名等。在施工现场主要进出口处醒目位置设置施工现场公示牌和施工总平面图，主要有：

①工程概况牌，包括工程规模、性质、用途、发包人、设计人、承包人和监理单位的名称，施工起止年月等；

②施工总平面图；

③安全无重大事故记时牌；

④安全生产、文明施工牌；

⑤项目主要管理人员名单及项目经理部组织机构图；

⑥防火须知牌及防火标志（设在施工现场重点防火区域和场所）；

⑦安全纪律牌（设在相应的施工部位、作业点、高空施工区及主要通道口）。

（2）依法管理。

遵守有关规划、市政、供电、供水、交通、市容、安全、消防、绿化、环保、环卫等部门的法规和政策，接受其监督和管理，尽力避免和降低施工作业对环境的污染和对社会生活正常秩序的干扰。

（3）按施工总平面图管理。

严格按照已批准的施工总平面图或单位工程施工平面图划定的位置,井然有序地布置下列设施:施工项目的主要机械设备、脚手架、模板;各种加工厂、棚,如钢筋加工厂、木材加工厂、混凝土搅拌棚等;施工临时道路及进出口;水、汽、电气管线;材料制品堆场及仓库;土方及建筑垃圾;变配电间、消防设施;警卫室、现场办公室;生产、生活和办公用房等临时设施、加工场地、周转使用场地等。

（4）实行现场封闭管理。

施工现场实行封闭管理,在现场周边应设置临时维护设施(市区内高度不低于1.8 m),维护材料要符合市容要求;在建工程应采用密闭式安全网全封闭。

（5）实行物料分类管理。

（6）利于现场给水、排水。

施工现场的排水工作十分重要,尤其是在雨季,场地排水不畅,会影响施工和运输的顺利进行。

（7）采用流水作业管理。

（8）现场场地管理。

3. 环境保护

施工现场的环境保护工作是非常重要的。随着环境的日益恶化,施工现场的环境保护问题日益突出,故应从大局出发,做好施工现场的环境保护工作:

（1）施工现场泥浆、污水未经处理不得直接排入城市排水设施和河流、湖泊、池塘等。

（2）除有符合规定的装置外,不得在施工现场熔化沥青和焚烧油毡、油漆等,亦不得焚烧其他可产生有毒有害烟尘和恶臭气味的废弃物,禁止将有毒有害废弃物做土方回填。

（3）建筑垃圾、渣土应在指定地点堆放,及时运到指定地点清理;高空施工的垃圾和废弃物应采取密闭或其他措施清理搬运;装载建筑材料、垃圾、渣土等散碎物料的车辆应有严密遮挡措施,防止飞扬,洒漏或流溢;进出施工现场的车辆应经常冲洗,保持清洁。

4. 施工障碍物处理要求

（1）在居民区和单位密集区进行爆破作业、打桩作业等施工前,项目经理部除应按规定报告申请批准外,还应将作业计划、影响范围、程度及有关措施等情况,向当地有关的居民和单位通报说明,取得协作和配合。

（2）经过施工现场的地下管线应由发包人(建设单位)在施工前通知承包人(施工单位),标出位置,加以保护。

（3）施工中若发现文物、古迹、爆炸物、电缆等,应当停止施工,保护好现场并及时向有关部门报告,按照有关规定处理后方可继续施工。

（4）施工中需要停水、停电、封路而影响环境时,必须经有关部门批准,事先告示并设标志。

5. 防火保安要求

（1）做好施工现场的保卫工作,采取必要的防盗措施。

现场应设立门卫,根据需要设置警卫;施工现场的主要管理人员应佩戴证明其身份的证卡,应采用现场工人人员标识,有条件时可对进出场人员使用磁卡管理。

（2）承包人必须严格按照《中华人民共和国消防条例》的规定,在施工现场建立和执行防火管理制度,现场必须安排消防车出入口和消防道路,设置符合要求的消防设施,保持完好的备用状态。在容易发生火灾的地区或储存、使用易燃易爆器材时,承包人应当采取特殊的消防安全措施。施工现场严禁吸烟,必要时可设吸烟室。

(3)施工现场的通道、消防入口、紧急疏散楼道等,均应有明显标志或指示牌。有高度限制的地点应有限高标志;临街脚手架、高压电缆、起重把杆回转半径伸至街道的,均应设安全隔离棚;在行人、车辆通行的地方施工,应当设置沟、井、坎、穴覆盖物和标志,夜间设置灯光警示标志;危险品库附近应有明显标识及围挡措施,并设专人管理。

(4)施工中需要进行爆破作业的必须经上级主管部门审查批准,并持说明爆破器材的地点、品名、数量、用途和相关的文件、安全操作规程,向所在地县、市公安局申领"爆破物使用许可证",由具备爆破资质的专业人员按有关规定进行施工。

(5)关键岗位和有危险作业活动的人员必须按有关部门规定,经培训、考核持证上岗。

(6)承包人应考虑规避施工过程中的一些风险因素,向保险公司投施工保险和第三者责任险。

6. 卫生防疫及其他

施工现场应准备必要的医疗保健设施,在办公室内显著地点张贴急救车和有关医院的电话号码;施工现场不宜设置职工宿舍,如须设置应尽量和施工现场分开;现场应设置饮水设施,食堂、厕所要符合卫生要求,根据需要制定防暑降温措施,进行消毒、防毒和注意食品卫生等;施工现场应进行节能节水管理,必要时下达使用指标;参加施工的各类人员都要保持个人卫生,仪表整洁,同时还应注意精神文明,遵守公民社会道德规范,不打架、赌博、酗酒等。

# 小　结

1. 工程项目管理主要内容包括业主方的项目管理目标和任务、设计方的项目管理目标与任务、施工方的项目管理目标与任务以及监理方的项目管理目标与任务。

2. 常用的组织结构模式包括职能组织结构、线性组织结构图和矩阵组织结构等。这几种组织结构模式既可以在企业管理中运用,也可以在建设项目管理中运用。

3. 施工项目经理部是由施工项目经理在施工企业的支持下组建并领导进行项目管理的组织机构。它是施工项目现场管理的一次性具有弹性的施工生产组织机构,负责施工项目从开工到竣工的全过程施工生产经营的管理工作,既是企业某一施工项目的管理层,又对劳务作业层负有管理与服务的双重职能。

4. 施工项目经理是指由建筑业企业法定代表人委托和授权,在建设工程施工项目中担任项目经理责任岗位职务,直接负责施工项目的组织实施,对建设工程施工项目实施全过程、全面负责的项目管理者,是建设工程施工项目的责任主体,是建筑业企业法定代表人在承包建设工程施工项目上的委托代理人。

5. 施工成本管理的主要任务包括施工成本预测、施工成本计划、施工成本控制、施工成本核算、施工成本分析以及施工成本考核六项内容。

6. 施工成本管理的措施有组织措施、技术措施、经济措施、合同措施。

7. 工程项目组织实施的管理形式有三种:依次施工、平行施工和流水施工等方式。

8.施工进度检查的方法通常采用的比较方法有横道图比较法、S形曲线比较法、香蕉形曲线比较法、前锋线比较法等。

9.影响工程质量的因素很多,但归纳起来主要有五方面,即人(Man)、材料(Material)、机械(Machine)、方法(Method)、环境(Environment),简称4M1E因素。

10.质量统计的常用方法有调查表法、分层法、排列图法、直方图法、因果分析图法、控制图法、散布图法。

11.施工项目生产要素是指生产力作用于施工项目的各种要素,即形成生产力的各种要素,也可以说是投入施工项目的劳动力、材料、机械设备、技术和资金等诸要素。

12.施工项目现场管理是指项目经理部按照有关施工现场管理的规定和城市建设管理的有关法规,科学、合理地安排使用施工现场,协调各专业管理和各项施工活动,控制污染,创造文明、安全的施工环境及人流、物流、资金流、信息流畅通的施工秩序所进行的一系列管理工作。

13.文明施工是指保持施工场地整洁卫生、施工组织科学、施工程序合理的一种施工现象,是现代施工生产管理的一个重要组成部分。通过加强现场文明施工管理,可提高施工生产管理水平,促进劳动生产率的提高和工程成本的降低,促进安全生产,杜绝各种事故的发生,保证各项经济、技术指标的实现。

14.现场文明施工管理的主要内容包括场容管理、安全生产管理、环境卫生管理、环境保护管理、消防保卫管理。

# 第二篇 材料员基础知识

# 第五章 建筑力学的基本知识

**【学习目标】**

1. 掌握力的基本性质,了解静力学公理,会进行力矩、力偶的计算,熟练利用平面力系的平衡方程进行计算。

2. 了解杆件变形的基本形式,掌握应力、应变的概念,熟悉强度、刚度概念。

3. 了解压杆稳定性的概念,熟练掌握压杆临界力的计算。

4. 掌握力学试验的基本知识,熟悉材料的拉压特性及弯曲、剪切性质,熟练掌握塑性材料、脆性材料的有关力学性质,能够使用试验设备确定材料的强度。

    建筑物中支承和传递荷载而起骨架作用的部分称为结构。结构是由构件按一定形式组成的,结构和构件受荷载作用将产生内力和变形,结构和构件本身具有一定的抵抗变形和破坏的能力,在施工和使用过程中应满足下列两个方面的基本要求:①结构和构件在荷载作用下不能破坏,同时也不能产生过大的形状改变,即保证结构安全正常使用;②结构和构件所用的材料应节约,降低工程造价,做到经济节约。

    讨论以下方面的内容:力系的简化和力系平衡问题,承载力问题,压杆稳定问题。

# 第一节 平面力系

## 一、力的基本性质

### (一)力和力系的概念

1. 力的概念

力是我们在日常生活和工程实践中经常遇到的一个概念,学习力学从了解力的概念开始。

力是指物体间的相互机械作用。

应该从以下 4 个方面来把握力的内涵:

(1)力存在于相互作用的物体之间。只有在两个物体之间产生的相互作用才是力学中所研究的力,如用绳子拉车子,绳子与车子之间的相互作用就是力学中要研究的力 $F$,如图 5-1 所示。

（2）力是可以通过其表现形式被人们看到和观测到的。力的表现形式是：力的运动效果、力的变形效果。

（3）力产生的形式有直接接触和场的作用两种形式。物体间的相互作用怎样才会产生？

（4）要定量地确定一个力，也就是定量地确定一个力的效果，我们只要确定力的大小、方向、作用点，这称为力的三要素，如图 5-2 所示。

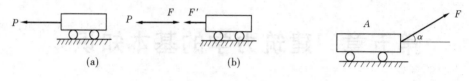

图 5-1　力的图示　　　　　　　　　　　　图 5-2　力的三要素

力的大小是衡量力作用效果强弱的物理量，通常用数值或代数量表示。有时也采用几何形式用比例长度表示力的大小。在国际单位制里，力的常用单位为牛顿（N）或千牛（kN），1 kN = 1 000 N。

力的方向是确定物体运动方向的物理量。力的方向包含两个指标：一个指标是力的指向，也就是图 5-2 中 $F$ 力的箭头。力的指向表示了这个力是拉力（箭头离开物体），还是压力（箭头指向物体）。另一个指标是力的方位，力的方位通常用力的作用线表示，定量地表示力的方位，往往是用力作用线与水平线间夹角 $\alpha$ 表示。

力的作用点是指物体间接触点或物体的重心，力的作用点是影响物体变形的特殊点。

2.力系的概念

力系是作用在一个物体上的多个（两个以上）力的总称。

根据力系中各个力作用线位置特点，我们把力系分为：①平面力系，力系中各个力作用线位于同一平面内；②空间力系，力系中各个力作用线不在同一平面内。

根据力作用线间相互关系的特点，我们把力系分为：①共线力系，力系中各个力作用线均在一条直线上。若作用在灯上两个力的作用线在同一条直线上，则作用于灯上的力系是共线力系。②汇交力系，力系中各个力作用线或其延长线汇交于一点。如图 5-3（a）所示，力系中各个力的作用线汇交于一点 $O$，故该力系是汇交力系。③平面一般力系，力系中各个力作用线无特殊规律。如图 5-3（b）所示，力系中各个力的作用线无规律，故该力系是平面一般力系；实际上我们可以认为，共线力系和汇交力系均为平面一般力系中的特例，所以在学习力学计算理论时，我们主要注重平面一般力系的计算方法。

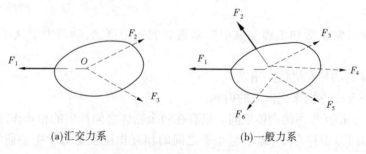

（a）汇交力系　　　　　　　　　　（b）一般力系

图 5-3　汇交力系和一般力系

### （二）静力学公理

**1.二力平衡公理**

作用在同一物体上的两个力,使刚体平衡的必要和充分条件是:这两个力大小相等,方向相反,作用在同一直线上。

**2.加减平衡力系**

在受力刚体上加上或去掉任何一个平衡力系,并不改变原力系对刚体的作用效果。

**3.作用力与反作用力公理**

作用力与反作用力大小相等,方向相反,沿同一条直线分别作用在两个相互作用的物体上。

### （三）力的合成与分解

**1.力的平行四边形法则**

作用在物体同一点的两个分力可以合成为一个合力,合力的作用点与分力的作用点在同一点上,合力的大小和方向由以两个分力为边构成的平行四边形的对角线所确定。即由分力 $F_1$、$F_2$ 为两个边构成的一个平行四边形,该平行四边形的对角线的大小就是合力 $F$ 的大小,同时还可根据 $F_1$、$F_2$ 的指向确定出合力 $F$ 的指向,如图5-4 所示。

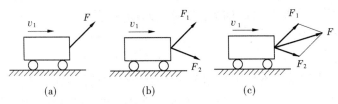

图5-4　力的合成

**2.力的投影**

根据力的平行四边形法则,一个合力可用两个分力来等效,且这两个力的组合有很多种,为了计算的方便,在力学分析中,一个任意方向的力 $F$,通常分解为水平方向分量 $F_x$ 和竖直方向分量 $F_y$ 后,再进行相关的力学计算。

如图5-5 所示,其中任意方向的力 $F$ 与其分力 $F_x$、$F_y$ 之间的关系有:

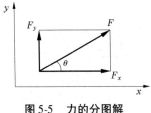

图5-5　力的分图解

$$\left.\begin{array}{l} F = \sqrt{F_x^2 + F_y^2} \\ \theta = \arctan\dfrac{F_y}{F_x} \\ F_x = F\cos\theta \\ F_y = F\sin\theta \end{array}\right\} \qquad (5\text{-}1)$$

## 二、力矩和力偶的性质

### （一）力矩

一个物体受力后,如果不考虑其变形效应,则物体必定会发生运动效应。如果力的作用线通过物体中心,将使物体在力的方向上产生水平移动;如果力的作用线不通过物体中心,物体将在产生向前移动的同时,还将产生转动。因此,力可以使物体移动,也可以使物体发生转动。

力矩是描述一个力转动效应大小的物理量。描述一个力的转动效应(即力矩)主要是确定:①力矩的转动平面;②力矩的转动方向;③力矩转动能力的大小。转动平面一般就是计算平面。一个物体在平面内的转动方向只有两种(顺时针转动和逆时针转动),为了区分这两种转动方向,力学上规定顺时针转动的力矩为负号,逆时针转动的力矩为正号。实践证实,力 $F$ 对物体产生的绕 $O$ 点转动效应的大小与力 $F$ 的大小成正比,与 $O$ 点(转动中心)到力作用线的垂直距离(称为力臂)$h$ 成正比。

综合上述概念,可用一个代数量来准确地描述一个力 $F$ 对点 $O$ 的力矩

$$M_O(F) = \pm F \times h \tag{5-2}$$

式中　$M_O(F)$——力 $F$ 对 $O$ 点产生的力矩;

　　　　$F$——产生力矩的力;

　　　　$h$——力臂,是一条线段,该线段特点:①垂直于力作用线,②通过转动中心;

　　　　$O$——力矩的转动中心。

力矩转动方向用正、负号表示,力矩转动方向的判断方法:四个手指从转动中心出发,沿力臂及力的箭头指向转动的方向,即为该力矩的转动方向。

### (二)力偶

**1. 力偶的概念**

力偶是指同一个平面内两个大小相等,方向相反,不作用在同一条直线上的两个力。力偶产生的运动效果是纯转动,与力矩产生的运动效果(同时发生移动和转动)是不一样的。

力偶产生转动效应由以下三个要素确定:①力偶作用平面;②力偶转动方向;③力偶矩的大小,称为力偶三要素。力偶作用平面就是计算平面;与力矩转动向一样,用正、负号来区别逆、顺时针转向;力偶矩是表示一个力偶转动效应大小的物理量,力偶矩的大小与产生力偶的力 $F$ 及力偶臂 $h$ 成正比。综合上述概念,可用一个代数量来准确地描述力偶的转动效应:

$$M = \pm F \times h \tag{5-3}$$

式中　$M$——力偶矩;

　　　　$F$——产生力偶的力;

　　　　$h$——力偶臂。

力偶方向的判别方法:右手四个手指沿力偶方向转动,大拇指方向为力偶方向。

**2. 力偶的性质**

力偶具有如下性质(这些性质体现了力偶与力矩的区别):

(1)力偶不能与一个力等效。

(2)只要保持力偶的转向和力偶的大小不变,则不会改变力偶的运动效应。

(3)力偶无转动中心。这条性质是力偶与力矩的主要区别之一。

(4)合力偶矩等于各分力偶的代数和。当一个物体受到力偶系 $m_1, m_2, \cdots, m_n$ 作用时,各个分力偶的作用最终可合成为一个合力偶矩 $m$。即多个力偶作用在同一个物体上,只会使物体产生一个转动效应,也就是合力偶的效应。合力偶与各分力偶的关系为

$$m = m_1 + m_2 + \cdots + m_n = \sum_{i=1}^{n} m_i \qquad (5\text{-}4)$$

式中　$m$——力偶系的合力偶矩;

　　$m_1, m_2, \cdots, m_n$——力偶系中的第 1 个,第 2 个,$\cdots$,第 $n$ 个分力偶矩。

### (三)力的平移原理

作用在刚体上的力可以平移到刚体上任一指定点,但必须同时附加一个力偶,此附加力偶的力偶矩等于原力对指定点之矩。

上述即为力的平移原理。

## 三、平面力系的平衡方程

### (一)平衡力系的平衡条件

平衡力系的平衡条件为

$$\left.\begin{array}{l} \sum F_x = 0 \\ \sum F_y = 0 \\ \sum M_O(F) = 0 \end{array}\right\} \qquad (5\text{-}5)$$

上述三式称为平面一般力学的平衡方程。表示力学中所有各力在两个坐标轴上投影的代数和分别等于零,所有各力对于力作用面内任一点之矩的代数和也等于零。

这里应该强调的是:

(1)力系平衡要求这三个平衡条件必须同时成立。有任何一个条件不满足都意味着受力系作用的物体会发生运动,处于不平衡状态。

(2)三个平衡条件是平衡力系的充分必要条件。

(3)由于建筑构件都是受平衡力系作用,所以每个建筑构件的受力均必须满足这三个平衡条件。实际上这三个平衡条件是计算建筑构件未知力的主要依据。

### (二)平面一般力系的平衡及简单结构平衡计算

平衡条件中的二矩式表达形式:

$$\left.\begin{array}{l} \sum F_x = 0\left(或 \sum F_y = 0\right) \\ \sum M_A = 0 \\ \sum M_B = 0 \end{array}\right\} \qquad (5\text{-}6)$$

注意,平衡条件二矩式的应用前提是:$x$ 轴(或 $y$ 轴)不垂直于 $AB$ 连线。

平衡条件的三矩式表达形式:

$$\left.\begin{array}{l} \sum M_A = 0 \\ \sum M_B = 0 \\ \sum M_C = 0 \end{array}\right\} \qquad (5\text{-}7)$$

注意:平衡条件三矩式的应用前提是 $A$、$B$、$C$ 三点不共线。

# 第二节　杆件强度、刚度和稳定性的概念

在荷载作用下,承受荷载和传递荷载的建筑结构和构件会引起周围物体对它们的反作用;同时构件本身因受荷载作用而将产生变形,并且存在着发生破坏的可能性。但结构本身具有一定的抵抗变形和破坏的能力,即具有一定的承载能力,而构件的承载能力的大小与构件的材料性质、截面的几何尺寸和形状、受力性质、工作条件和构造情况等有关。在结构设计中,若其他条件一定时,构件的截面设计得过小,构件所受的荷载大于构件的承载能力,则结构将不安全,它会因变形过大而影响正常工作,或因强度不够而受破坏。当构件的承载能力大于构件所受的荷载时,则要多用材料,造成浪费。

## 一、杆件变形的基本形式

在工程实际中,杆可能受到各种各样的外力作用,因此杆的变形也是多种多样的。但是这些变形总不外乎是以下四种基本变形中的一种,或者是它们中几种的组合。

(1)轴向拉伸或轴向压缩。在一对大小相等,方向相反,作用线与杆件轴线相重合的轴向外力作用下,使杆件在长度方向发生伸长变形的称为轴向拉伸(见图5-6(a)),长度方向发生缩短变形的称为轴向压缩(见图5-6(b))。

(2)剪切。在一对大小相等,方向相反,作用线相距很近的横向力作用下,杆件的主要变形是横截面沿外力作用方向发生错动(见图5-6(c)),此称作剪切变形。

(3)扭转。如图5-6(d)所示,在一对大小相等,转向相反,作用平面与杆件轴线垂直的外力偶矩 $M_e$ 作用下,直杆的相邻横截面将绕着轴线发生相对转动,而杆件轴线仍保持直线,这种变形形式称为扭转。

(4)弯曲。在一对方向相反,位于杆的纵向对称平面内的力偶作用下,杆件的轴线变为曲线,这种变形形式称为弯曲,如图5-6(e)所示。

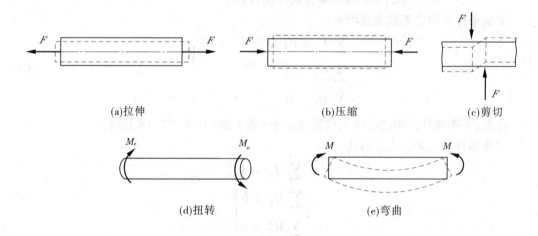

(a)拉伸　　　　　　　　(b)压缩　　　　　　　(c)剪切

(d)扭转　　　　　　　(e)弯曲

图5-6　杆件变形的基本形式

## 二、应力、应变的基本概念

### (一)应力的基本概念

杆件在轴向拉伸或压缩时,除引起内力和应力外,还会发生变形。

定义构件某截面上的内力在该截面上某一点处的集度为应力。

如图5-7(a)所示,在某截面上 $a$ 点处取一微小面积 $\Delta A$,作用在微小面积 $\Delta A$ 上的内力为 $\Delta F$,那么比值:

$$P_{\mathrm{m}} = \frac{\Delta F}{\Delta A} \tag{5-8}$$

称为 $a$ 点在 $\Delta A$ 上的平均应力。当内力分布不均匀时,平均应力的值随 $\Delta A$ 的大小而变化,它不能确切地反映 $a$ 点处的内力集度。只有当 $\Delta A$ 无限趋近于零时,平均应力的极限值才能准确地代表 $a$ 点处的内力集度,即为 $a$ 点的应力:

$$P = \lim_{\Delta A \to 0} \frac{\Delta P}{\Delta A} = \frac{\mathrm{d}P}{\mathrm{d}A} \tag{5-9}$$

一般 $a$ 点处的应力与截面既不垂直也不相切,通常将它分解为垂直于截面和相切于截面的两个分量,如图5-7(b)所示,垂直于截面的应力分量称为正应力,用 $\sigma$ 表示,相切于截面的应力分量称为切应力(又叫剪应力),用 $\tau$ 表示。

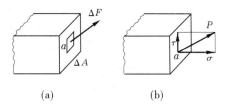

(a)        (b)

图5-7 应力的概念

应力是矢量。应力的量纲是[力/长度²],其单位是 $N/m^2$,或写作 Pa,读作帕。

$$1\ \mathrm{Pa} = 1\ \mathrm{N/m}^2$$

工程实际中应力的数值较大,常用千帕(kPa)、兆帕(MPa)或吉帕(GPa)作单位。

$$1\ \mathrm{kPa} = 1 \times 10^3\ \mathrm{Pa} \quad 1\ \mathrm{MPa} = 1 \times 10^6\ \mathrm{Pa} \quad 1\ \mathrm{GPa} = 1 \times 10^9\ \mathrm{Pa}$$

### (二)应变的基本概念

由试验得知,直杆在轴向拉力作用下,会发生轴向伸长和横向收缩;反之,在轴向压力作用下,会发生轴向缩短和横向增大。通常用拉(压)杆的纵向伸长(缩短)来描述和度量其变形。下面先结合拉杆的变形介绍有关的基本概念。

设拉杆的原长为 $L$,它受到一对拉力 $F$ 的作用而伸长后,其长度增为 $L_1$,如图5-8所示。

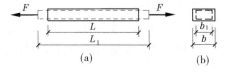

(a)        (b)

图5-8 应变的概念

则杆的纵向伸长为

$$\Delta L = L_1 - L$$

它反映杆的总变形量,同时杆横向将发生缩短,若杆横向原尺寸为 $b$,变形后尺寸为 $b_1$,则杆的横向缩小为

$$\Delta b = b_1 - b \quad (\Delta b \text{ 为负值})$$

当杆受轴向压力作用时,杆纵向将发生缩短变形,$\Delta L$ 为负,横向将发生伸长变形,$\Delta b$ 为正。

### (三)虎克定律

杆在拉伸(压缩)变形时,杆的纵向或横向变形 $\Delta L(\Delta b)$ 反映的是杆的总的变形量,而无法说明杆的变形程度。由于杆的各段变形是均匀的,所以反映杆的变形程度的量可采用每单位长度杆的纵向伸长,即

$$\varepsilon = \frac{\Delta L}{L}$$

称为轴向相对变形或轴向线应变。轴向拉伸时 $\Delta L$ 和 $\varepsilon$ 均为正值(轴向拉伸变形),而在轴向压缩时均为负值(轴向缩短变形)。

$$\varepsilon' = \frac{\Delta b}{b}$$

称为横向线应变。轴向拉伸时为负值,轴向压缩时为正值。

由试验知,当杆内正应力不超过材料的比例极限时,纵向线应变 $\varepsilon$ 与横向线应变 $\varepsilon'$ 成正比关系

$$\varepsilon' = -\mu\varepsilon \text{ 或 } \mu = \left| \frac{\varepsilon'}{\varepsilon} \right|$$

比例常数 $\mu$ 是无量纲的量,称泊松比或横向变形系数,它是反映材料弹性性质的一个常数,其数值随材料而异,可通过试验测定,式中负号是表示横向应变与纵向应变的方向相反。一般钢材的 $\mu$ 为 $0.25 \sim 0.33$。

现在来研究上述一些描述拉杆变形的量与其所受力之间的关系,这种关系与材料的性能有关。工程上常用低碳钢或合金材料制成拉(压)杆,试验证明,当杆内的应力不超过材料的比例极限(即正应力 $\sigma$ 与线应变 $\varepsilon$ 成正比的最高限度的应力时,杆的伸长(或缩短)$\Delta L$ 与轴力 $N$、杆长 $L$ 成正比,而与杆横截面面积 $A$ 成反比,即

$$\Delta L \propto \frac{NL}{A}$$

引进比例常数 $E$,则

$$\Delta L = \frac{NL}{EA} \tag{5-10}$$

式(5-10)就是轴向拉伸或压缩为等直杆的轴向变形计算公式,它首先由英国科学家虎克(R. Hooke)于 1678 年发现,通常称为虎克定律。

式中的比例常数 $E$ 是表示材料弹性的一个常数,称为拉压弹性模量,其数值随材料而异。$EA$ 称为抗拉(或抗压)刚度,反映杆件抵抗变形的能力,其值越大,表示杆件越不易变形。

## 三、压杆稳定性

### (一)压杆稳定性的概念

受轴向压力作用的杆件在工程上称为压杆。如桁架中的受压上弦杆、厂房的柱子等。

实践表明,对承受轴向压力的细长杆,杆内的应力在没有达到材料的许用应力时,就可能在任意外界的扰动下发生突然弯曲甚至导致破坏,致使杆件或由其组成的结构丧失正常功能。杆件的破坏不是由于强度不够而引起的,这类问题就是压杆稳定性问题。故在设计杆件(特别是受压杆件)时,除进行强度计算外,还必须进行稳定性计算以满足其稳定条件。

轴向受压杆的承载能力是依据强度条件 $\sigma = \dfrac{F_N}{A} \leqslant [\sigma]$ 确定的。但在实际工程中发现,许多细长的受压杆件的破坏是在没有发生强度破坏条件下发生的。

细长受压杆突然破坏,与强度问题完全不同,它是由于杆件丧失了保持直线形状的稳定而造成的,这类破坏称为丧失稳定。杆件招致丧失稳定破坏的压力比发生强度不足破坏的压力要小得多。因此,对细长压杆必须进行稳定性的计算。

一细长直杆如图 5-9 所示,在杆端施加一个逐渐增大的轴向压力 $F$。

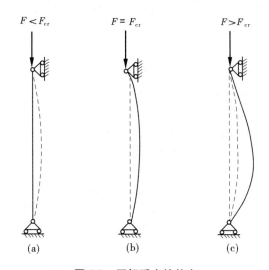

**图 5-9　压杆受力的状态**

(1)当压力 $F$ 小于某一临界值 $F_{cr}$ 时,压杆可始终保持直线形式的平衡,即在任意小的横向干扰力作用下,压杆发生了微小的弯曲变形而偏离其直线平衡位置,但当干扰力除去后,压杆将在直线平衡位置左右摆动,最终又回到原来的直线平衡位置。这表明,压杆原来的直线平衡状态是稳定的,称压杆此时处于稳定平衡状态。

(2)当压力 $F$ 增加到临界值 $F = F_{cr}$ 时,压杆在横向力干扰下发生弯曲,但当除去干扰力后,杆就不能再恢复到原来的直线平衡位置,而保持为微弯状态下新的平衡,其原有的平衡就称为随遇平衡或临界平衡。

(3)若继续增大 $F$ 值,使 $F > F_{cr}$,只要受到轻微的横向干扰,压杆就会屈曲,将横向干扰力去掉后,压杆不仅不能恢复到原来的直线状态,还将在弯曲的基础上继续弯曲,从而失去承载能力。因此,称原来的直线形状的平衡状态是非稳定平衡。压杆从稳定平衡状态转变为非稳定平衡状态,称为丧失稳定性,简称失稳。

通过上述分析可知,压杆能否保持稳定平衡,取决于压力 $F$ 的大小。随着压力 $F$ 的逐渐增大,压杆就会由稳定平衡状态过渡到非稳定平衡状态。压杆从稳定平衡过渡到非稳定平衡时的压力称为临界力,以 $F_{cr}$ 表示。临界力是判别压杆是否会失稳的重要指标。

细长压杆的轴向压力达到临界值时,杆内应力往往不高,远低于强度极限(或屈服极限),就是说,压杆因强度不足而破坏之前就会失稳而丧失工作能力。失稳造成的破坏是突然性的,往往会造成严重的事故。应该指出,不仅压杆会出现失稳现象,其他类型的构件,如梁、拱、薄壁筒、圆环等也存在稳定性问题。这些构件的稳定性问题比较复杂,这里不予讨论。

**(二)细长压杆的临界力公式**

稳定计算的关键是确定临界力 $F_{cr}$,当轴向压力达到临界值 $F_{cr}$ 时,在轻微的横向干扰解除之后,压杆将保持其微弯状态下的平衡。下面就从压杆的微弯状态入手,讨论两端铰支细长压杆的临界力计算公式。

两端铰支压杆的临界力:

一轴向压力 $F$ 达到临界力 $F_{cr}$,在微弯状态下保持平衡的两端铰支压杆。

压杆在微弯状态下平衡的最小压力,即临界压力:

$$F_{cr} = \frac{\pi^2 EI}{l^2} \tag{5-11}$$

式(5-11)即为两端铰支细长杆的临界压力计算公式,又称为欧拉公式。

应注意的是,杆的弯曲必然发生在抗弯能力最小的平面内,所以式(5-11)中的惯性矩 $I$ 应为压杆横截面的最小惯性矩。

对于其他支承形式压杆,也可用同样的方法导出其临界力的计算公式。根据杆端约束的情况,工程上常将压杆抽象为四种模型,如表5-1所示,它们的临界力在这里就不再一一推导,只给出结果。

表 5-1    压杆的长度系数

| 杆端约束 | 两端铰支 | 一端铰支、一端固定 | 两端固定 | 一端固定、一端自由 |
|---|---|---|---|---|
| 失稳时挠曲线形状 | | | | |
| 临界力 | $F_{cr} = \dfrac{\pi^2 EI}{l^2}$ | $F_{cr} = \dfrac{\pi^2 EI}{(0.7l)^2}$ | $F_{cr} = \dfrac{\pi^2 EI}{(0.5l)^2}$ | $F_{cr} = \dfrac{\pi^2 EI}{(2l)^2}$ |
| 长度因数 | $\mu = 1$ | $\mu = 0.7$ | $\mu = 0.5$ | $\mu = 2$ |

应当指出的是,工程实际中压杆的杆端约束情况往往比较复杂,应对杆端支承情况作具体分析,或查阅有关的设计规范,定出合适的长度因数。

将以上 4 个临界压力计算公式作一比较,可以看出,它们的形式相似,只是分母中 $l$ 前的系数不同,因此可以写成统一形式的欧拉公式

$$F_{cr} = \frac{\pi^2 EI}{(\mu l)^2} \tag{5-12}$$

式中　$l$——压杆的实际长度;

　　　$\mu$——长度因数,反映了杆端支承对临界力的影响;

　　　$\mu l$——计算长度或相当长度。

【例 5-1】　图 5-10 中细长压杆的两端为球形铰,弹性模量 $E = 200$ GPa,截面形状为:
①圆形截面,$d = 63$ mm;②18 号工字钢。杆长 $l = 2$ m,试利用欧拉公式计算其临界荷载。

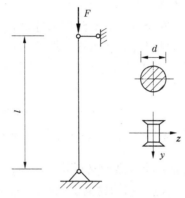

**图 5-10　例 5-1 图**

**解**:因压杆两端为球形铰,故 $\mu = 1$。现分别计算两种截面杆的临界力。

(1)圆形截面杆:

$$F_{cr} = \frac{\pi^2 EI}{(\mu l)^2} = \frac{\pi^3 E d^4}{64 l^2} = \frac{\pi^3 \times 200 \times 10^9 \times 63^4}{64 \times (2 \times 10^3)^2} = 381\,014(\text{N}) \approx 381.014 \text{ kN}$$

(2)工字形截面杆。对压杆为球铰支承的情况,应取 $I = I_{min} = I_y$。由型钢表查得:

$$I_y = 122 \text{ cm}^4 = 122 \times 10^4 \text{ mm}^4$$

$$F_{cr} = \frac{\pi^2 EI}{(\mu l)^2} = \frac{\pi^3 \times 200 \times 10^3 \times 122 \times 10^4}{1 \times (2 \times 10^3)^2} = 602\,045.9(\text{N}) \approx 602.05 \text{ kN}$$

# 第三节　材料强度、变形的基本知识

## 一、杆件强度的概念

强度是指材料或由材料所做成的构件抵抗破坏的能力。强度视材料而异,如果说某种材料的强度高,就是指这种材料牢固而不易破坏。通常不允许构件的强度不足,如房屋的横梁在受弯曲时不能被折断,起重机钢丝绳在起吊重物时不能被拉断等。

材料的破坏主要有两种形式:一种是脆性断裂,另一种是塑性流动。前者破坏时,材料无明显的塑性变形,断口粗糙。试验说明,脆性断裂是由拉应力所引起的。例如铸铁试件在简单拉伸时沿横截面被拉断;铸铁试件受扭时沿 45° 方向破裂均属这类形式。后者破坏时,材料有显著的塑性变形,即屈服现象,最大剪应力作用面间相互平行滑移,构件丧失了正常

的工作能力。因此,从工程意义上来说,塑性流动(屈服)也是材料破坏的一种标志。试验表明,塑性流动主要是由剪应力所引起的。例如,低碳钢试件在简单拉伸时,在与轴线成45°方向上出现滑移线就属这类形式。

构件的最大工作应力值超过其许可应力值,则称为结构或构件发生了强度失效。要使结构或构件不出现强度失效,就必须满足下列条件:

$$构件的最大工作应力值 \leqslant 构件的许可应力值$$

即
$$\sigma \leqslant [\sigma]$$

式中　$\sigma$——工作应力;

$[\sigma]$——许可应力。

该不等式称为构件的强度条件。

工程上使用的构件必须保证安全、可靠,不允许构件材料发生破坏,同时考虑到计算的可靠程度、计算公式的近似性、构件尺寸制造的准确性等因素,结构物与构件必要的强度储备,故材料的极限应力除以一个大于1的安全系数 $n$,作为材料的许可应力:

脆性材料
$$[\sigma] = \frac{\sigma_b}{n_b}$$

塑性材料
$$[\sigma] = \frac{\sigma_s}{n_s}$$

如何合理选择安全系数 $n$,是一个复杂而又重要的问题,其数值的大小直接影响许用应力的高低。安全系数取得过小,会导致结构物偏于危险,甚至造成工程事故;反之,安全系数取得过大,又会使材料的强度得不到充分发挥,造成物质的浪费、结构物笨重。可见,安全系数的合理确定成为解决结构物构件工作时安全与经济这对矛盾的关键。因此,它通常由国家有关部门规定,可在有关规范中查到。土建工程中,在常温静载荷作用下,塑性材料的安全系数为 $n_s$,一般 $n_s$ 值取 $1.4 \sim 1.7$;脆性材料的安全系数为 $n_b$,$n_b$ 值取 $2 \sim 3$。取 $n_b > n_s$ 的理由是:一方面,考虑到脆性材料的均匀性较差;另一方面,是由于到达强度极限 $\sigma_b$ 比屈服极限 $\sigma_s$ 更危险。

## 二、杆件刚度的概念

结构在荷载作用下会产生内力,同时结构也发生变形,变形是指结构及构件的形状发生变化。由于变形,结构上各点位置将发生移动,各截面将发生转动。通常用构件轴线上各点位置的变化表示移动,称为线位移;用横截面绕中性轴的转角表示转动,称为角位移。线位移和角位移统称为结构的位移。

如图 5-11 所示的悬臂梁,在荷载 $P$ 作用下发生了变形,梁的轴线由图中的直线变成虚线所示的变形曲线,同时梁中的各截面位置也发生了变化。如截面 $C$ 移动到了 $C'$,将 $CC'$ 的连线称为 $C$ 截面的线位移;同时截面 $C$ 绕中性轴转过了一个角度 $\varphi_C$,称为 $C$ 截面的转角或角位移。

除荷载外,还有其他一些因素如温度变化、支座移动、材料膨缩、制造误差等,也会使结构产生变形

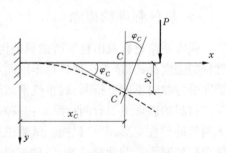

图 5-11　悬臂梁变形示意图

和位移。

为了保证结构的正常工作,除满足强度要求外,结构还需满足刚度要求。刚度要求就是控制结构的变形和位移,使之不能过大。例如,楼板变形过大,会使下面的灰层开裂、脱落;吊车梁的变形过大,将影响吊车的正常运行;桥梁的变形过大会影响行车安全并引起很大的振动。因此,在工程中,根据不同的用途,对结构的变形和位移给以一定的限制,使之不能超过一定的容许值,即要对结构刚度进行校核。

### 三、强度和变形对材料选择使用的影响

塑性材料和脆性材料,是根据材料在常温、静载荷下由拉伸试验所得的伸长率的大小来区分的。它们在力学性能上的主要差异是:塑性材料的塑性指标较高,抵抗拉断和承受冲击的能力较好,其常用强度指标是屈服极限,而且一般来说,塑性材料在拉伸和压缩时的屈服极限值相同;脆性材料的塑性指标很低,其强度指标只有强度极限,而且其拉伸强度极限很低,但压缩强度极限则很高。从拉伸时的强度和塑性这两方面来说,塑性材料比脆性材料好。

塑性材料的抗拉性能一般较脆性材料好,所以受拉杆件一般采用塑性材料来制造。脆性材料的抗压强度远大于其抗拉强度,所以脆性材料适用在抗压的地方,而尽量避免使它处于受拉状态。

铸铁只宜用作受压构件,因此其压缩试验要比拉伸试验重要。

另外,一些工程上常用的脆性材料,如混凝土和天然石料等,通常做成立方体试块进行压缩试验。通过压缩试验,都表明其抗压能力要比抗拉能力大得多,这是脆性材料的一个共同特点。由于试件粗短,承压面上的摩阻力对试验结果会有较大的影响。

木材因有木纹,为各向异性材料,其力学性能具有方向性。试验表明,顺木纹方向(顺纹)的强度要比垂直木纹方向(横纹)的强度为高,而且其抗拉强度高于抗压强度。

杆件横截面工作应力达到材料的极限应力时,就会发生破坏。对于塑性材料的构件,当应力达到屈服极限 $\sigma_s$ 时,将会产生较大的塑性变形,影响构件的正常工作,这在工程上是不容许的。对脆性材料构件,当应力到达强度极限 $\sigma_b$ 时,会发生断裂,这两者均为不能承担荷载的破坏标志。

工程中,称材料到达危险状态时的应力值为极限应力,记作 $\sigma^0$。为了保证构件的正常使用,即各构件不发生断裂以及不产生过大的变形,就要求工作应力要小于材料极限应力的 $\sigma^0$。

通过材料的力学试验,我们已经知道脆性材料没有屈服阶段,并且从加载到破坏变形很小,因此可用强度极限 $\sigma_b$ 作为极限应力 $\sigma^0$,即 $\sigma^0 = \sigma_b$。而塑性材料在其屈服阶段将产生较大的塑性变形,为了保证构件的正常使用,应取它的屈服点 $\sigma_s$ 作为材料的极限应力 $\sigma^0$,即 $\sigma^0 = \sigma_s$。

对于屈服点不十分明确而塑性变形又较大的材料,我们取名义屈服应力(或称屈服强度)$\sigma_{0.2}$ 作为材料的极限应力 $\sigma^0$。名义屈服应力是指材料产生 0.2% 的塑性变形所对应的应力值。

# 小 结

1. 力是指物体间的相互机械作用。

应该从以下四个方面来把握这个定义的内涵：①力存在于相互作用的物体之间；②力的表现形式是：力的运动效果，力的变形效果；③力产生的形式有直接接触和场的作用两种形式；④要定量地确定一个力，也就是定量地确定一个力的效果，我们只要确定力的大小、方向、作用点，这称为力的三要素。

2. 力学中所讲的材料都是理想材料，各种材料都是连续、均匀、各向同性的变形固体，且建筑力学主要研究弹性体在弹性范围内的小变形问题。

3. 力 $F$ 与其分力 $F_x$、$F_y$ 之间的关系有：$F = \sqrt{F_x^2 + F_y^2}$、$\theta = \arctan \dfrac{F_y}{F_x}$、$F_x = F\cos\theta$、$F_y = F\sin\theta$。

4. 力系合力 $F$ 的大小为：$F = \sqrt{F_x^2 + F_y^2}$，力系合力 $F$ 与 $x$ 轴的夹角 $\theta$ 为：$\theta = \arctan \dfrac{F_y}{F_x}$；其中，$F_x = \sum X_i$，$F_y = \sum Y_i$。

5. 力 $F$ 对点 $O$ 的力矩为：$M_O(F) = \pm F \times h$。

6. 力偶具有如下性质：①力偶不能与一个力等效，这条性质还可以表述为力偶无合力，或者说力偶在任何坐标轴上均无投影（投影为 $O$）；②只要保持力偶的转向和力偶的大小不变，则不会改变力偶的运动效应；同一平面内两个力偶如果它们的转向和大小相同，则此两个力偶为等效；③力偶无转动中心；④合力偶矩等于各分力偶的代数和。当一个物体受到力偶系 $m_1, m_2, \cdots, m_n$ 作用时，各个分力偶的作用最终可合成为一个合力偶矩 $M$。合力偶与各分力偶的关系为：$m = m_1 + m_2 + \cdots + m_n = \sum m_i$。

7. 平衡力系的平衡条件为：$\sum x = 0$，$\sum y = 0$，$\sum M_O = 0$（一矩式）或 $\sum x = 0$（或 $\sum y = 0$），$\sum M_A = 0$，$\sum M_B = 0$（二矩式）或 $\sum M_A = 0$，$\sum M_B = 0$，$\sum M_C = 0$（三矩式）。

8. 平衡条件表达式选择原则：①计算的力系中有几个未知力作用线汇交点，取几矩式；②力矩表达式中的转动中心应取未知力的汇交点。

9. 结构或外伸结构支座反力计算规律是：$X_A = \sum X$，$Y_A = \dfrac{\sum M_B}{l}$。

10. 支座的支座反力及杆件内力计算规律是：$X_A = \sum X$，$Y_A = \sum Y$，$M_A = \sum M_A$。

11. 杆件变形的基本形式，应力、应变的基本概念，压杆稳定性的概念。

12. 准确地理解强度、刚度、稳定性的概念。

13. 四种基本变形：轴向拉伸或轴向压缩、剪切、扭转、弯曲。

14. 首先要准确地理解压杆稳定性的概念，弄清压杆"稳定"和"失稳"是指压杆直线形式的平衡状态是稳定的还是不稳定的。

15. 压杆临界力 $F_{cr}$ 的计算是本章的重点，欧拉公式是计算细长杆临界力的基本公式。应用此公式时，需注意它的适用范围，可用欧拉公式计算临界力和临界应力。临界力为：$F_{cr} = \dfrac{\pi^2 EI}{(\mu l)^2}$。式中，$\mu$ 为长度系数，反映了杆端支承对压杆临界力的影响，在计算压杆的临界力时,应根据支承情况选用响应的长度系数。

16. 材料的比例极限、弹性模量和泊松比是反映材料塑性变形的重要指标。

17. 一般将 $\delta > 5\%$ 的材料称为塑性材料,如低碳钢、铝、铜等;$\delta < 5\%$ 的材料称为脆性材料,如铸铁、石料、混凝土等。

18. 塑性材料的屈服极限 $\sigma_s$ 是材料的重要指标。

19. 脆性材料的强度指标只有一个,即材料发生断裂时的强度极限 $\sigma_b$。

# 第六章　工程预算的基本知识

## 【学习目标】

1. 掌握建筑面积的概念、计算方法、了解建筑面积的计算意义。
2. 熟悉建筑工程计价两种模式的计价方法，明确建筑工程两种计价模式的概念。
3. 掌握工程造价的概念、工程造价的构成内容。
4. 熟悉《建设工程工程量清单计价规范》（GB 50500—2013）的组成，并运用《建设工程工程量清单计价规范》（GB 50500—2013）能较熟练地完成一般建筑工程、装饰装修工程、市政工程、设备安装工程工程量清单项目的工程量计算。

## 第一节　建筑面积计算

《建筑工程建筑面积计算规范》（GB/T 50353—2013），适用于新建、扩建、改建的工业与民用建筑工程的建筑面积计算。

### 一、建筑面积的概念及计算意义

#### （一）基本概念

建筑面积是指建筑物外墙勒脚以上各层结构外围水平投影面积的总和，它包括使用面积、辅助面积和结构面积三部分。使用面积是指建筑物各层平面中直接为生产、生活使用的净面积的总和。如：教学楼中各层教室面积的总和。辅助面积是指建筑物各层平面中，为辅助生产或生活活动作用所占净面积的总和。如：教学楼中的楼梯、厕所、电梯井等面积的总和。结构面积是指建筑物中各层平面中的墙、柱、垃圾道、通风道等结构所占的面积的总和。

#### （二）建筑面积的计算意义

建筑面积是一项重要的技术经济指标。年度竣工建筑面积的多少，是衡量和评价建筑承包商的重要指标。在国民经济一定时期内，完成建设工程建筑面积的多少，也标志着国家人民生活居住条件的改善程度。另外有了建筑面积，才能够计算出另外一个重要的技术经济指标——单方造价（元/$m^2$）。建筑面积和单方造价又是计划部门、规划部门和上级主管部门进行立项、审批、控制的重要依据。

另外，在编制工程建设概预算时，建筑面积也是计算某些分项工程量的基础数据，从而减少概预算编制过程中的计算工作量。

### 二、计算建筑面积的计算规则

《建筑面积计算规范》由总则、术语、计算建筑面积的规定三部分内容。其中在计算建筑面积的规定中详细解释了现行的建筑面积计算方法。其规定如下：

（1）建筑物的建筑面积应按自然层外墙结构外围水平面积之和计算。结构层高在 2.20 m 及以上者的，应计算全面积；结构层高在 2.20 m 以下的，应计算 1/2 面积。

（2）建筑物内设有局部楼层者,局部楼层的二层及以上楼层,有围护结构的应按其围护结构外围水平面积计算,无围护结构的应按其结构底板水平面积计算。层高在2.20 m及以上者应计算全面积;层高不足2.20 m者应计算1/2面积。

（3）形成建筑空间的坡屋顶,结构净高在2.10及以上的部位应计算全面积;结构净高在1.20 m至2.10 m的部位应计算1/2面积;结构净高不足1.20 m的部位不应计算建筑面积。

（4）场馆看台下的建筑空间,结构净高在2.10 m及以上的部位应计算全面积;净高在1.20 m至2.10 m的部位应计算1/2面积;结构净高在1.20 m以下的部位不应计算建筑面积。室内单独设置的有围护设施的悬挑看台,应按看台结构底板水平投影面积计算建筑面积。有顶盖无维护结构的场馆看台应按其顶盖水平投影面积的1/2面积计算面积。

（5）地下室、半地下室应按其结构外围水平面积计算。结构层高在2.20 m及以上的,应计算全面积;结构层高在2.20 m以下的,应计算1/2面积。

（6）出入口外墙外侧坡道有顶盖的部位,应按其外墙结构外围水平面积的1/2计算面积。

（7）建筑物架空层及坡地建筑物吊脚架空层,应按其顶板水平投影计算建筑面积。结构层高在2.20 m及以上的,应计算全面积;结构层高在2.20 m以下的,应计算1/2面积。

（8）建筑物的门厅、大厅应按一层计算建筑面积,门厅、大厅内设置的走廊应按走廊结构底板水平投影面积计算建筑面积。结构层高在2.20 m及以上的,应计算全面积;结构层高在2.20 m以下的,应计算1/2面积。

（9）对于建筑物间的架空走廊,有顶盖和围护设施的,应按其围护结构外围水平面积计算全面积;无围护结构、有围护设施的,应按其结构底板水平投影面积计算1/2面积。

（10）对于立体书库、立体仓库、立体车库,有围护结构的,应按其围护结构外围水平面积计算建筑面积;无围护结构、有围护设施的,应按其结构底板水平投影面积计算建筑面积。无结构层的应按一层计算,有结构层的应按其结构层面积分别计算。结构层高在2.20 m及以上的,应计算全面积;结构层高在2.20 m以下的,应计算1/2面积。

（11）有围护结构的舞台灯光控制室,应按其围护结构外围水平面积计算。结构层高在2.20 m及以上的,应计算全面积;结构层高在2.20 m以下的,应计算1/2面积。

（12）附属在建筑物外墙的落地橱窗,应按其围护结构外围水平面积计算。结构层高在2.20 m及以上的,应计算全面积;结构层高在2.20 m以下的,应计算1/2面积。

（13）窗台与室内楼地面高差在0.45 m以下且结构净高在2.10 m及以上的凸(飘)窗,应按其围护结构外围水平面积计算1/2面积。

（14）有围护设施的室外走廊(挑廊),应按其结构底板水平投影面积计算1/2面积;有围护设施(或柱)的檐廊,应按其围护设施(或柱)外围水平面积计算1/2面积。

（15）门斗应按其围护结构外围水平面积计算建筑面积,且结构层高在2.20 m及以上的,应计算全面积;结构层高在2.20 m以下的,应计算1/2面积。

（16）门廊应按其顶板的水平投影面积的1/2计算建筑面积;有柱雨篷应按其结构板水平投影面积的1/2计算建筑面积;无柱雨篷的结构外边线至外墙结构外边线的宽度在2.10 m及以上的,应按雨篷结构板的水平投影面积的1/2计算建筑面积。

（17）设在建筑物顶部的、有围护结构的楼梯间、水箱间、电梯机房等,结构层高在2.20 m及以上的应计算全面积;结构层高在2.20 m以下的,应计算1/2面积。

（18）围护结构不垂直于水平面的楼层,应按其底板面的外墙外围水平面积计算。结构净高在 2.10 m 及以上的部位,应计算全面积;结构净高在 1.20 m 及以上至 2.10 m 以下的部位,应计算 1/2 面积;结构净高在 1.20 m 以下的部位,不应计算建筑面积。

(19)建筑物的室内楼梯、电梯井、提物井、管道井、通风排气竖井、烟道,应并入建筑物的自然层计算建筑面积。有顶盖的采光井应按一层计算面积,且结构净高在 2.10 m 及以上的,应计算全面积;结构净高在 2.10 m 以下的,应计算 1/2 面积。

(20)室外楼梯应并入所依附建筑物自然层,并应按其水平投影面积的 1/2 计算建筑面积。

(21)在主体结构内的阳台,应按其结构外围水平面积计算全面积;在主体结构外的阳台,应按其结构底板水平投影面积计算 1/2 面积。

(22)有顶盖无围护结构的车棚、货棚、站台、加油站、收费站等,应按其顶盖水平投影面积的 1/2 计算建筑面积。

(23)以幕墙作为围护结构的建筑物,应按幕墙外边线计算建筑面积。

(24)建筑物的外墙外保温层,应按其保温材料的水平截面积计算,并计入自然层建筑面积。

(25)与室内相通的变形缝,应按其自然层合并在建筑物建筑面积内计算。对于高低联跨的建筑物,当高低跨内部连通时,其变形缝应计算在低跨面积内。

(26)对于建筑物内的设备层、管道层、避难层等有结构层的楼层,结构层高在 2.20 m 及以上的,应计算全面积;结构层高在 2.20 m 以下的,应计算 1/2 面积。

(27)下列项目不应计算建筑面积:

1)与建筑物内不相连通的建筑部件;

2)骑楼、过街楼底层的开放公共空间和建筑物通道;

3)舞台及后台悬挂幕布和布景的天桥、挑台等;

4)露台、露天游泳池、花架、屋顶的水箱及装饰性结构构件;

5)建筑物内的操作平台、上料平台、安装箱和罐体的平台;

6)勒脚、附墙柱、垛、台阶、墙面抹灰、装饰面、镶贴块料面层、装饰性幕墙,主体结构外的空调室外机搁板(箱)、构件、配件,挑出宽度在 2.10 m 以下的无柱雨篷和顶盖高度达到或超过两个楼层的无柱雨篷;7)窗台与室内地面高差在 0.45 m 以下且结构净高在 2.10 m 以下的凸(飘)窗,窗台与室内地面高差在 0.45 m 及以上的凸(飘)窗;

8)室外爬梯、室外专用消防钢楼梯;

9)无围护结构的观光电梯;

10)建筑物以外的地下人防通道,独立的烟囱、烟道、地沟、油(水)罐、气柜、水塔、贮油(水)池、贮仓、栈桥等构筑物。

# 第二节　建设工程工程量计算

一、关于《建设工程工程量清单计价规范》(GB 50500—2013)的说明

## (一)内容及适用范围

1. 内容

GB 50500—2013 清单计价规范贯彻落实了近几年各项工程造价管理制度和政策措施,

深化和完善工程量清单计价制度,形成了以《建设工程工程量清单计价规范》为母范,九大专业工程量计价规范与其配套使用的工程量清单计价体系。

GB 50500—2013 清单计价规范的组成内容如下:

一母:《建设工程工程量清单计价规范》 编号为 GB 50500—2013

九子:《房屋建筑与装饰工程工程量计算规范》 编号为 GB 50854—2013

《仿古建筑工程工程量计价规范》 编号为 GB 50855—2013

《通用安装工程工程量计价规范》 编号为 GB 50856—2013

《市政工程工程量计价规范》 编号为 GB 50857—2013

《园林绿化工程工程量计价规范》 编号为 GB 50858—2013

《矿山工程工程量计价规范》 编号为 GB 50859—2013

《构筑物工程工程量计价规范》 编号为 GB 50860—2013

《城市轨道交通工程工程量计价规范》 编号为 GB 50861—2013

《爆破工程工程量计价规范》 编号为 GB 50862—2013

2.适用范围

GB 50500—2013 清单计价规范适用于建设工程发承包及实施阶段的计价活动。

**(二)表现形式**

分部分项工程量清单必须根据相关工程现行国家计量规范规定的内容进行编制,具体形式见表6-1。

表 6-1　表格形式

| 项目编码 | 项目名称 | 项目特征 | 计量单位 | 工程量计算规则 | 工程内容 |
|---|---|---|---|---|---|
|  |  |  |  |  |  |

1.项目编码

项目编码是表示分部分项和措施项目清单项目名称的数字标识。采用十二位阿拉伯数字表示。一至九位为统一编码,其中,一、二位为专业工程代码(01—房屋建筑与装饰工程,02—仿古建筑工程,03—通用安装工程,04—市政工程),三、四位为附录分类顺序码,五、六位为分部工程顺序码,七、八、九位为分项工程项目名称顺序码,十至十二位为清单项目名称顺序码。

2.项目名称

项目名称是分部分项工程量清单项目的名称,应按规范中的项目名称并结合拟建工程的实际确定。

3.项目特征

项目特征是构成分部分项工程量清单项目、措施项目自身价值的本质特征,也是相对于工程量清单计价而言的,对构成工程实体的分部分项工程量清单项目和非实体的措施清单项目,反映其自身价值的特征进行的描述。

4.计量单位

分部分项工程量清单的计量单位应按 GB 50500—2013 清单计价规范中规定的计量单位确定。

5. 工程量计算规则

GB 50500—2013 清单计价规范中每一个清单项目都有一个相应的工程量计算规则,这个规则全国统一,即全国各省市的工程量清单均要按 GB 50500—2013 清单计价规范的计算规则计算工程量。

6. 工程内容

这是表格形式的最后一个内容。清单项目是按实体设置的,而且应包括完成该实体的全部内容。

工程计量时每一项目汇总的有效位数应遵守下列规定:

(1)以"t"为单位,应保留小数点后三位数字,第四位小数四舍五入。

(2)以"m"、"m²"、"m³"、"kg"为单位,应保留小数点后两位数字,第三位小数四舍五入。

(3)以"个"、"件"、"根"、"组"、"系统"为单位,应取整数。

## 二、房屋建筑与装饰工程工程量清单项目设置及工程量计算

《房屋建筑与装饰工程工程量计算规范》(GB 50854—2013)相关内容如下。

### (一)附录 A　土石方工程工程量清单项目设置及工程量计算

本部分共 3 节 13 个项目,包括土方工程、石方工程、土(石)方回填,适用于建筑物和构筑物的土石方开挖及回填工程。

(1)平整场地项目适于建筑场地厚度在 ±30 cm 以内的挖、填、运、找平,如表 6-2 所示。

(2)"挖一般土方"项目适用于 ±30 cm 以外的竖向布置的挖土或山坡切土,是指设计标高以上的挖土,并包括指定范围内的土方运输,如表 6-3 所示。

表 6-2　平整场地工程量清单项目设置及工程量计算规则

| 项目编码 | 项目名称 | 项目特征 | 计量单位 | 工程量计算规则 | 工程内容 |
|---|---|---|---|---|---|
| 010101001 | 平整场地 | 1. 土壤类别<br>2. 弃土运距<br>3. 取土运距 | m² | 按设计图示尺寸以建筑物首层面积计算 | 1. 土方挖填<br>2. 场地找平<br>3. 运输 |

表 6-3　挖一般土方工程量清单项目设置及工程量计算规则

| 项目编码 | 项目名称 | 项目特征 | 计量单位 | 工程量计算规则 | 工程内容 |
|---|---|---|---|---|---|
| 010101002 | 挖一般土方 | 1. 土壤类别<br>2. 挖土平均厚度<br>3. 弃土运距 | m³ | 按设计图示尺寸以体积计算 | 1. 排地表水<br>2. 土方开挖<br>3. 挡土板支拆<br>4. 基底钎探<br>5. 运输 |

(3)沟槽、基坑、一般土的划分:底宽≤7 m 且底长＞3 倍底宽为沟槽;底长≤3 倍底宽且底面积≤150 m² 为基坑;超过上述范围则为一般土方。

工程量清单"挖沟槽、挖基础土方"项目中应描述:土壤类别、挖土深度、弃土运距(见表 6-4)。

表6-4 挖基础土方工程量清单项目设置及工程量计算规则

| 项目编码 | 项目名称 | 项目特征 | 计量单位 | 工程量计算规则 | 工程内容 |
|---|---|---|---|---|---|
| 010101003 | 挖沟槽土方 | 1. 土壤类别<br>2. 挖土深度<br>3. 弃土运距 | m³ | 按设计图示尺寸以基础垫层底面积乘以挖土深度计算 | 1. 排地表水<br>2. 土方开挖<br>3. 挡土板支拆<br>4. 基底钎探<br>5. 运输 |
| 010101004 | 挖基础土方 | | | | |

当基础为带形基础时,外墙基础垫层长取外墙中心线长,内墙基础垫层长取内墙下垫层净长。挖土深度应按基础垫层底表面标高至交付施工现场标高的高度确定,无交付施工场地标高时,应按自然地面标高确定。

(4)"土(石)方回填"项目适用于场地回填、室内回填和基础回填并包括指定范围内的运输以及借土回填的土方开挖。

土石方运输与回填的工程量计算规则按设计图示尺寸以体积计算(见表6-5)。

表6-5 土(石)方回填工程量清单项目设置及工程量计算规则

| 项目编码 | 项目名称 | 项目特征 | 计量单位 | 工程量计算规则 | 工程内容 |
|---|---|---|---|---|---|
| 010103001 | 回填方 | 1. 密实度要求<br>2. 填方材料要求<br>3. 填方粒径要求<br>4. 填方来源运距 | m³ | 按设计图示尺寸以体积计算<br>注:1. 场地回填:回填面积乘以平均回填厚度<br>2. 室内回填:主墙间净面积乘以回填厚度,不扣除间隔墙<br>3. 基础回填:挖方体积减去设计室外地坪以下埋设的基础体积(包括基础垫层及其他构筑物) | 1. 运输<br>2. 回填<br>3. 压实 |

(5)工程量计算应注意的问题:

①土方体积应按挖掘前的天然密实体积计算。当需按天然密实体积折算时,应按表6-6所示系数计算。

表6-6 土方体积折算系数

| 虚方体积 | 天然密实度体积 | 夯实后体积 | 松填体积 |
|---|---|---|---|
| 1 | 0.77 | 0.67 | 0.83 |
| 1.3 | 1 | 0.87 | 1.08 |
| 1.5 | 1.15 | 1 | 1.25 |
| 1.2 | 0.92 | 0.8 | 1 |

②挖土方平均厚度应按自然地面测量标高至设计地坪标高间的平均厚度确定。基础土方、石方开挖深度应按基础垫层底表面标高至交付施工场地标高确定,无交付施工场地标高时,应按自然地面标高确定。

③建筑物场地厚度在±30 cm以内的挖、填、运、找平,应按平整场地项目编码列项。±30 cm以外的竖向布置挖土或山坡切土,应按挖一般土方项目编码列项。

④挖基础土方包括带形基础、独立基础、满堂基础(包括地下室基础)及设备基础、人工挖孔桩等的挖方。带形基础应按不同底宽和深度,独立基础和满堂基础应按不同底面积和深度分别编码列项。

⑤湿土的划分应按地质资料提供的地下常水位为界,地下常水位以下为湿土、地下常水位以上为干土。

**(二)附录B  地基处理与边坡支护工程**

本章共2节28个项目,包括地基处理、边坡支护(见表6-7、表6-8),适用于地基与边坡的处理、加固。

表6-7  地基处理工程量清单项目及工程量计算规则

| 项目编码 | 项目名称 | 项目特征 | 计量单位 | 工程量计算规则 | 工程内容 |
|---|---|---|---|---|---|
| 010201001 | 换填垫层 | 1.材料种类及配比<br>2.压实系数<br>3.掺加剂品种 | m³ | 按设计图示尺寸以体积计算 | 1.分层铺填<br>2.碾压、振密或夯实<br>3.材料运输 |
| 010201004 | 强夯地基 | 1.夯击能量<br>2.夯基遍数<br>3.地耐力要求<br>4.夯填材料种类 | m² | 按设计图示尺寸以加固面积计算 | 1.铺设夯填材料<br>2.强夯<br>3.夯填材料运输 |
| 010201006 | 振冲桩 | 1.地层情况<br>2.空桩长度、桩长<br>3.桩径<br>4.填充材料种类 | m³,m | 1.以m计量,按设计图示尺寸以桩长计算<br>2.以m³计量,按设计桩截面面积乘以桩长以体积计算 | 1.振冲成孔、填料、振实<br>2.材料运输<br>3.泥浆运输 |
| 010201007 | 砂石桩 | 1.地层情况<br>2.空桩长度、桩长<br>3.桩径<br>4.成孔方法<br>5.材料种类、级配 | m³,m | 1.以m计量,按设计图示尺寸以桩长(包括桩尖)计算<br>2.以m³计量,按设计桩截面面积乘以桩长(包括桩尖)以体积计算 | 1.成孔<br>2.填充、振实<br>3.泥浆运输 |

表 6-8　基坑与边坡支护工程量清单项目设置及工程量计算规则

| 项目编码 | 项目名称 | 项目特征 | 计量单位 | 工程量计算规则 | 工程内容 |
|---|---|---|---|---|---|
| 010202001 | 地下连续墙 | 1. 地层情况<br>2. 导墙类型、截面<br>3. 墙体厚度<br>4. 成槽深度<br>5. 混凝土类别、强度等级<br>6. 接头形式 | m³ | 按设计图示墙中心线长乘以厚度乘以槽深，以体积计算 | 1. 导墙挖填、制作、安装、拆除<br>2. 挖土成槽、固壁、清底置换<br>3. 混凝土制作、运输、灌注、养护<br>4. 接头处理<br>5. 土方、废泥浆外运<br>6. 打桩场地硬化及泥浆池、泥浆沟 |

**（三）附录 C　桩基工程工程量清单项目设置及工程量计算**

本部分共 2 节 11 项目。混凝土桩包括预制钢筋混凝土桩、混凝土灌注桩。其他桩包括砂石灌注桩、灰土挤密桩、旋喷桩、喷粉桩。地基与边坡的处理包括地下连续墙、振冲灌注碎石、地基强夯、锚杆支护、土钉支护。

（1）预制混凝土方桩、管桩、截桩头工程量计算规则如表 6-9 所示。

打桩项目包括成品桩购置费，如果用现场预制桩，应包括现场预制的所有费用。

表 6-9　打桩工程量清单项目设置及工程量计算规则

| 项目编码 | 项目名称 | 项目特征 | 计量单位 | 工程量计算规则 | 工程内容 |
|---|---|---|---|---|---|
| 010301001 | 预制钢筋混凝土方桩 | 1. 地层情况<br>2. 送桩深度、桩长<br>3. 桩截面<br>4. 桩倾斜度<br>5. 混凝土强度等级 | m，根 | 1. 以 m 计量，按设计图示尺寸以桩长（包括桩尖）计算<br>2. 以根计量，按设计图示数量计算 | 1. 工作平台搭拆<br>2. 桩机竖拆、移位<br>3. 沉桩<br>4. 接桩<br>5. 送桩 |
| 010301002 | 预制钢筋混凝土管桩 | 1. 地层情况<br>2. 送桩深度、桩长<br>3. 桩外径、壁厚<br>4. 桩倾斜度<br>5. 混凝土强度等级<br>6. 填充材料种类<br>7. 防护材料种类 | | | 1. 工作平台搭拆<br>2. 桩机竖拆、移位<br>3. 沉桩<br>4. 接桩<br>5. 送桩<br>6. 填充材料、刷防护材料 |
| 010301004 | 截（凿）桩头 | 1. 桩头截面、高度<br>2. 混凝土强度等级<br>3. 有无钢筋 | m³，根 | 1. 以 m³ 计量，按设计图示桩截面面积乘以桩长以体积计算<br>2. 以根计量，按设计图示数量计算 | 1. 截桩头<br>2. 凿平<br>3. 废料外运 |

（2）混凝土灌注桩项目适用于人工挖孔灌注桩、钻孔灌注桩、爆扩灌注桩、打管灌注桩、振动管灌注桩等（见表6-10）。

表6-10　混凝土灌注桩工程量清单项目设置及工程量计算规则

| 项目编码 | 项目名称 | 项目特征 | 计量单位 | 工程量计算规则 | 工程内容 |
|---|---|---|---|---|---|
| 010302001 | 泥浆护臂成孔灌注桩 | 1. 地层情况<br>2. 空桩长度、桩长<br>3. 桩径<br>4. 成孔方法<br>5. 护臂类型、长度<br>6. 混凝土类别、强度等级 | m,m³,根 | 1. 以 m 计量，按设计图示尺寸以桩长（包括桩尖）计算<br>2. 以 m³ 计量，按不同截面在桩上范围内以体积计算<br>3. 以根计量，按设计图示数量计算 | 1. 护筒埋设<br>2. 成孔、固壁<br>3. 混凝土制作、运输、灌注、养护<br>4. 土方、废泥浆外运<br>5. 打桩场地硬化及泥浆池、泥浆沟 |
| 010302002 | 沉管灌注桩 | 1. 地层情况<br>2. 空桩长度、桩长<br>3. 复打长度<br>4. 桩径<br>5. 沉管方法<br>6. 桩尖类型<br>7. 混凝土类别、强度等级 | | | 1. 打（沉）拔钢管<br>2. 桩尖制作、安装<br>3. 混凝土制作、运输、灌注、养护 |
| 010302003 | 干作业沉孔灌注桩 | 1. 地层情况<br>2. 空桩长度、桩长<br>3. 桩径<br>4. 扩孔直径、方法<br>5. 成孔方法<br>6. 混凝土类别、强度等级 | | | 1. 成孔、扩孔<br>2. 混凝土制作、运输、灌注、浇捣、养护 |

（3）清单项目设置应注意的问题：

①清单项目特征中的土壤级别按表6-11确定。

表6-11　土质鉴别表

| 内容 | | 土壤级别 | |
|---|---|---|---|
| | | 一级土 | 二级土 |
| 砂夹层 | 砂层连续厚度 | <1 m | >1 m |
| | 砂层中卵石含量 | — | <15% |
| 物理性能 | 压缩系数 | >0.02 | <0.02 |
| | 孔隙比 | >0.7 | <0.7 |
| 力学性能 | 静力触探值 | <15 | >50 |
| | 动力触探系数 | <12 | >12 |
| 每米纯沉桩时间平均值 | | <2 min | >2 min |
| 说明 | | 桩经外力作用较易沉入的土，土壤中夹有较薄的砂层 | 桩经外力作用较难沉入的土，土壤中夹有不超过3 m的连续厚度砂层 |

②桩与地基基础工程中钢筋（如灌注桩的钢筋笼，地下连续墙的钢筋网，锚杆支护、土钉支护的钢筋，预制桩头钢筋等）应按混凝土及钢筋混凝土有关项目设置。

## （四）附录 D　砌筑工程工程量清单项目设置及工程量计算

本部分共 6 节 27 个项目，包括砖基础、砖砌体、砖构筑物、砌块砌体、石砌体、砖散水地坪、地沟，适用于建筑物、构筑物的砌筑工程。

### 1. 砖基础

砖基础工程量清单项目设置及工程量计算规则如表 6-12 所示。

表 6-12　砖基础工程量清单项目设置及工程量计算规则

| 项目编码 | 项目名称 | 项目特征 | 计量单位 | 工程量计算规则 | 工程内容 |
|---|---|---|---|---|---|
| 010401001 | 砖基础 | 1. 砖品种、规格、强度等级<br>2. 基础类型<br>3. 砂浆强度等级<br>4. 防潮层材料种类 | m³ | 按设计图示尺寸以体积计算。包括附墙垛基础宽出部分体积，扣除地梁（圈梁）、构造柱所占体积，不扣除基础大放脚 T 形接头处的重叠部分及嵌入基础内的钢筋、铁件、管道、基础砂浆防潮层和单个面积 0.3 m² 以内的孔洞所占体积，靠墙暖气沟的挑檐不增加。<br>基础长度：外墙按中心线，内墙按净长线计算 | 1. 砂浆制作、运输<br>2. 砌砖<br>3. 防潮层铺设<br>4. 材料运输 |

砖砌体工程量清单项目设置及工程量计算规则见表 6-13。

表 6-13　砖砌体工程量清单项目设置及工程量计算规则

| 项目特征 | 项目名称 | 项目特征 | 计量单位 | 工程量计算规则 | 工程内容 |
|---|---|---|---|---|---|
| 010401003 | 实心砖墙 | 1. 砖品种、规格、强度等级<br>2. 墙体类型<br>3. 墙体厚度<br>4. 墙体高度<br>5. 勾缝要求<br>6. 砂浆强度等级、配合比 | m³ | 按设计图示尺寸以体积计算。扣除门窗洞口、过人洞、空圈、嵌入墙内的钢筋混凝土柱、梁、圈梁、挑梁、过梁及凹进墙内的壁龛、管槽、暖气槽、消火栓箱所占体积。不扣除梁头、板头、檩头、垫木、木楞头、沿缘木、木砖、门窗走头、砖墙内加固钢筋、木筋、铁件、钢管及单个面积 0.3 m² 以内的孔洞所占体积。凸出墙面的腰线、挑檐、压顶、窗台线、虎头砖、门窗套的体积亦不增加。凸出墙面的砖垛并入墙体体积内计算<br>1. 墙长度：外墙按中心线，内墙按净长计算<br>2. 墙高度：<br>（1）外墙：斜（坡）屋面无檐口天棚者算至屋面板底；有屋架且室内外均有大棚者算至屋架下弦底另加 200 mm；无天棚者算至屋架下弦底另加 300 mm，出檐宽度超过 600 mm 时按实砌高度计算；平屋面算至钢筋混凝土板底<br>（2）内墙：位于屋架下弦者，算至屋架下弦底；无屋架者算至天棚底另加 100 mm，有钢筋混凝土楼板隔层者算至楼板顶，有框架梁时算至梁底<br>（3）女儿墙：从屋面板上表面算至女儿墙顶面（当有混凝土压顶时算至压顶下表面）<br>（4）内、外山墙：按其平均高度计算<br>3. 框架间墙：不分内外墙，按墙体净尺寸以体积计算<br>4. 围墙：高度算至压顶上表面（当有混凝土压顶时算至压顶下表面），围墙柱并入围墙体积内 | 1. 砂浆制作、运输<br>2. 砌砖<br>3. 刮缝<br>4. 砖压顶砌筑<br>5. 材料运输 |
| 010401004 | 多孔砖墙 | | | | |
| 010401005 | 空心砖墙 | | | | |

## 2. 填充墙

填充墙计算规则:按设计图示尺寸以填充墙外形体积计算(见表6-14)。

表6-14 填充墙工程量清单项目设置及工程量计算规则

| 项目编码 | 项目名称 | 项目特征 | 计量单位 | 工程量计算规则 | 工程内容 |
|---------|---------|---------|---------|--------------|---------|
| 010401008 | 填充墙 | 1.砖品种、规格、强度等级<br>2.墙体类型<br>3.填充材料种类及厚度<br>4.砂浆强度等级、配合比 | $m^3$ | 按设计图示尺寸以填充墙外形体积计算 | 1.砂浆制作、运输<br>2.砌砖<br>3.装填充料<br>4.刮缝<br>5.材料运输 |

## 3. 空心砖墙、砌块墙工程量

空心砖墙、砌块墙工程量,按不同墙体类型,墙体厚度,空心砖、砌块品种、强度等级、勾缝要求,砂浆强度等级等,按图示尺寸以" $m^3$ "计算。

## (五)附录E 混凝土工程及钢筋混凝土工程工程量清单项目设置及工程量计算

混凝土及钢筋混凝土工程工程量清单项目共17节70个项目,包括现浇混凝土、预制混凝土、钢筋三大部分。

### 1. 现浇混凝土基础

现浇混凝土基础工程量清单项目设置及工程量计算规则见表6-15。

表6-15 现浇混凝土基础工程量清单项目设置及工程量计算规则

| 项目编码 | 项目名称 | 项目特征 | 计量单位 | 工程量计算规则 | 工程内容 |
|---------|---------|---------|---------|--------------|---------|
| 010501001 | 垫层 | 1.混凝土种类<br>2.混凝土强度等级 | $m^3$ | 按设计图示尺寸以体积计算。不扣除伸入承台基础的桩头所占体积 | 1.模板及支撑制作、安装、拆除、堆放、运输及清理模内杂物、刷隔离剂等<br>2.混凝土制作、运输、浇筑、振捣、养护 |
| 010501002 | 带型基础 | | | | |
| 010501003 | 独立基础 | | | | |
| 010501004 | 满堂基础 | | | | |
| 010501005 | 桩承台基础 | | | | |
| 010501006 | 设备基础 | 1.混凝土种类<br>2.混凝土强度等级<br>3.灌浆材料及强度等级 | | | |

### 2. 现浇混凝土柱

现浇混凝土柱工程量清单项目及工程量计算规则见表6-16。

### 3. 现浇混凝土梁

现浇混凝土梁工程量清单项目设置及工程量计算规则见表6-17。

### 4. 现浇混凝土墙

现浇混凝土墙工程量清单项目设置及工程量计算规则见表6-18。

## 表 6-16　现浇混凝土柱工程量清单项目设置及工程量计算规则

| 项目编码 | 项目名称 | 项目特征 | 计量单位 | 工程量计算规则 | 工程内容 |
|---|---|---|---|---|---|
| 010502001 | 矩形柱 | 1. 混凝土种类<br>2. 混凝土强度等级 | m³ | 按设计图示尺寸以体积计算。<br>柱高:<br>1. 有梁板的柱高,应自柱基上表面(或楼板上表面)至上一层楼板上表面之间的高度计算<br>2. 无梁板的柱高,应自柱基上表面(或楼板上表面)至柱帽下表面之间的高度计算<br>3. 框架柱的柱高,应自柱基上表面至柱顶高度计算<br>4. 构造柱按全高计算,嵌接墙体部分并入柱身体积<br>5. 依附柱上的牛腿和升板的柱帽,并入柱身体积计算 | 1. 模板及支架(撑)制作、安装、拆除、堆放、运输及清理模内杂物、刷隔离剂等<br>2. 混凝土制作、运输、浇筑、振捣、养护 |
| 010502002 | 构造柱 | | | | |
| 010502003 | 异形柱 | 1. 柱形状<br>2. 混凝土种类<br>3. 混凝土强度等级 | | | |

## 表 6-17　现浇混凝土梁工程量清单项目设置及工程量计算规则

| 项目编码 | 项目名称 | 项目特征 | 计量单位 | 工程量计算规则 | 工程内容 |
|---|---|---|---|---|---|
| 010503001 | 基础梁 | 1. 混凝土种类<br>2. 混凝土强度等级 | m³ | 按设计图示尺寸以体积计算。伸入墙内的梁头、梁垫并入梁体积内<br>梁长:<br>1. 梁与柱连接时,梁长算至柱侧面<br>2. 主梁与次梁连接时,次梁长算至主梁侧面 | 1. 模板及支架(撑)制作安装、拆除、堆放、运输及清理模内杂物、刷隔离剂等<br>2. 混凝土制作、运输、浇筑、振捣、养护 |
| 010503002 | 矩形梁 | | | | |
| 010503003 | 异形梁 | | | | |
| 010503004 | 圈梁 | | | | |
| 010503005 | 过梁 | | | | |

## 表 6-18　现浇混凝土墙工程量清单项目设置及工程量计算规则

| 项目编码 | 项目名称 | 项目特征 | 计量单位 | 工程量计算规则 | 工程内容 |
|---|---|---|---|---|---|
| 010504001 | 直形墙 | 1. 混凝土种类<br>2. 混凝土强度等级 | m³ | 按设计图示尺寸以体积计算。扣除门窗洞口及单个面积 0.3 m² 以外的孔洞所占体积,墙垛及突出墙面部分并入墙体体积计算内 | 1. 模板及支架(撑)制作安装、拆除、堆放、运输及清理模内杂物、刷隔离剂等<br>2. 混凝土制作、运输、浇筑、振捣、养护 |
| 010504002 | 弧形墙 | | | | |

5. 现浇混凝土板

现浇混凝土工程量清单项目设置及工程量计算规则见表 6-19。

表 6-19　现浇混凝土板工程量清单项目设置及工程量计算规则

| 项目编码 | 项目名称 | 项目特征 | 计量单位 | 工程量计算规则 | 工程内容 |
|---|---|---|---|---|---|
| 010505001 | 有梁板 | | | 按设计图示尺寸以体积计算。单个面积 0.3 m² 以内的孔洞所占体积。 压型钢板混凝土楼板和除构件内压型钢板所占体积。 有梁板(包括主、次梁与板)按梁、板体积之和计算,无梁板按板和柱帽体积之和计算,各类板伸入墙内的板头并入板体积内计算,薄壳板的肋、基梁并入薄壳体积内计算 | 1. 模板及支架(撑)制作安装、拆除、堆放、运输及清理模内杂物、刷隔离剂等 2. 混凝土制作、运输、浇筑、振捣、养护 |
| 010505002 | 无梁板 | 1. 混凝土种类 2. 混凝土强度等级 | m³ | | |
| 010505003 | 平板 | | | | |

6. 钢筋工程

钢筋工程工程量清单项目设置及工程量计算规则见表 6-20。

表 6-20　钢筋工程工程量清单项目设置及工程量计算规则

| 项目编码 | 项目名称 | 项目特征 | 计量单位 | 工程量计算规则 | 工程内容 |
|---|---|---|---|---|---|
| 010515001 | 现浇混凝土钢筋 | | | | 1. 钢筋(网、笼)制作、运输 |
| 010515002 | 预制构件钢筋 | 钢筋种类、规格 | t | 按设计图示钢筋(网)长度(面积)乘以单位理论质量计算 | 2. 钢筋(网、笼)安装 |
| 010515003 | 钢筋网片 | | | | 3. 焊接(绑扎) |
| 010515004 | 钢筋笼 | | | | |

(六)附录 H　门窗工程工程量清单项目设置及工程量计算

1. 木门、金属门

木门、金属门工程量清单项目设置及工程量计算规则见表 6-21。

表 6-21　木门、金属门工程量清单项目设置及工程量计算规则

| 项目编码 | 项目名称 | 项目特征 | 计量单位 | 工程量计算规则 | 工程内容 |
|---|---|---|---|---|---|
| 010801001 | 木质门 | 1. 门代号及洞口尺寸 2. 镶嵌玻璃品种、厚度 | 樘,m² | 1. 以樘计量,按设计图示数量 2. 以 m² 计量,按设计图示洞口尺寸面积计算 | 1. 门安装 2. 五金安装 3. 玻璃安装 |
| 010802001 | 金属(塑钢)门 | 1. 门代号及洞口尺寸 2. 门框及扇外围尺寸 3. 门框、扇材质 4. 镶嵌玻璃品种、厚度 | 樘,m² | 1. 以樘计量,按设计图示数量 2. 以 m² 计量,按设计图示洞口尺寸面积计算 | 1. 门安装 2. 五金安装 3. 玻璃安装 |

2. 木窗、金属窗

木窗、金属窗工程量清单项目设置及工程量计算规则见表6-22。

表6-22　木窗、金属窗工程量清单项目设置及工程量计算规则

| 项目编码 | 项目名称 | 项目特征 | 计量单位 | 工程量计算规则 | 工程内容 |
|---|---|---|---|---|---|
| 010806001 | 木质窗 | 1. 窗代号及洞口尺寸<br>2. 玻璃品种、厚度 | 樘，m² | 1. 以樘计量，按设计图示数量<br>2. 以 m² 计量，按设计图示洞口尺寸面积计算 | 1. 窗安装<br>2. 五金、玻璃安装 |
| 010807001 | 金属（塑钢、断桥）窗 | 1. 窗代号及洞口尺寸<br>2. 框、扇材质<br>3. 玻璃品种、厚度 | | 1. 以樘计量，按设计图示数量<br>2. 以 m² 计量，按设计图示洞口尺寸面积计算 | 1. 窗安装<br>2. 五金、玻璃安装 |

**（七）附录 J　屋面工程工程量清单项目设置及工程量计算**

1. 瓦、型材和膜结构屋面

瓦、型材屋面工程量清单项目设置及工程量计算规则见表6-23。

表6-23　瓦、型材屋面工程量清单项目设置及工程量计算规则

| 项目编码 | 项目名称 | 项目特征 | 计量单位 | 工程量计算规则 | 工程内容 |
|---|---|---|---|---|---|
| 010901001 | 瓦屋面 | 1. 瓦品种、规格<br>2. 黏结层砂浆的配合比 | m² | 按设计图示尺寸以斜面积计算。不扣除房上烟囱、风帽底座、风道、小气窗、斜沟等所占面积，小气窗的出檐部分不增加面积 | 1. 砂浆制作运输、摊铺、养护<br>2. 安瓦、作瓦脊 |
| 010901002 | 型材屋面 | 1. 型材品种、规格<br>2. 金属檩条材料品种、规格<br>3. 接缝、嵌缝材料种类 | | | 1. 骨架制作、运输、安装<br>2. 屋面型材安装<br>3. 接缝、嵌缝 |
| 010901005 | 膜结构屋面 | 1. 膜布品种、规格<br>2. 支柱（网架）钢材品种、规格<br>3. 钢丝绳品种、规格<br>4. 锚固基座的做法<br>5. 油漆品种、刷漆遍数 | | 按设计图示尺寸以需要覆盖的水平面积计算 | 1. 膜布热压胶接<br>2. 支柱（网架）制作、安装<br>3. 膜布安装<br>4. 穿钢丝绳、锚头锚固<br>5. 锚固基座、挖土、回填<br>6. 刷防护材料、油漆 |

**2.屋面防水**

屋面防水工程工程量清单项目设置及工程量计算规则见表6-24。

表6-24 屋面防水工程工程量清单项目设置及工程量计算规则

| 项目编码 | 项目名称 | 项目特征 | 计量单位 | 工程量计算规则 | 工程内容 |
|---|---|---|---|---|---|
| 010902001 | 屋面卷材防水 | 1.卷材品种、规格、厚度<br>2.防水层层数<br>3.防水层做法 | m² | 按设计图示尺寸以面积计算<br>1.斜屋顶(不包括平屋顶找坡)按斜面积计算,平屋顶按水平投影面积计算<br>2.不扣除房上烟囱、风帽底座、风道、屋面小气窗和斜沟等所占面积<br>3.屋面的女儿墙、伸缩缝和天窗等处的弯起部分,并入屋面工程量内 | 1.基层处理<br>2.刷底油<br>3.铺油毡卷材、接缝、嵌缝 |
| 010902002 | 屋面涂膜防水 | 1.防水膜品种<br>2.涂膜厚度、遍数<br>3.增强材料种类 | | | 1.基层处理<br>2.刷基层处理剂<br>3.铺布、喷涂防水层 |
| 010902003 | 屋面刚性防水 | 1.刚性层厚度<br>2.混凝土种类<br>3.混凝土强度等级<br>4.嵌缝材料种类<br>5.钢筋规格、型号 | | 按设计图示尺寸以面积计算。不扣除房上烟囱、风帽底座、风道等所占面积 | 1.基层处理<br>2.混凝土制作、运输、铺筑、养护<br>3.钢筋制作安装 |

**(八)附录K 保温、隔热工程工程量清单项目设置及工程量计算**

保温、隔热工程工程量清单项目设置及工程量计算规则如表6-25所示。

表6-25 保温、隔热工程工程量清单项目设置及工程量计算规则

| 项目编码 | 项目名称 | 项目特征 | 计量单位 | 工程量计算规则 | 工程内容 |
|---|---|---|---|---|---|
| 011001001 | 保温隔热屋面 | 1.保温隔热材料品种、规格、厚度<br>2.隔汽层材料品种、厚度<br>3.黏结材料种类、做法<br>4.防护材料种类、做法 | m² | 按设计图示尺寸以面积计算。扣除面积>0.3 m²孔洞及占位面积 | 1.基层清理<br>2.刷黏结材料<br>3.铺粘保温层<br>4.铺、刷防护材料 |
| 011001002 | 保温隔热天棚 | 1.保温隔热面层材料品种、规格、性能<br>2.保温隔热材料品种、规格及厚度<br>3.黏结材料种类、做法<br>4.防护材料种类、做法 | | 按设计图示尺寸以面积计算。扣除面积>0.3 m²柱、垛、孔洞所占面积,与天棚相连的梁按展开面积,计算并入天棚工程量内 | |

| 项目编码 | 项目名称 | 项目特征 | 计量单位 | 工程量计算规则 | 工程内容 |
|---|---|---|---|---|---|
| 011001003 | 保温隔热墙 | 1. 保温隔热部位<br>2. 保温隔热方式<br>3. 踢脚线、勒脚线保温做法<br>4. 龙骨材料品种、规格<br>5. 保温隔热面层材料品种、规格、性能<br>6. 保温隔热材料品种、规格及厚度<br>7. 增强网及抗裂防水砂浆种类<br>8. 黏结材料种类、做法<br>9. 防护材料种类、做法 | m² | 按设计图示尺寸以面积计算。扣除门窗洞口及面积 >0.3 m² 梁、孔洞所占面积;门窗洞口侧壁以及与墙相连的柱,并入保温墙体工程量内 | 1. 基层清理<br>2. 刷界面剂<br>3. 安装龙骨<br>4. 填贴保温材料<br>5. 保温板安装<br>6. 粘贴面层<br>7. 铺设增强网、抹抗裂、防水砂浆面层<br>8. 嵌缝<br>9. 铺、刷防护材料 |
| 011001004 | 保温柱、梁 | | | 按设计图示尺寸以面积计算:<br>1. 柱按设计图示柱断面保温层中心线展开长度乘保温层高度以面积计算,扣除面积 >0.3 m² 梁所占面积<br>2. 梁按设计图示梁断面保温层中心线展开长度乘以保温层长度以面积计算 | |
| 011001005 | 隔热楼地面 | 1. 保温隔热部位<br>2. 保温隔热材料品种、规格、厚度<br>3. 隔汽层材料品种、厚度<br>4. 黏结材料种类、做法<br>5. 防护材料种类、做法 | | 按设计图示尺寸以面积计算。扣除面积 >0.3 m² 柱、垛所占面积。门洞、空圈、暖气包槽、壁龛的开口部分不增加面积 | 1. 基层清理<br>2. 刷黏结材料<br>3. 铺粘保温层<br>4. 铺、刷防护材料 |

# 第三节　装饰装修工程的工程量计算

## 一、装饰装修工程工程量清单项目设置及工程量计算

### （一）附录 L　楼地面工程工程量清单项目设置及工程量计算

1. 整体面层

整体面层工程量清单项目设置及工程量计算规则见表 6-26。

2. 块料面层

块料面层工程量清单项目设置及工程量计算规则见表 6-27。

表 6-26　整体面层工程量清单项目设置及工程量计算规则

| 项目编码 | 项目名称 | 项目特征 | 计量单位 | 工程量计算规则 | 工程内容 |
|---|---|---|---|---|---|
| 011101001 | 水泥砂浆楼地面 | 1. 找平层厚度、砂浆配合比<br>2. 素水泥浆边数<br>3. 面层厚度、砂浆配合比<br>4. 面层做法要求 | m² | 按设计图示尺寸以面积计算。扣除凸出地面构筑物、设备基础、室内铁道、地沟等所占面积，不扣除间壁墙和 0.3 m² 以内的柱、垛、附墙烟囱及孔洞所占面积。门洞、空圈、暖气包槽、壁龛的开口部分不增加面积 | 1. 基层清理<br>2. 抹找平层<br>3. 抹面层<br>4. 材料运输 |
| 011101002 | 现浇水磨石楼地面 | 1. 找平层厚度、砂浆配合比<br>2. 面层厚度、水泥石子浆配合比<br>3. 嵌条材料种类、规格<br>4. 石子种类、规格、颜色<br>5. 颜料种类、颜色<br>6. 图案要求<br>7. 磨光、酸洗、打蜡要求 | | | 1. 基层清理<br>2. 抹找平层<br>3. 面层铺设<br>4. 嵌缝条安装<br>5. 磨光、酸洗、打蜡<br>6. 材料运输 |

表 6-27　块料面层工程量清单项目设置及工程量计算规则

| 项目编码 | 项目名称 | 项目特征 | 计量单位 | 工程量计算规则 | 工程内容 |
|---|---|---|---|---|---|
| 011102001 | 石材楼地面 | 1. 找平层厚度、砂浆配合比<br>2. 结合层厚度、砂浆配合比<br>3. 面层材料品种、规格、品牌、颜色<br>4. 嵌缝材料种类<br>5. 防护层材料种类<br>6. 酸洗、打蜡要求 | m² | 按设计图示尺寸以面积计算。门洞、空圈、暖气包槽、壁龛的开口部分并入相应的工程量内 | 1. 基层清理<br>2. 抹找平层<br>3. 面层铺设、磨边<br>4. 嵌缝<br>5. 刷防护材料<br>6. 酸洗、打蜡<br>7. 材料运输 |
| 011102003 | 块料楼地面 | | | | |

## （二）附录 M　墙柱面工程工程量清单项目设置及工程量计算

1. 墙面抹灰

墙面抹灰工程量清单项目设置及工程量计算规则见表 6-28。

2. 柱面抹灰

柱面抹灰工程量清单项目设置及工程量计算规则见表 6-29。

3. 墙面镶贴块材

墙面镶贴块材工程量清单项目设置及工程量计算规则见表 6-30。

**表 6-28　墙面抹灰工程量清单项目设置及工程量计算规则**

| 项目编码 | 项目名称 | 项目特征 | 计量单位 | 工程量计算规则 | 工程内容 |
|---|---|---|---|---|---|
| 011201001 | 墙面一般抹灰 | 1.墙体类型<br>2.底层厚度、砂浆配合比<br>3.面层厚度、砂浆配合比<br>4.装饰面材料种类<br>5.分格缝宽度、材料种类 | m² | 按设计图示尺寸以面积计算。扣除墙裙、门窗洞口及单个 0.3 m² 以外的孔洞面积,不扣除踢脚线、挂镜线和墙与构件交接处的面积,门窗洞口和孔洞的侧壁及顶面不增加面积。附墙柱、梁、垛、烟囱侧壁并入相应的墙面面积内:<br>　1.外墙抹灰面积按外墙垂直投影面积计算<br>　2.外墙裙抹灰面积按其长度乘以高度计算<br>　3.内墙抹灰面积按主墙间的净长乘以高度计算:<br>　(1)无墙裙的,高度按室内楼地面至天棚底面计算<br>　(2)有墙裙的,高度按墙裙顶至天棚底面计算<br>　(3)有吊顶天棚抹灰高度算至天棚底<br>　4.内墙裙抹灰面按内墙净长乘以高度计算 | 1.基层清理<br>2.砂浆制作、运输<br>3.底层抹灰<br>4.抹面层<br>5.抹装饰面<br>6.勾分格缝 |
| 011201002 | 墙面装饰抹灰 | | | | |

**表 6-29　柱面抹灰工程量清单项目设置及工程量计算规则**

| 项目编码 | 项目名称 | 项目特征 | 计量单位 | 工程量计算规则 | 工程内容 |
|---|---|---|---|---|---|
| 011202001 | 柱、梁面一般抹灰 | 1.柱体类型<br>2.底层厚度、砂浆配合比<br>3.面层厚度、砂浆配合比<br>4.装饰面材料种类<br>5.分格缝宽度、材料种类 | m² | 1.柱面抹灰:按设计图示柱断面周长乘以高度以面积计算<br>2.梁面抹灰:按设计图示梁断面周长乘以长度以面积计算 | 1.基层清理<br>2.砂浆制作、运输<br>3.底层抹灰<br>4.抹面层<br>5.勾分格缝 |
| 011202002 | 柱、梁面装饰抹灰 | | | | |

**表6-30 墙面镶贴块材工程量清单项目设置及工程量计算规则**

| 项目编码 | 项目名称 | 项目特征 | 计量单位 | 工程量计算规则 | 工程内容 |
|---|---|---|---|---|---|
| 011204001 | 石材墙面 | 1. 墙体类型<br>2. 安装方式<br>3. 面层材料品种、规格、品牌、颜色<br>4. 缝宽、嵌缝材料种类<br>5. 防护材料种类<br>6. 磨光、酸洗、打蜡要求 | m² | 按设计图示尺寸以镶贴面积计算 | 1. 基层清理<br>2. 砂浆制作、运输<br>3. 黏结层铺贴<br>4. 面层安装<br>5. 嵌缝<br>6. 刷防护材料<br>7. 磨光、酸洗、打蜡 |
| 011204003 | 块料墙面 | | | | |

### 4. 柱面镶贴块材

柱面镶贴块材工程量清单项目设置及工程量计算规则见表6-31。

**表6-31 柱面镶贴块材工程量清单项目设置及工程量计算规则**

| 项目编码 | 项目名称 | 项目特征 | 计量单位 | 工程量计算规则 | 工程内容 |
|---|---|---|---|---|---|
| 011205001 | 石材柱面 | 1. 柱截面类型、尺寸<br>2. 安装方式<br>3. 面层材料品种、规格、品牌、颜色<br>4. 缝宽、嵌缝材料种类<br>5. 防护材料种类<br>6. 磨光、酸洗、打蜡要求 | m² | 按设计图示尺寸以镶贴面积计算 | 1. 基层清理<br>2. 砂浆制作、运输<br>3. 黏结层铺贴<br>4. 嵌缝<br>5. 刷防护材料<br>6. 磨光、酸洗、打蜡 |
| 011205002 | 块料柱面 | | | | |

## （三）附录 N  天棚工程工程量清单项目设置及工程量计算

### 1. 天棚抹灰

天棚抹灰工程量清单项目设置及工程量计算规则见表6-32。

**表6-32 天棚抹灰工程量清单项目设置及工程量计算规则**

| 项目编码 | 项目名称 | 项目特征 | 计量单位 | 工程量计算规则 | 工程内容 |
|---|---|---|---|---|---|
| 011301001 | 天棚抹灰 | 1. 基层类型<br>2. 抹灰厚度、材料种类<br>3. 砂浆配合比 | m² | 按设计图示尺寸以水平投影面积计算。不扣除间壁墙、垛、柱、附墙烟囱、检查口和管道所占的面积，带梁天棚、梁两侧抹灰面积并入天棚面积内，板式楼梯底面抹灰按斜面积计算，锯齿形楼梯底板抹灰按展开面积计算 | 1. 基层清理<br>2. 底层抹灰<br>3. 抹面层 |

## 2. 天棚吊顶

天棚吊顶工程量清单项目设置及工程量计算规则见表6-33。

表6-33　天棚吊顶工程量清单项目设置及工程量计算规则

| 项目编码 | 项目名称 | 项目特征 | 计量单位 | 工程量计算规则 | 工程内容 |
|---|---|---|---|---|---|
| 011302001 | 天棚吊顶 | 1. 吊顶形式,吊杆规格、高度<br>2. 龙骨类型、材料种类、规格、中距<br>3. 基层材料种类、规格<br>4. 面层材料品种、规格、品牌、颜色<br>5. 压条材料种类、规格<br>6. 嵌缝材料种类<br>7. 防护材料种类 | m² | 按设计图示尺寸以水平投影面积计算。天棚面中的灯槽及跌级、锯齿形、吊挂式、藻井式天棚面积不展开计算。不扣除间壁墙、检查口、附墙烟囱、柱垛和管道所占面积,扣除单个0.3 m²以外的孔洞、独立柱及与天棚相连的窗帘盒所占的面积 | 1. 基层清理、吊杆安装<br>2. 龙骨安装<br>3. 基层板铺贴<br>4. 面层铺贴<br>5. 嵌缝<br>6. 刷防护材料 |
| 011302002 | 格栅吊顶 | 1. 龙骨类型、材料种类、规格、中距<br>2. 基层材料种类、规格<br>3. 面层材料品种、规格、品牌、颜色<br>4. 防护材料种类 | | 按设计图示尺寸以水平投影面积计算 | 1. 基层清理<br>2. 安装龙骨<br>3. 基层板铺贴<br>4. 面层铺贴<br>5. 刷防护材料 |

### (四)附录P　油漆涂料、裱糊工程工程量清单项目设置及工程量计算

#### 1. 门油漆

门油漆工程量清单项目设置及工程量计算规则见表6-34。

表6-34　门油漆工程量清单项目设置及工程量计算规则

| 项目编码 | 项目名称 | 项目特征 | 计量单位 | 工程量计算规则 | 工程内容 |
|---|---|---|---|---|---|
| 011401001 | 木门油漆 | 1. 门类型<br>2. 门代号及洞口尺寸<br>3. 腻子种类<br>4. 刮腻子要求<br>5. 防护材料种类<br>6. 油漆品种、刷漆遍数 | 樘,m² | 1. 以樘计量,按设计图示数量计算<br>2. 以m²计量,按设计图示洞口尺寸以面积计算 | 1. 基层清理<br>2. 刮腻子<br>3. 刷防护材料、油漆 |
| 011401002 | 金属门油漆 | | | | 1. 除锈、基层清理<br>2. 刮腻子<br>3. 刷防护材料、油漆 |

### 2. 窗油漆

窗油漆工程量清单项目设置及工程量计算规则见表6-35。

表6-35 窗油漆工程量清单项目设置及工程量计算规则

| 项目编码 | 项目名称 | 项目特征 | 计量单位 | 工程量计算规则 | 工程内容 |
|---|---|---|---|---|---|
| 011402001 | 木窗油漆 | 1. 窗类型<br>2. 窗代号及洞口尺寸<br>3. 腻子种类<br>4. 刮腻子遍数<br>5. 防护材料种类<br>6. 油漆品种、刷漆遍数 | 樘，m² | 1. 以樘计量，按设计图示数量计算<br>2. 以 m² 计量，按设计图示洞口尺寸以面积计算 | 1. 基层清理<br>2. 刮腻子<br>3. 刷防护材料、油漆 |

### 3. 抹灰面油漆

抹灰面油漆工程量清单项目设置及工程量计算规则见表6-36。

表6-36 抹灰面油漆工程量清单项目设置及工程量计算规则

| 项目编码 | 项目名称 | 项目特征 | 计量单位 | 工程量计算规则 | 工程内容 |
|---|---|---|---|---|---|
| 011406001 | 抹灰面油漆 | 1. 基层类型<br>2. 腻子种类<br>3. 刮腻子遍数<br>4. 防护材料种类<br>5. 油漆品种、刷漆遍数<br>6. 部位 | m² | 按设计图示尺寸以面积计算 | 1. 基层清理<br>2. 刮腻子<br>3. 刷防护材料、油漆 |

### 4. 刷喷涂料

喷刷、涂料工程量清单项目设置及工程量计算规则见表6-37。

表6-37 抹灰面油漆工程量清单项目设置及工程量计算规则

| 项目编码 | 项目名称 | 项目特征 | 计量单位 | 工程量计算规则 | 工程内容 |
|---|---|---|---|---|---|
| 011407001 | 墙面喷刷涂料 | 1. 基层类型<br>2. 喷刷涂料部位<br>3. 腻子种类<br>4. 刮腻子遍数<br>5. 涂料品种、刷喷遍数 | m² | 按设计图示尺寸以面积计算 | 1. 基层清理<br>2. 刮腻子<br>3. 刷、喷涂料 |
| 011407002 | 天棚喷刷涂料 | | | | |

# 第四节 建筑设备安装工程的工程量计算

《通用安装工程工程量清单计价规范》(GB 50856—2013)是为规范通用安装工程造价计量行为，统一通用安装工程工程量计算规则、工程量清单的编制方法而制定的规范，适用于工业、民用、公共设施建设安装工程的计量和工程计量清单编制。

安装工程涉及的专业较多，内容也很多，本书主要介绍常见的民用建筑设备安装工程中的给排水系统、电气工程中的照明系统和防雷接地系统涉及的常用的工程量清单项目设置及工程量的计算方法。

## 一、给排水工程工程量清单项目设置及工程量计算

《通用安装工程工程量清单计价规范》(GB 50856—2013)附录 K(给排水、采暖、燃气工程)主要适用于新建、扩建和改建项目中的生活用给水、排水、燃气、采暖热源管道及附件配件安装和小型容器制作安装。本规范给排水、采暖、燃气工程与市政工程管网的界定：室外给排水、采暖、燃气管道以市政管道碰头井为界；厂区、住宅小区的庭院喷灌及喷泉水设备安装按本规范相应项目执行；公共庭院喷灌及喷泉水设备安装按现行国家标准《市政工程工程量计算规范》(GB 50857—2013)管网工程的相应项目执行。规范规定附录 K 各项目的基本安装高度为 3.6 m。

### （一）给排水管道安装

给排水管道工程应按表6-38 的规定执行。

### （二）支架及其他项目

支架及其他工程应按表6-39 的规定执行。

管道长度超过规定限值时，应加设支架。支架间距见表6-40。

### （三）管道附件安装

管道附件工程量应按表6-41 的规定执行。

### （四）卫生器具制作安装

各类卫生器具制作安装工程量应按表6-42 的规定执行。

## 二、电气照明工程工程量清单项目设置及工程量计算

《通用安装工程工程量清单计价规范》(GB 50856—2013)附录 D 电气设备安装工程主要适用于工业与民用新建、扩建和改建工程中 10 kV 以下变配电设备及线路安装工程、车间动力电气设备及电气照明器具、防雷及接地装置安装、配管配线、电气调整试验等的安装工程。本规范电气设备安装工程与市政工程路灯工程的界定：厂区、住宅小区的道路路灯安装工程、庭院喷泉等电气设备安装工程按通用安装工程"电气设备安装工程"相应项目执行；涉及市政道路、市政庭院等电气安装工程的项目，按市政工程中"路灯工程"的相应项目执行。

规范规定附录 D 电气设备安装工程的基本安装高度为 5 m。工程项目中有关挖土、填土工程，应按现行国家标准《房屋建筑与装饰工程工程量计算规范》(GB 50854—2013)相关项目编码列项。开挖路面，应按现行国家标准《市政工程工程量计算规范》(GB 50857—2013)相关项目编码列项。过梁、墙、楼板的钢(塑料)套管，应按本规范附录 K 采暖、给排水、燃气工程相关项目编码列项。除锈、刷油(补刷漆除外)、保护层安装，应按本规范附录 M 刷油、防腐蚀、绝热工程相关项目编码列项。

表 6-38　给排水、采暖、燃气管道工程量清单项目设置及工程量计算规则

| 项目编码 | 项目名称 | 项目特征 | 计量单位 | 工程量计算规则 | 工程内容 |
|---|---|---|---|---|---|
| 031001001 | 镀锌钢管 | 1.安装部位<br>2.介质<br>3.规格、压力等级<br>4.连接形式<br>5.压力试验及吹、洗设计要求<br>6.警示带形式 | m | 按设计图示管道中心线以长度计算 | 1.管道安装<br>2.管件制作、安装<br>3.压力试验<br>4.吹扫、冲洗<br>5.警示带铺设 |
| 031001002 | 钢管 | | | | |
| 031001005 | 铸铁管 | 1.安装部位<br>2.介质<br>3.材质、规格<br>4.连接形式<br>5.接口材料<br>6.压力试验及吹、洗设计要求<br>7.警示带形式 | | | 1.管道安装<br>2.管件安装<br>3.压力试验<br>4.吹扫、冲洗<br>5.警示带铺设 |
| 031001006 | 塑料管 | 1.安装部位<br>2.介质<br>3.材质、规格<br>4.连接形式<br>5.阻火圈设计要求<br>6.压力试验及吹、洗设计要求<br>7.警示带形式 | | | 1.管道安装<br>2.管件安装<br>3.塑料卡固定<br>4.阻火圈安装<br>5.压力试验<br>6.吹扫、冲洗<br>7.警示带铺设 |
| 031001007 | 复合管 | 1.安装部位<br>2.介质<br>3.材质、规格<br>4.连接形式<br>5.压力试验及吹、洗设计要求<br>6.警示带形式 | | | 1.管道安装<br>2.管件安装<br>3.塑料卡固定<br>4.压力试验<br>5.吹扫、冲洗<br>6.警示带铺设 |
| 031001011 | 室外管道碰头 | 1.介质<br>2.碰头形式<br>3.材质、规格<br>4.连接形式<br>5.防腐、绝热设计要求 | 处 | 按设计图示以处计算 | 1.挖填工作坑或暖气沟拆除及修复<br>2.碰头<br>3.接口处防腐<br>4.接口处绝热及保护层 |

表 6-39　支架及其他工程量清单项目设置及工程量计算规则

| 项目编码 | 项目名称 | 项目特征 | 计量单位 | 工程量计算规则 | 工程内容 |
|---|---|---|---|---|---|
| 031002001 | 管道支架 | 1. 材质<br>2. 管架形式 | kg,套 | 1. 以 kg 计量,按设计图示质量计算<br>2. 以套计量,按设计图示数量计算 | 1. 制作<br>2. 安装 |
| 031002002 | 设备支架 | 1. 材质<br>2. 形式 | | | |
| 031002003 | 套管 | 1. 名称、类型<br>2. 材质<br>3. 规格<br>4. 填料材质 | 个 | 按设计图示数量计算 | 1. 制作<br>2. 安装<br>3. 除锈、刷油 |

表 6-40　管道半固定或活动支架的最大间距

| 公称直径(mm) | | 15 | 20 | 25 | 32 | 40 | 50 | 65 | 80 | 100 |
|---|---|---|---|---|---|---|---|---|---|---|
| 间距<br>(m) | 保温 | 1.5 | 2.0 | 2.0 | 2.5 | 3.0 | 3.0 | 4.0 | 4.0 | 4.5 |
| | 不保温 | 2.5 | 3.0 | 3.5 | 4.0 | 4.5 | 5.0 | 6.0 | 6.0 | 6.5 |

表 6-41　管道附件工程量清单项目设置及工程量计算规则

| 项目编码 | 项目名称 | 项目特征 | 计量单位 | 工程量计算规则 | 工程内容 |
|---|---|---|---|---|---|
| 031003001 | 螺纹阀门 | 1. 类型<br>2. 材质<br>3. 规格、压力等级<br>4. 连接形式<br>5. 焊接方式 | 个 | 按设计图示数量计算 | 1. 安装<br>2. 电气接线<br>3. 测试 |
| 031003002 | 螺纹法兰阀门 | | | | |
| 031003003 | 焊接法兰阀门 | | | | |
| 031003005 | 塑料阀门 | 1. 规格<br>2. 连接形式 | | | 1. 安装<br>2. 调试 |
| 031003011 | 法兰 | 1. 材质<br>2. 规格、压力等级<br>3. 连接形式 | 副<br>(片) | 按设计图示数量计算 | 安装 |
| 031003012 | 倒流防止器 | 1. 材质<br>2. 型号、规格<br>3. 连接形式 | 套 | 按设计图示数量计算 | |
| 031003013 | 水表 | 1. 安装部位(室内外)<br>2. 型号、规格<br>3. 连接形式<br>4. 附件配置 | 组<br>(个) | | 组装 |

表6-42　卫生器具工程量清单项目设置及工程量计算规则

| 项目编码 | 项目名称 | 项目特征 | 计量单位 | 工程量计算规则 | 工程内容 |
|---|---|---|---|---|---|
| 031004001 | 浴缸 | 1. 材质<br>2. 规格、类型<br>3. 组装形式<br>4. 附件名称、数量 | 组 | 按设计图示数量计算 | 1. 器具安装<br>2. 附件安装 |
| 031004002 | 净身盆 | | | | |
| 031004003 | 洗脸盆 | | | | |
| 031004004 | 洗涤盆 | | | | |
| 031004005 | 化验盆 | | | | |
| 031004006 | 大便器 | | | | |
| 031004007 | 小便器 | | | | |
| 031004010 | 淋浴器 | 1. 材质、规格<br>2. 组装方式<br>3. 附件名称、数量 | | | 1. 器具安装<br>2. 附件安装 |
| 031004013 | 大、小便槽自动冲洗水箱 | 1. 材质、类型<br>2. 规格<br>3. 水箱配件<br>4. 支架形式及做法<br>5. 器具及支架除锈、刷油设计要求 | 套 | | 1. 制作<br>2. 安装<br>3. 支架制作、安装<br>4. 除锈、刷油 |
| 031004014 | 给、排水附(配)件 | 1. 材质<br>2. 型号、规格<br>3. 安装方式 | 个<br>(组) | | 安装 |
| 031004015 | 小便槽冲洗管 | 1. 材质<br>2. 规格 | m | 按设计图示长度计算 | 1. 制作<br>2. 安装 |

**（一）控制设备及低压电器安装**

控制设备及低压电器安装工程应按表6-43的规定执行。

**（二）电缆安装**

电缆安装工程量按表6-44的规定执行。

使用本分部设置清单项目及工程量计算的注意事项：

(1)电力电缆、控制电缆敷设工程量计量规则为按设计图示长度尺寸计算,包含预留长度及附加长度。电缆敷设按单根延长米计算,如一个沟内(或架上)敷设3根各长100 m电缆,应按300 m计算,以此类推。电缆敷设时还要考虑因波形敷设增加长度、弛度增加长度、电缆绕梁(柱)增加长度以及电缆与设备连接、电缆接头等必要的预留长度,该长度也是电

表6-43　控制设备及低压电器安装工程量清单项目设置及工程量计算规则

| 项目编码 | 项目名称 | 项目特征 | 计量单位 | 工程量计算规则 | 工程内容 |
|---|---|---|---|---|---|
| 030404017 | 配电箱 | 1.名称<br>2.型号<br>3.规格<br>4.基础形式、材质、规格<br>5.接线端子材质、规格<br>6.端子板外部接线材质、规格<br>7.安装方式 | 台 | 按设计图示数量计算 | 1.本体安装<br>2.基础型钢制作、安装<br>3.焊、压接线端子<br>5.补刷(喷)油漆<br>6.接地 |
| 030404019 | 控制开关 | 1.名称<br>2.型号<br>3.规格<br>4.接线端子材质、规格<br>5.额定电流(A) | 个 | | 1.本体安装<br>2.焊、压接线端子<br>3.接线 |
| 030404031 | 小电器 | 1.名称<br>2.型号<br>3.规格<br>4.接线端子材质、规格 | 个<br>(套、台) | | |
| 030404033 | 风扇 | 1.名称<br>2.型号<br>3.规格<br>4.安装方式 | | | 1.本体安装<br>2.调速开关 |
| 030404034 | 照明开关 | 1.名称<br>2.材质<br>3.规格<br>4.安装方式 | 个 | | 1.本体安装<br>2.接线 |
| 030404035 | 插座 | | | | |
| 030404036 | 其他电器 | 1.名称<br>2.规格<br>3.安装方式 | 个<br>(套、台) | | 1.安装<br>2.接线 |

缆敷设长度的组成部分,其计算公式为

每条电缆敷设长度 = (水平长度 + 垂直长度 + 预留长度) × (1 + 2.5% 曲折弯余量)

电缆敷设长度应根据敷设路径的水平加垂直敷设长度,按表6-45规定增加预留长度及附加长度。

表 6-44　电缆安装工程量清单项目设置及工程量计算规则

| 项目编码 | 项目名称 | 项目特征 | 计量单位 | 工程量计算规则 | 工程内容 |
|---|---|---|---|---|---|
| 030408001 | 电力电缆 | 1. 名称<br>2. 型号<br>3. 规格<br>4. 材质<br>5. 敷设方式、部位<br>6. 电压等级(kV)<br>7. 地形 | m | 按设计图示尺寸以长度计算(含预留长度及附加长度) | 1. 电缆敷设<br>2. 揭(盖)盖板 |
| 030408002 | 控制电缆 | | | | |
| 030408003 | 电缆保护管 | 1. 名称<br>2. 材质<br>3. 规格<br>4. 敷设方式 | | 按设计图示尺寸以长度计算 | 保护管敷设 |
| 030408004 | 电缆槽盒 | 1. 名称<br>2. 材质<br>3. 规格<br>4. 型号 | | | 槽盒安装 |
| 030408005 | 铺砂、盖保护板(砖) | 1. 种类<br>2. 规格 | m | 按设计图示尺寸以长度计算 | 1. 铺砂<br>2. 盖板(砖) |
| 030408006 | 电力电缆头 | 1. 名称<br>2. 型号<br>3. 规格<br>4. 材质、类型<br>5. 安装部位<br>6. 电力等级(kV) | 个 | 按设计图示数量计算 | 1. 电力电缆头制作<br>2. 电力电缆头安装<br>3. 接地 |
| 030408007 | 控制电缆头 | 1. 名称<br>2. 型号<br>3. 规格<br>4. 材质、类型<br>5. 安装方式 | | | |

表 6-45　电缆敷设预留及附加长度

| 序号 | 项目 | 预留(附加)长度 | 说明 |
|---|---|---|---|
| 1 | 电缆敷设弛度、波形弯度、交叉 | 2.5% | 按电缆全长计算 |
| 2 | 电缆进入建筑物 | 2.0 m | 规范规定最小值 |
| 3 | 电缆进入沟内或吊架时引上(下)预留 | 1.5 m | 规范规定最小值 |
| 4 | 变电所进线、出线 | 1.5 m | 规范规定最小值 |

| 序号 | 项目 | 预留(附加)长度 | 说明 |
|------|------|----------------|------|
| 5 | 电力电缆终端头 | 1.5 m | 检修余量最小值 |
| 6 | 电缆中间接头 | 两端各留2.0 m | 检修余量最小值 |
| 7 | 电缆进控制、保护屏及模拟盘等 | 高+宽 | 按盘面尺寸 |
| 8 | 高压开关柜及低压配电盘、箱 | 2.0 m | 盘下进出线 |
| 9 | 电缆至电动机 | 0.5 m | 从电机接线盒算起 |
| 10 | 长用变压器 | 3.0 m | 从地坪算起 |
| 11 | 电缆绕过梁柱等增加长度 | 按实计算 | 按被绕物的断面情况计算增加长度 |
| 12 | 电梯电缆与电缆架固定点 | 每处按0.5 m | 规范最小值 |

(2)电缆保护管敷设项目有埋地暗敷设和非埋地的明敷设两种。电缆保护管长度,除按设计规定长度计算外,遇有下列情况时,应按以下规定增加保护管长度:

①横穿道路,按路基宽度两端各增加 2 m。

②垂直敷设时,管口距地面增加 2 m。

③穿过建筑物外墙时,按基本外缘以外增加 1 m。

④穿过排水沟时,接沟壁外缘以外增加 1 m

(3)电缆沟盖板揭、盖按每揭或每盖一次以"m"为计量单位,工程量计量规则按设计图示中心线长度计算,若又揭又盖,则按两次计算。

(4)电缆终端头及中间头制作、安装工程量计量规则电力电缆、控制电缆均按一根电缆有两个终端头考虑。中间电缆头设计有图示的,按设计确定;设计没有规定的,按实际情况计算(或按平均250 m一个中间头考虑)。电缆穿刺线夹按电缆中间头编码列项。

(5)电缆井、电缆排管、顶管,应按现行国家标准《市政工程工程量计算规范》(GB 50857—2013)相关项目编码列项。直埋电缆、电缆保护管埋地敷设的挖、填土(石)方以"m³"为计量单位,工程量计量规则按图纸设计要求尺寸计算,按现行国家标准《房屋建筑与装饰工程工程量计算规则》(GB 50854—2013)相关项目编码列项。

**(三)防雷及接地装置**

防雷接地装置工程量应按表 6-46 的规定执行。

本分部的清单项目适用于各种建筑物和构筑物的防雷接地、变配电系统接地、设备接地以及避雷针的接地装置等。

利用桩基础做接地极,应描述桩台下桩的根数,每桩台下需焊接柱筋根数,其工程量按柱引下线计算;利用基础钢筋做接地极按均压环项目编码列项。利用柱筋做引下线的,需描述柱筋焊接根数。利用圈梁筋做均压环的,需描述圈梁筋焊接根数。若使用电缆、电线做接地线,则应按本规范的附录 D.8、D.12 相关项目编码列项。

接地母线、引下线、避雷网计算工程量时按图示尺寸增加附加长度计算,即工程量 = 按施工图设计尺寸计算的长度×(1+3.9%)。接地母线、引下线、避雷网附加长度见表 6-47。

**表 6-46　防雷及接地装置工程量清单项目设置及工程量计算规则**

| 项目编码 | 项目名称 | 项目特征 | 计量单位 | 工程量计算规则 | 工程内容 |
|---|---|---|---|---|---|
| 030409001 | 接地极 | 1. 名称<br>2. 材质<br>3. 规格<br>4. 土质<br>5. 基础接地形式 | 根(块) | 按设计图示数量计算 | 1. 接地极(板、桩)制作、安装<br>2. 基础接地网安装<br>3. 补刷(喷)油漆 |
| 030409002 | 接地母线 | 1. 名称材质<br>2. 规格<br>3. 安装部位<br>4. 安装形式 | | | 1. 接地母线制作、安装<br>2. 补刷(喷)油漆 |
| 030409003 | 避雷引下线 | 1. 名称<br>2. 材质<br>3. 规格<br>4. 安装部位<br>5. 安装形式<br>6. 断接卡子、箱材质、规格 | m | 按设计图示尺寸以长度计算(含附加长度) | 1. 避雷引下线制作、安装<br>2. 断接卡子、箱制作、安装<br>3. 利用主钢筋焊接<br>4. 补刷(喷)油漆 |
| 030409004 | 均压环 | 1. 名称<br>2. 材质<br>3. 规格<br>4. 安装形式 | | | 1. 均压环敷设<br>2. 钢铝窗接地<br>3. 柱主筋与圈梁焊接<br>4. 利用圈梁钢筋焊接<br>5. 补刷(喷)油漆 |
| 030409005 | 避雷网 | 1. 名称<br>2. 材质<br>3. 规格<br>4. 安装形式<br>5. 混凝土块标号 | | | 1. 避雷网制作、安装<br>2. 跨接<br>3. 混凝土块制作<br>4. 补刷(喷)油漆 |
| 030409008 | 等电位端子箱、测试板 | 1. 名称<br>2. 材质<br>3. 规格 | 台(块) | 按设计图示数量计算 | 本体安装 |

**表 6-47　接地母线、引下线、避雷网附加长度**

| 项目 | 附加长度 | 说明 |
|---|---|---|
| 接地母线、引下线、避雷网附加长度 | 3.9% | 按接地母线、引下线、避雷网全长计算 |

**(四)配管、配线**

　　配管、配线工程量应按表 6-48 的规定执行。

表 6-48 配管、配线工程量清单项目设置及工程量计算规则

| 项目编码 | 项目名称 | 项目特征 | 计量单位 | 工程量计算规则 | 工程内容 |
|---|---|---|---|---|---|
| 030411001 | 配管 | 1. 名称<br>2. 材质<br>3. 规格<br>4. 配置形式<br>5. 接地要求<br>6. 钢索材质、规格 | m | 按设计图示尺寸以长度计算 | 1. 电线管路敷设<br>2. 钢索架设(拉紧装置安装)<br>3. 预留沟槽<br>4. 接地 |
| 030411004 | 配线 | 1. 名称<br>2. 配线形式<br>3. 型号<br>4. 规格<br>5. 材质<br>6. 配线部位<br>7. 配线线制<br>8. 钢索材质、规格 | | 按设计图示尺寸以单线长度计算(含预留长度) | 1. 配线<br>2. 钢索架设(拉紧装置安装)<br>3. 支持体(夹板、绝缘子、槽板等)安装 |
| 030411005 | 接线箱 | 1. 名称<br>2. 材质<br>3. 规格<br>4. 安装方式 | 个 | 按设计图示数量计算 | 本体安装 |
| 030212006 | 接线盒 | | | | |

配线工程量计量规则为按设计图示以单线长度计算,包含预留长度,则配线工程量 $L =$ (配线线路长度 + 导线预留长度) × 导线根数。配线进入箱、柜、板的预留长度见表 6-49。

表 6-49 配线进入箱、柜、板的预留长度 (单位:m/根)

| 序号 | 项目 | 预留长度 | 说明 |
|---|---|---|---|
| 1 | 各种开关箱、柜、板 | 高 + 宽 | 盘面尺寸 |
| 2 | 单独安装(无箱、盘)的铁壳开关、闸刀开关、启动器、线槽进出线盒等 | 0.3 | 从安装对象中心算起 |
| 3 | 由地面管子出口引至动力接线箱 | 1.0 | 从管口算起 |
| 4 | 电源与管内导线连接(管内穿线与软、硬母线接点) | 1.5 | 从管口算起 |
| 5 | 出户线 | 1.5 | 从管口算起 |

(五)照明器具安装

照明器具安装工程量按表 6-50 的规定执行。

**表 6-50　照明器具安装工程量清单项目设置及工程量计算规则**

| 项目编码 | 项目名称 | 项目特征 | 计量单位 | 工程量计算规则 | 工程内容 |
|---|---|---|---|---|---|
| 030412001 | 普通灯具 | 1. 名称<br>2. 型号<br>3. 规格<br>4. 类型 | | | 本体安装 |
| 030412002 | 工厂灯 | 1. 名称<br>2. 型号<br>3. 规格<br>4. 安装形式 | 套 | 按设计图示数量计算 | |
| 030412003 | 高度标志<br>(障碍)灯 | 1. 名称<br>2. 型号<br>3. 规格<br>4. 安装部位<br>5. 安装高度 | | | 本体安装 |
| 030412004 | 装饰灯 | 1. 名称<br>2. 型号 | | | |
| 030412005 | 荧光灯 | 3. 规格<br>4. 安装形式 | | | |

## (六)附属工程

附属工程工程量应按表 6-51 的规定执行。

**表 6-51　附属工程工程量清单项目设置及工程量计算规则**

| 项目编码 | 项目名称 | 项目特征 | 计量单位 | 工程量计算规则 | 工程内容 |
|---|---|---|---|---|---|
| 030413001 | 铁构件 | 1. 名称<br>2. 材质<br>3. 规格 | kg | 按设计图示尺寸以质量计算 | 1. 制作<br>2. 安装<br>3. 补刷(喷)油漆 |
| 030413002 | 凿(压)槽 | 1. 名称<br>2. 规格<br>3. 类型<br>4. 填充(恢复)方式<br>5. 混凝土标准 | m | 按设计图示尺寸以长度计算 | 1. 开槽<br>2. 恢复处理 |
| 030413003 | 打洞(孔) | 1. 名称<br>2. 规格<br>3. 类型<br>4. 填充(恢复)方式<br>5. 混凝土标准 | 个 | 按设计图示数量计算 | 1. 开孔、洞<br>2. 恢复处理 |

## （七）电气调整试验

电气调整试验工程量应按表6-52的规定执行。

表6-52　电气调整试验工程量清单项目设置及工程量计算规则

| 项目编码 | 项目名称 | 项目特征 | 计量单位 | 工程量计算规则 | 工程内容 |
|---|---|---|---|---|---|
| 030414002 | 送配电装置系统 | 1.名称<br>2.型号<br>3.电压等级(kV)<br>4.类型 | 系统 | 按设计图示数量计算 | 系统调试 |
| 030414011 | 接地装置 | 1.名称<br>2.类别 | 1.系统<br>2.组 | 1.以系统计量,按设计图示系统计算<br>2.以组计量,按设计图示数量计算 | 接地电阻测试 |

送配电设备系统是指配电用的开关、控制设备以及一、二次回路,系统调试即指对上述各个电气设备及电气回路的调试。工程量计算规则按设计图示数量计算,一般每一个民用安装工程至少计算"一个系统",若分配电箱内设有仪表、继电器、电磁开关、漏电保护装置(不包括闸刀开关、保险器),每个分配电箱可计一个调试系统。若分配电箱内只有电度表、刀开关、熔断器,不能作为单独调试系统。

## 三、刷油、防腐蚀、绝热工程工程量清单项目设置及工程量计算

建筑水电安装工程的刷油、防腐和绝热工程主要涉及附录M(刷油、防腐蚀、绝热工程)中的M.1刷油工程(031201)和M.8绝热工程(031208)。规范规定附录M刷油、绝热工程基本安装高度为6 m。

### （一）刷油工程

刷油工程工程量清单项目设置、项目特征描述的内容、计量单位及工程量计算规则,应按表6-53的规定执行。

表6-53　刷油工程工程量清单项目设置及工程量计算规则

| 项目编码 | 项目名称 | 项目特征 | 计量单位 | 工程量计算规则 | 工程内容 |
|---|---|---|---|---|---|
| 031201001 | 管道刷油 | 1.除锈级别<br>2.油漆品种<br>3.涂刷遍数、漆膜厚度<br>4.标志色方式、品种 | m²,m | 1.以m²计量,按设计图示表面积尺寸以面积计算<br>2.以m计量,按设计图示尺寸以长度计算 | 1.除锈<br>2.调配、涂刷 |
| 031201002 | 设备与矩形管道刷油 | | | | |
| 031201003 | 金属结构刷油 | 1.除锈级别<br>2.油漆品种<br>3.结构类型<br>4.涂刷遍数、漆膜厚度 | m²,kg | 1.以m²计量,按设计图示表面积尺寸以面积计算<br>2.以kg计量,按金属结构的理论质量计算 | |

本分部的清单项目设置适用于新建、扩建和改建工程项目中,设备、管道、金属结构等的刷油工程。在清单项目特征中的涂刷部位,是指涂刷表面的部位,如设备、管道等部位;结构类型指涂刷金属结构的类型,如一般钢结构、管廊钢结构、H 型钢钢结构等类型。管道刷油以"m"为计量单位计算的,按图示中心线以延长米计算,不扣除附属构筑物、管件及阀门等所占长度;以"m²"为计量单位计算的管道、设备除锈刷油的工程量,即管道、设备的外表面积,计算公式为 $S = \pi \times D \times L$($D$ 为设备或管道直径(外径),$L$ 为设备筒体高或管道延长米)。设备筒体、管道表面积包括管件、阀门、法兰、人孔、管口凸凹部分。

**(二)绝热工程**

绝热工程工程量应按表 6-54 的规定执行。

表 6-54　绝热工程工程量清单项目设置及工程量计算规则

| 项目编码 | 项目名称 | 项目特征 | 计量单位 | 工程量计算规则 | 工程内容 |
|---|---|---|---|---|---|
| 031208001 | 设备绝热 | 1. 绝热材料品种<br>2. 绝热厚度<br>3. 设备形式<br>4. 软木品种 | m³ | 按图示表面积加绝热层厚度及调整系数计算 | 1. 安装<br>2. 软木制品安装 |
| 031208002 | 管道绝热 | 1. 绝热材料品种<br>2. 绝热厚度<br>3. 管道外径<br>4. 软木品种 | | | |
| 031208003 | 通风管道绝热 | 1. 绝热材料品种<br>2. 绝热厚度<br>3. 软木品种 | m³,m² | 1. 以 m³ 计量,按图示表面积加绝热层厚度及调整系数计算<br>2. 以 m² 计量,按图示表面积及调整系数计算 | |
| 031208007 | 防潮层、保护层 | 1. 材料<br>2. 厚度<br>3. 层数<br>4. 对象<br>5. 结构形式 | m²,kg | 1. 以 m² 计量,按图示表面积加绝热层厚度及调整系数计算<br>2. 以 kg 计量,按图示金属结构质量计算 | 安装 |

本分部的清单项目设置适用于新建、扩建和改建工程项目中,设备、管道等的绝热工程。设置清单项目时,在项目特征描述中:设备形式指立式、卧式或球形;防潮层、保护层层数指一布二油、两布三油等。若设计要求保温、保冷分层施工需注明。绝热工程前需除锈、刷油,应按本附录 M.1 刷油工程相关项目编码列项。

设备筒体、管道绝热的工程量,即绝热材料的体积,以"m³"为计量单位。计算公式为 $V = \pi \times (D + 1.033\delta) \times 1.033\delta \times L$($D$ 为设备筒体或管道直径(外径),1.033 为调整系数,$\delta$ 为绝热层厚度,$L$ 为设备筒体高或管道延长米)。

设备筒体、管道防潮和保护层工程量 $S = \pi \times (D + 2.1\delta + 0.008\ 2) \times L$(2.1 为调整系数,0.008 2 为捆扎线直径或钢带厚)。

# 第五节　市政工程的工程量计算

《市政工程工程量清单计价规范》(GB 50857—2013)共 10 章 41 节 498 个项目。

## 一、附录 A　土石方工程工程量清单项目设置及工程量计算

### (一)土石方工程量清单项目设置

GB 50857—2013 将土石方工程划分为土方工程、石方工程、回填土工程及土石方运输项目。其中土方工程 5 个项目,石方工程 3 个项目,填方及土石方运输 2 个项目。

### (二)清单工程量计算规则

(1)土方体积应按挖掘前的天然密实体积计算。

(2)挖一般土石方的清单工程量按原地面线与设计图示开挖线之间的体积计算;道路工程挖方体积,应首先计算各桩号的设计断面面积,然后取两相邻设计断面面积的平均值乘以相邻断面之间的中心线长度计算挖方工程量。

(3)挖沟槽和基坑土石方的清单工程量,按设计图示尺寸以基础垫层底面积乘以挖土深度(原地面平均标高至坑、槽底平均标高的高度)以体积计算。

(4)填方清单工程量计算。

道路工程填方体积,应首先计算各桩号的设计断面面积,然后取两相邻设计断面面积的平均值乘以相邻断面之间的中心线长度计算填方工程量。

沟槽、基坑填方的清单工程量,按相应的挖方清单工程量减去包括垫层在内的构筑物埋入体积计算;若设计填筑线在原地面以上,还应加上原地面线至设计线之间的体积。

(5)余方弃置、缺方内运工程量可按下式计算:

$$余方或缺方体积 = 挖土总体积 - 回填方体积$$

式中计算结果为正值时为余方外运体积,负值时为缺方(须取土)体积,同时应考虑进行填挖平衡调运。

## 二、附录 B　道路工程工程量清单项目设置及工程量计算

### (一)道路工程工程量清单项目设置

GB 50857—2013 将道路工程划分为路基处理、道路基层、道路面层、人行道及其他、交通管理设施 5 节 80 个项目。

### (二)清单工程量计算规则

1.路基处理

预压地基、强夯地基、振冲密实(不填料),按设计图示尺寸以 $m^2$ 计算。

采用掺石灰、掺干土、掺石、抛石挤淤的方法处理路基,按设计图示尺寸以 $m^3$ 计算。

采用袋装砂井、塑料排水板、水泥粉煤灰碎石桩、粉喷桩、高压水泥旋喷桩、石灰桩等方法处理路基,按照设计图示长度以 m 计算。

2.道路基层(包括垫层)、道路面层结构

虽然类型较多,但均为层状结构,所以工程量计量单一化。工程量计算规则均按照设计图示尺寸以 $m^2$ 计算,并且都不扣除各种井所占的面积(见表6-55)。

表6-55　道路面层工程量清单项目设置及工程量计算规则

| 项目编码 | 项目名称 | 项目特征 | 计量单位 | 工程量计算规则 | 工程内容 |
|---|---|---|---|---|---|
| 040203006 | 沥青混凝土 | 1. 沥青品种<br>2. 沥青混凝土种类<br>3. 石料粒径<br>4. 掺合料<br>5. 厚度 | m² | 按设计图示尺寸以面积计算,不扣除各种井所占面积,带平石的面积应扣除平石所占面积 | 1. 清理下承面<br>2. 拌和、运输<br>3. 摊铺、整型<br>4. 压实 |

3. 道路工程中的"人行道及其他"

道路工程中的"人行道及其他",主要指道路工程的附属结构,工程量计算规则规定如下:

人行道整形碾压,按设计人行道尺寸以 m² 计算,不扣除侧石、树池和各类井所占面积。

人行道块料铺设,现浇混凝土人行道及进口坡,按设计图示尺寸以 m² 计算,不扣除各种井所占面积,但应扣除侧石、树池所占面积。

侧平石(缘石),不论现浇或安砌,均按设计图示中心线长度以 m 计算(见表6-56)。

表6-56　人行道工程量清单项目设置及工程量计算规则

| 项目编码 | 项目名称 | 项目特征 | 计量单位 | 工程量计算规则 | 工程内容 |
|---|---|---|---|---|---|
| 040204004 | 安砌侧(平、缘)石 | 1. 材料品种、规格<br>2. 基础垫层:材料品种、厚度<br>3. 形状 | m | 按设计图示中心线长度计算 | 1. 开槽<br>2. 基础铺筑垫层<br>3. 侧(平、缘)石安砌 |

检查井升降,按设计图示路面标高与原检查井发生正负高差的检查井的数量以座计算。即在道路新建或改建工程中,凡有需升降调整检查井标高(与路面设计标高比较)的,不论检查井的类型,均以座计算。

树池砌筑,按设计图示数量以个计算。

## 三、附录C　桥涵工程工程量清单项目设置及工程量计算

### (一)桥涵护岸工程工程量清单项目设置

GB 50857—2013 将桥涵护岸工程划分为桩基、基坑与边坡支护、现浇混凝土构件、预制混凝土构件、砌筑、立交箱涵、钢结构、装饰、其他共 9 节 86 个项目。

### (二)清单工程量计算规则

(1)桩基。桥梁工程中的桩基类型较多,不同类型的桩,工程量计算方法不同。

预制钢筋混凝土方桩、预制钢筋混凝土管桩,可以按设计图示桩长(包括桩尖)以 m 计算,或按设计图示桩长(包括桩尖)乘以桩的截面面积以体积 m³ 计算,或以设计图示以根计量。

泥浆护壁成孔灌注桩,可以按设计图示桩长(包括桩尖)以 m 计算,或按不同截面在桩

长范围内以体积 m³ 计算,或以设计图示以根计量。

声测管可按设计图示尺寸以质量 t 计算,或者按设计图示尺寸以长度 m 计算。

(2)现浇混凝土,包括了桥梁结构中现浇施工的各分部分项工程量清单项目,清单工程量的计算规则除"混凝土楼梯"可以按设计图示尺寸以水平投影面面积 m² 计算(也可按图示尺寸以体积 m³ 计算),"混凝土防撞护栏"按设计图示的尺寸以长度 m 计算,"桥面铺装"按设计图示的尺寸以面积 m² 计算外,其余各项均按设计图示尺寸以体积 m³ 计算(见表 6-57)。

表 6-57　现浇混凝土工程量清单项目设置及工程量计算规则

| 项目编码 | 项目名称 | 项目特征 | 计量单位 | 工程量计算规则 | 工程内容 |
|---|---|---|---|---|---|
| 040303003 | 混凝土承台 | 混凝土强度等级 | m³ | 按设计图示尺寸以体积计算 | 1. 模板制作、安装、拆除<br>2. 混凝土拌和、运输、浇筑<br>3. 养护 |

(3)预制混凝土。各项清单工程量的计算规则为:按设计图示尺寸以体积 m³ 计算。

(4)砌筑。除"护坡"按设计图示尺寸以面积 m² 计算外,其他按设计图示尺寸以体积 m³ 计算。

(5)立交箱涵。清单工程量的计算规则除"箱涵顶进"按设计图示尺寸以被顶箱涵的质量乘以箱涵的位移距离分节累计以 kt·m 计算,"箱涵接缝"按设计图示止水带长度以 m 计算外,其余各项均按设计图示尺寸以体积 m³ 计算。

(6)结构。悬(斜拉)索、钢拉杆按设计图示尺寸以质量 t 计算,其余各项均按设计图示尺寸以质量 t 计算(不包括螺栓、焊缝质量)。

(7)装饰。各项清单工程量的计算规则为:按设计图示尺寸以面积 m² 计算。

(8)其他。金属栏杆按设计图示尺寸以质量 t 或延长米计算;橡胶支座、钢支座、盆式支座按设计图示数量以个计算;桥梁伸缩装置、桥面泄水管按设计图示的尺寸以长度 m 计算;隔声屏障、防水层按设计图示尺寸以面积 m² 计算。

## 四、附录 D　隧道工程工程量清单项目设置及工程量计算

### (一)隧道工程工程量清单项目设置

隧道工程包括岩石隧道、软土层隧道、沉管隧道三大部分,GB 50857—2013 将隧道工程划分为隧道岩石开挖,岩石隧道衬砌,盾构掘进,管节顶升,旁通道,隧道沉井,混凝土结构,沉管隧道 7 节 85 个项目。

### (二)清单工程量计算规则

(1)岩石隧道衬砌。混凝土仰拱衬砌、混凝土顶拱衬砌、边墙衬砌、混凝土竖井衬砌、混凝土沟道按设计图示尺寸以体积 m³ 计算。

(2)隧道沉井的井壁清单工程量按设计尺寸以体积 m³ 计算。

（3）混凝土地梁、混凝土底板、混凝土柱、混凝土墙、混凝土梁按设计图示尺寸以体积 m³ 计算。

### 五、附录 E　管网工程工程量清单项目设置及工程量计算

#### （一）管网工程工程量清单项目设置

GB 50857—2013 将管网工程划分为管道铺设，管件、阀门及附件安装，支架制作及安装，管道附属构筑物 4 节 51 个项目。

#### （二）清单工程量计算规则

（1）混凝土管、钢管、铸铁管、塑料管、直埋式预制保温管，按设计图示中心线长度以延长米计算。不扣除附属构筑物、管件及阀门等所占长度。

（2）砌筑井、混凝土井、塑料检查井，按设计图示数量以座计算。

（3）砖砌井筒、预制混凝土井筒，按设计图示尺寸以延长米计算。

# 小　结

1. 本章对建筑面积的计算方法及规则进行了简单说明，学生应掌握建筑面积的计算方法。

2. 建筑面积是指建筑物外墙勒脚以上各层结构外围水平投影面积的总和，它包括使用面积、辅助面积和结构面积三部分。

3.《建设工程工程量清单计价规范》（GB 50500—2013）附录表中工程量清单表格内容包括项目名称、项目编码、项目特征、计量单位、工程量计算规则、工程内容。

4. 工程量清单表示的是实行工程量清单计价的建设工程的分部分项工程项目、措施项目、其他项目、规费项目和税金项目的名称和相应数量等的明细清单。

5.《建设工程工程量清单计价规范》（GB 50500—2013）附录包括建筑工程、装饰装修工程、安装工程、市政工程、园林绿化工程、矿山工程等内容。本章重点介绍了建筑工程、装饰装修工程、安装工程、市政工程的工程量计算规则，学生应该掌握其工程量计算规则。

6. 项目编码是表示分部分项工程量清单项目名称的数字标识。采用十二位阿拉伯数字表示。

7. 广义的工程造价是指建设一项工程预期开支或实际开支的全部固定资产投资和流动资产投资的费用。狭义的工程造价是指工程价格，即为建成一项工程，预计或实际在土地市场、设备市场、技术劳务市场、承包市场等交易活动中所形成的工程发承包（交易）价格。

8. 建筑安装工程费用项目由直接费、间接费、利润和税金组成。

# 第七章 物资管理的基本知识

【学习目标】
1. 掌握材料、设备招标的工作内容。
2. 熟悉材料、设备的采购方式。
3. 熟悉材料的任务、主要内容。
4. 熟悉节约材料的主要途径和方法。
5. 熟悉常用施工机械特性、生产能力及适用范围。
6. 熟悉机械设备的适用管理。
7. 了解材料、设备采购的概念。

项目资源是对项目实施中使用的人力资源、材料、机械设备、技术、资金等的总称。资源是人们创造出产品(即形成生产力)所需要的各种要素,也称生产要素。

物质管理作为资源管理的一部分,在施工现场管理过程中尤其重要,本章主要内容为材料设备采购及招标投标工作,材料管理的意义、任务及内容要点,机械设备的分类及管理内容要点等。

# 第一节 物资招标投标的基本知识

## 一、建设工程材料、设备采购

### (一)建设工程材料、设备采购的概念

建设工程材料、设备采购是指采购主体对所需要的工程设备、材料,向供货商进行询价或通过招标的方式确定包括商品质量、期限、价格为主的标的,约请若干供货商通过投标报价进行竞争,采购主体从中选择优胜者并与其达成交易协议,随后按合同实现标的的采购方式。材料、设备、采购招标不仅包括单纯采购大宗建筑材料和定型生产的中小型设备等机电设备,还包括按照工程项目要求进行的设备、材料的综合采购和安装调试等实施阶段全过程的工作。材料、设备询价可以采取口头方式(电话、约谈等),也可以采取书面方式(电传、传真和信函等),要求对方在规定期限内作出报价,并对报价进行比较,选择报价合理的制造商或供货商。

### (二)建设工程资料、设备采购的范围和特点

材料、设备采购的范围主要包括建设工程中所需要的大量建材、工具、用具、机械设备和电气设备等,这些材料设备约占合同总价的60%以上,大致可包括工程用料、工程机械机电设备、其他辅助办公和试验设备等。

## 二、建设工程材料、设备采购招标

在市场竞争中,为了保证产品质量、缩短建设工期,降低工程造价、提高投资效益,对建设工程使用的金额较大的物资均采用招标的方式进行采购。《工程建设项目招标范围和规模标准规定》对建设工程材料、设备招标的范围有明确的规定。

### (一)建设工程材料、设备招标的范围

对于关系社会公共利益、公众安全的基础设施项目、公用事业项目、使用国有资金投资项目、国家融资项目、使用国际组织或者外国政府资金的项目,进行重要设备、材料等货物的采购时,单项合同估算价在 100 万元以上的;单项合同估算价低于以上标准,但项目总投资额在 3 000 万元以上的,必须进行招标。

属于以下情况之一的,可不进行招标:

(1)采购的材料、设备只能从唯一制造商处获得的。

(2)采购的材料、设备需方可自产的。

(3)采购的活动涉及国家安全和秘密的。

(4)法律、法规另有规定的。

### (二)建设工程资料、设备招标方式

采购建设工程资料和设备时,选择供应商或制造商并与其签订物资购销合同或加工订购合同的方式有以下几种:

(1)招标选择供应商或制造商。

这种方式适用于大批材料、较重要或较昂贵的大型机具设备、工程项目中的生产设备和辅助设备。招标人(建设单位或承包商)根据项目的要求,详细列出采购物资的品名、规格、数量、技术性能要求,招标人自己选定的交货方式、交货时间、支付货币和支付条件,以及采购物资的质量保证、检验、罚则、索赔和争议解决等合同条款作为招标文件,邀请有资格的供应商或制造商参加投标(也可采用公开招标的方式),通过竞争择优签订购货合同。这种方式在招标程序上与施工招标基本相同。

(2)通过询价选择供应商或制造商。

这种方式就是采用询价—报价—签订合同的程序,即采购方对 3 家或 3 家以上的供货商就采购的物资进行询价,对报价经过比较后选择其中一家与其签订供货合同。这种方式实际上是一种议标的方式,一般适用于采购建筑材料或价值小的标准规格产品。

(3)直接订购。

直接订购的方式不能进行采购物资的质量和价格比较,因此是一种非竞争性物资采购方式。

物资采购招标最常见的招标方式有国际竞争性招标、有竞争性国际招标和国内竞争性招标 3 种。

### (三)建设项目的材料、设备招标程序

设备、材料招标采购的程序可分为 10 个阶段,包括采购公告、履行自行招标或委托招标手续、准备资格预审文件与招标文件、资格预审、发售招标文件、标前会、开标、评标、授予合同和实施合同等。其中,准备资格预审文件、资格预审、标前会等并非必经程序,仅在按合同工程需要实行综合采购并且认为有必要时才被采用。

## （四）招标人条件

（1）具有法人资格。

（2）具有承担招标业务和设备配套工作相适应的技术经济管理人员。

（3）有编制招标文件、标底文件和组织开标、评标、决标的能力。

（4）有对所承担的设备招标进行协调服务的人员和设施。

不具备上述条件的建设单位，应委托经招标投标管理机构批准的代理机构进行招标。此外，招标人还必须确保自己拥有相当的资金或资金来源，并在招标文件中如实载明。

## 三、建设工程资料、设备招标工作内容

### （一）资格预审

通常资格预审多见于工程施工招标，在货物采购中，习惯上仅对由建设单位采购、安装的大型、复杂设备和成套设备的招标，才适用资格预审的方式对供应商资格进行预审。资格预审文件分基本资格和专业资格两部分，基本资格主要是对供应商或承包商的地位、等级注册情况等合法性要件进行审查。专业资格是对供应商或承包商近年的销售业绩、目前的工作量、制造企业生产能力、技术人员构成比例、财务状况等内容进行审查。

### （二）编制招标文件

招标文件是规定招标程序、招标采购设备的技术要求、投标注意事项、投标报价要求、评标标准的文本，是招标、投标、评标的依据。招标文件在一般情况下，可使用相关范本或参照相关范本进行编制。就设备、材料招标的招标文件而言，若按照工程施工做法，进行设备、材料的综合采购，招标文件的编制应结合工程施工招标的特点，将货物招标文件中所倚重的买卖合同条款与工程施工招标所倚重的供需双方责任条款相结合，来编制合理招标文件。如果是独立于工程项目综合采购的，单纯的设备、材料的采购，仅需参照货物采购招标文件的相关规定进行编制即可。

1. 通用型标准设备、建设材料招标的招标文件

通用型标准设备、建设材料招标的招标文件根据采购需要，合同特征明确，一般只需按买卖合同的相关条款来约定买方与卖方的权利和义务。招标文件主要包括下列几项内容：

（1）投标邀请。

（2）投标人须知。包括：定义，即术语的解释；合格的投标人，即卖方和所提供的服务的合格性；招标文件的说明，即对招标文件的构成、澄清、修改等做出说明；投标文件的编制要求，包括投标文件组成、格式、报价、货币要求、资格证明文件、技术响应文件、投标保证金、投标有效期、投标文件的签署及规定等内容。

（3）投标书及附件。

（4）协议书。

（5）合同一般条款。

（6）合同特殊条款。

（7）规定及规范（标准）。

（8）货物参数及数量表等。

2. 大型、复杂、系统专用标准设备采购的招标文件

大型、复杂、系统专用标准设备采购的招标文件，在编制要求上，习惯上按照采购货物的

招标文件的编制要求进行编制。从招标文件的构成来讲,无论是国内招标或国际招标,所包含的内容与前述通用型标准设备的招标文件基本是一致的,只是在合同技术规格书的编制要求上有一些区别。

1)招标文件技术规格部分的编制要求

(1)技术规格含义。

设备规格书是指工程建设项目中,招标采购方与参加招标的供应商、制造商之间,为实现订立设备、装置、机器、工具及其相关服务的买卖合同以及设备安装工程的承包合同等,当事人之间规定做成的有关技术要求事项的文书。设备规格是针对设备特定的形状、构造、尺寸、成分、能力、精度、性能、制造方法和试验方法等,以文字、数字来加以规定。对招标双方而言,技术规格不单纯是技术性的,还包括另一层含义,即买卖双方通过技术规格书的公布和响应,将技术要求事项固定化,从而使合同当事人负有法律上的义务和责任。

(2)技术规格的编制原则。

从招标方的观点来分析,为使投标人能够正确领会招标人的意图,在编制招标设备的技术规格部分时,应尽可能制作记载要项明确、内容排列标准化的技术规格书。针对每个不同的项目和不同的设备,其技术规格的编制要求有所不同,设备采购的招标人,应当根据自身的实际情况(如预算投入资金额、技术先进性要求的标准、需要达到的使用效果等)来编制符合实际需要的技术规格书。

2)制作招标文件的技术规格书部分应当遵循的原则

(1)不得制作和使用对某一特定对象不利的技术规格。招标文件中不得以任何理由,含有对某一特定的潜在投标人不利的技术规格。

(2)设备性能标准。设备的采购方在编制招标文件技术要求时,只能提出性能、品质上的要求,不得提出有关样式、外观的要求,避免使用某一特定产品或生产企业的名称、商标、目录号、分类号、专利、设计和原产地等相关内容,不得要求或标明特定的生产供应者以及含有倾向性或排斥潜在制造商、供应商的内容。因为不同样式的设备,其内在性能却可能是一致的,如果允许对设备的样式、外观提出特别要求,就可能造成对某一特定潜在投标人实质上的竞争排除。此外,商标、制造商名称、产地等,在编制技术规格时应慎重对待,如果不引用这些名称或样式不足以说明买方的技术要求时,必须加上":XX 同等"的字样。

(3)国际规格、国内规格。国际规格主要是指国际通用规格。国际标准化机构(ISO9000)、国际电气化标准会议(IEC)等规格;ISO9000 系列是产品质量管理及质量保证相关的国际规格系列,与产品的形状、性能的通常规格不同,它是指企业产品质量保证体系相关要求的规定。国内规格指国内法律、法规所认可的规格,其他标准指地方标准、行业标准、企业标准等。

采购高额、复杂标准型设备或系统设备的场合,除货物需求一览表中记载事项外,可另行编制设备规格书,计入对设备规格的具体要求。

3.非标准设备(特殊规格的设备)的招标文件

在通常情况下,非标准设备的设计、制造费用一般高于标准设备。因此,如果标准设备能够满足需要,应尽可能在技术规格中按标准设备的规格进行编制。非标准设备(特殊规格设备)的采购,如果需要制造商单独设计、制造,应当编制特殊规格要求的技术规格说明书,供参加投标的设备制造商、供应商在投标文件中作出响应。

（三）开标、评标、定标

1. 开标

投标期限自招标文件出售之日起，一般不得少于 20 d，大型设备或成套机电产品不得少于 50 d，至投标截止之日，投标人少于招标法规定的人数时，必须停止开标。

开标应当按招标公告和招标文件规定时间、地点进行。开标由招标人或其委托的招标代理机构负责主持，同时须有招标人、招标代理机构相关人员、所有投标人的投标代表等参加。开标时，由投标人或其推选的代表检查投标文件的密封情况，也可由招标人、招标代理机构委托的公正机关当场履行公证监督职责。经确认无误后，由工作人员当众拆封，宣读投标人名称、投标价格和投标文件的其他主要内容，投标人的投标方案、备选方案、降价声明或降价折扣在开标时必须同时唱出。整个开标过程包括开标时间、地点、参加人员和唱标内容，开标过程是否经过公正等均应记录在案，以备查询。

2. 评标

关于建设工程材料、设备采购招标的评标工作，其评标过程组织、评标委员会等规定均应执行《中华人民共和国招投标法》的规定，与其他招标基本相同。建设工程材料、设备采购招标的评标操作步骤与评标方法应根据其特点，相应有所不同。

通常我国材料、设备招标的评标，具体操作步骤如下。

1）符合性检查

符合性检查即对投标人是否按照招标文件的规定，提交各项资格证明文件和投标分项报价、技术文件等进行检查，对符合性检查判断为"合格"的投标文件，准予进入第二阶段的商务评标。

2）商务评标

商务评标即对投标人提供的买卖交易条款内容、格式等要素进行评比。

商务评标要求，有下列情况之一者，应予废标：

（1）投标人未提交投标保证金或金额不足、保函有效期不足、投标保证金或投标保函出证银行不符合招标文件要求的。

（2）超出经营范围投标的。

（3）投标人与买方、招标机构有利害关系的。

（4）资格证明文件不符合招标文件要求的。

（5）投标文件无法定代表人签字，或签字无法定代表人有效授权书的。

（6）投标人业绩不满足招标文件要求的。

（7）投标有效期不足的。

只有经商务评议并且被认为是合格的投标文件，才被允许进行技术参数的评比。

3）技术评标

技术评标即对招标文件在设备的特性、标准编号、技术（运行）参数、构成技术废标的主要参数、允许偏差的范围及发生偏差时的折价计算方法等内容进行对比。

下列情况之一者，应予废标：

（1）投标文件不满足招标文件规格书主要招标的。

（2）投标文件技术规格书中的技术指标超出允许偏离最大范围或最高项数的。

4）价格评标

在技术参数的评比被认为是符合招标文件的要求，并对招标文件作出实质性响应的情况下，最后进行投标价格评比。

价格评标要求：

（1）按照招标文件中的评标依据进行评标。计算评标价时，对需要进行价格调整的部分，要依据招标文件的内容加以说明。

（2）招标人必须根据招标文件要求和产品技术状况列出质量保证期内必备件的清单和价格，并以该备件计入投标总价，若提供的产品不需必备件或免费提供，应在投标文件中说明；否则，评标时需将其他有效中标必备件的平均价计入该评标总价（或按贷款机构要求计入有效中标的最高价）。

（3）利用国外贷款的项目，计算评标总价时，国外产品以 CIF（到岸）价、国内产品以出厂价（不含增值税）为计算基础。

（4）除国外贷款的项目，计算评标总价时，以货物到达买方指定的地点为依据。

（5）如果招标文件允许以多种货币投标，在价格评标时，应当以开标当日中国银行公布的外汇卖出价统一转换成美元。

5）评标价格的计算

$$评标价格 = 投标总价 + 调整总价$$

（1）投标总价。

设备招标中的投标总价，主要采用 4 种报价方式：报供应商所在国的离岸价（FOB），报到达工程所在国的到岸价（CIF），报所供货物的出厂价（EXW）（仓库交货价、展室交货价、货架交货价），报送达施工现场价。

在通常情况下，我国招标文件均要求国外供货的供应商报 CIF 价，国内供货的供应商提出厂价（EXW），如果招标文件允许以其他方式报价的，评标时需将供应商报价统一换为送达施工现场价。

（2）评标价格调整因素。

涉及评标价格调整的因素分为：可直接计入投标总价的各种费用部分，以及招标文件设定的商务、技术标准非实质性偏离时的评标价格增加。

设备招标的评标办法有许多种，常见的有经评审的最低评标价法、综合评估法等。

3. 定标

评标结束后，评标委员会推荐按顺序排列的中标候选人 1～3 人，或按设备买方（招标人）商务授权直接确定排名第一的投标人为中标人，并编制书面评估报告，同时抄送有关行政监督部门。定标结果经审核或备案后，才能向中标的设备供应商或制造商发出中标通知书。

收到中标通知书的投标人与设备投标人，应在中标通知书发出之日起 30 日内，按招标投标文件的内容（或经合同谈判确定的内容）订立书面合同，所订立的合同不能背离招标文件的实质性内容。

## 四、建设工程资料、设备投标工作内容

### （一）建设工程材料、设备采购投标的一般程序

（1）获取招标信息（招标公告或邀请投标意向书）。

（2）参加资格审查。

（3）领取或购买招标文件和有关技术资料。

（4）参加技术交底和招标文件答疑会。

（5）编制投标文件。

（6）在规定的时间、地点递送投标文件。

（7）参加开标会。

（8）获取中标通知，和设备方签订供货合同。

**（二）投标决策**

投标决策是指投标者对是否参加投标，投标哪些材料、设备，是以高价投标还是以低价投标决策的过程。

**（三）接受资格预审**

投标人在获取招标信息后，可以从招标人处获得资格预审调查表，认真填写并在规定的时间内递交招标人。

参加建设项目设备材料供应的投标单位，必须具备下列条件：具有满足招标要求的资质证书，并为独立的法人实体；承担过类似建设项目的相关工作，并具有良好的工作业绩和履约记录；财务状况良好，没有处于财产被接管、破产或其他关、停、并、转状态；在最近三年内没有经济方面的严重违法行为；近几年有较好的安全记录，投标当年内没有发生重大质量和特大安全事故。

在填写资格预审调查表时，要针对招标设备及所应用工程的特点，特别是要反映本公司的同类产品生产经营、产品技术及质量水平和生产供应组织能力，这往往是招标人考虑的重点。

**（四）编制投标文件**

编制投标文件是投标单位进行投标并最后中标的最关键环节，它是评标的主要依据之一，投标文件的内容和形式都应符合招标文件的规定和要求。

## 五、递送投标文件

投标书编写完毕之后，应由投标单位法人代表或法人代表授权的代理人签字，并加盖单位公章，密封后送交招标单位。

投标人应当在招标文件要求提交投标文件的截止时间前，将投标文件送达规定的地点。但在招标文件要求提交投标文件的截止时间后送达的招标文件，会被视为废标，招标人会拒收。

投标单位投标后，在招标文件中规定的时间内，可以对文件作出修改或补充。补充文件作为投标文件的一部分，具有与其他部分相同的法律效力。

## 六、签订合同

中标单位从接到中标通知书之日起，一般设备在 15 日内，大中型设备在 30 日内，与需方签订设备供货合同。如果中标单位拒签合同，招标单位将没收其投标保证金。如果招标单位或建设单位拒签合同，由招标单位按中标总价的 2% 的款额赔偿中标单位的经济损失。

# 第二节　材料管理的基本知识

施工项目材料管理就是按照客观经济规律的要求,依据一定的原则、程序和方法,搞好材料的供需平衡,合理进行材料的运输与保管工作,保证施工生产的顺利进行。

施工项目材料管理的目的是贯彻节约原则,节约材料费用,降低工程成本。由于材料费在流动资金中占工程成本的比重最大,并且工程项目的材料对工程的质量的影响起主要的作用。所以,加强施工项目材料管理是提高工程质量和经济效益的主要途径。

## 一、材料管理的意义

施工项目材料管理是在施工过程中对各种材料的计划、订购、运输、发放和使用所进行的一系列组织与管理工作。它的特点是材料供应的多样性和多变性、材料消耗的不均衡性、受运输方式和运输环节的影响。

## 二、材料管理的内容要点

### (一)施工项目材料管理的主要内容

(1)材料计划管理。

项目开工前,向企业材料部门提出一次性计划;施工中按计划进行动态供料;按月对材料计划的执行情况进行检查,不断改进材料供应。

(2)材料进场验收。

材料进场必须进行进场验收。验收工作应按质量验收规范及有关规定进行。验收内容包括品种、规格、型号、质量、数量、证件等。验收要做好记录、办理验收手续,对不符合计划要求或质量不合格的材料应拒绝验收。

(3)材料的储存与保管。

(4)材料领发。

凡有定额的工程用料,凭限额领料单领发材料;超限额的用料,用料前应填制超额领料单,注明超耗原因,经签发批准后实施;建立领发料台账。

(5)材料使用监督。

现场材料管理责任者应对现场材料的使用进行分工监督。监督的内容包括:用料是否合理,领发料手续是否齐全,是否做到工完、料退、场清,是否按施工平面图的要求码放材料,是否按要求做好材料保护等。检查是监督的手段,检查要做到有记录、有分析,责任明确,处理有结果。

(6)材料回收。

班组余料必须回收,及时办理退料手续,并在限额领料单中扣除。各种回收材料及用具,要建立回收台账,处理好经济关系。

(7)周转材料的现场管理。

按工程量、施工方案编报需用计划。按计划数量发放,按标准回收,并做好记录。

（二）施工项目材料管理的方法

1. 在项目施工中主材的管理

主材是指在施工过程中，多部位使用和多工种合用的一些主要材料，如水泥、砂、石等。这类材料的特点是数量大，使用期长，操作中工种和班组之间容易混串。因此，对合用材料的管理多采用限额领料制，一般有以下三种做法：

（1）以施工班组为对象的分项工程限额领料。这种作法范围小，责任明确，利益直接，便于管理。缺点是易于出现班组在操作中考虑自身利益，而不顾与下道工序的衔接，影响最终用料效果。

（2）以混合队为对象的基础、结构、装饰等工程部位限额领料。这种方法扩大了的分项工程限额领料，由于是混合班组，有利于工种配合和工序搭接，各班组相互创造条件，促进节约使用，但必须加强混合队内部班组用料的考核。

（3）分层、分段限额领料。这种做法是在分项工程限额领料的基础上进行综合，对使用者直接，简便易行，结算方便。但综合定额要注意其合理性。

2. 项目施工中专用材料的管理

专用材料的管理是指为某一工种或某一施工部门专门使用的材料，例如防水工程所用的油毡、沥青等材料。其特点是专业性强、周期短、价格高、不易混串。因此，通常采用专门承包方式，由项目经理对专业班组进行一次性分包，签订承包协议，协议内容主要包括承包项目、材料用量、用料要求、验收标准及奖罚办法。用量的确定应以施工预算定额为依据，考虑到施工变化，采用一定系数。专业班组按照规定，自行组织材料进场、保管、使用，实行自负盈亏。

3. 项目施工中周转材料的管理

周转材料主要是指模板、脚手架等。其特点是价值高、用量大、使用期长，其价值随着周转使用逐步转移到产品成本中，所以对周转材料管理的要求是在保证施工生产的前提下，减少占用，加速周转，延长寿命，防止损坏。为此，一般周转材料的管理多采取租赁制，对施工项目实行费用承包，对班组实行实物损耗承包。一般是建立租赁站，统一管理周转材料，规定租赁标准及租用手续，制定承包办法。

4. 项目施工中构配件的管理

构配件是指能够事先预制，然后送到现场安装的各种成品、半成品，主要包括混凝土构件、金属构件、木制构件等。其特点是品种、规格、型号多，配套性强，用量大，价值高，不易搬动，存放场地要求严，对各种构配件的管理主要抓以下几个环节：

（1）掌握生产计划及分层、分段用量配套表，落实加工计划，及时向供应部门提供实际需要情况，搞好与施工的衔接。

（2）做好构配件进场准备，避免二次搬运。

（3）组织好进场构配件的验收与保管，按照加工单及分层配套表核对，各类构配件严格按照规定堆放，防止差错和损坏。

（4）监督构件合理使用，防止串用、乱用、错用。

（5）对剩余构件，特别是通用构件，要造表上报，并妥善保管。

（三）项目施工中节约材料的途径

在项目施工中，节约材料的途径主要有：

（1）用 A、B、C 分类法（主要材料和大宗材料称为 A 类材料，特殊材料和零星材料称为

B 类材料和 C 类材料),找出材料管理的重点,最具节约潜力。

(2)学习存储理论,用以指导节约库存费用。由于长期以来,材料供应始终处在卖方市场状态下,采购人员往往不注意存储问题,使得材料使用与采购脱节,材料存储与资金管理脱节,按计划供应和实际供应脱节,供应量与使用时间脱节等。研究和应用存储理论对于科学采购、节约仓库面积、加速资金周转等都具有重要意义。研究存储理论的重点是如何确定经济存储量、经济采购量、安全存储量、订购点等,实际上就是存储优化问题。

(3)不但要研究材料节约的技术措施,更重要的是研究材料节约的组织措施。组织措施比技术措施见效快、效果大。因此,要特别重视施工规划(施工组织设计)对材料节约技术组织措施的设计,特别重视月度技术组织措施计划的编制和贯彻。

(4)重视价值分析理论在材料管理中的应用。价值分析的目的是以尽可能少的费用支出,可靠地实现必要的功能。由于材料成本降低的潜力最大,故研究价值分析理论在材料管理中起着重要的作用。价值分析的基本公式是:价值 = 功能/成本,为了既提高价值又降低成本,可以有三个途径:第一是功能不变,成本降低;第二是在功能不受很大影响的前提下,大大降低成本;第三是既降低成本,又提高功能,如使用大模板做到以钢代木、代架、代操作平台。

(5)正确选择降低成本的对象。价值分析的对象,应是价值低的、降低成本潜力大的对象。这也是降低材料成本应选择的对象,应着力"攻关"。

(6)改进设计,研究材料代用。按价值分析理论,提高价值的最有效途径是改进设计和使用代用材料,它比改进工艺的效果要大得多。因此,应大力进行科学研究,开发新技术,以改进设计,寻找代用材料,使材料成本大幅度降低。

# 第三节　机械设备管理的基本知识

## 一、施工机具的分类及装备原则

### (一)项目机械设备管理的概念

项目机械设备主要是指作为大型工具使用的大、中、小型机械。项目机械设备管理是指按照机械设备的特点,在项目施工生产活动中为了解决好人、机械设备和施工生产对象之间的关系,充分发挥机械设备的优势,获得最佳的经济效益而进行的组织、计划、指挥、调节和监督等工作。

### (二)大型施工机械设备生产能力

1. 土方机械的生产能力与选择

土方机械化开挖应根据基础形式、工程规模、开挖深度、地质、地下水情况、土方量、运距、现场和机具设备条件、工期要求以及土方机械的特点等合理选择挖土机械,以充分发挥机械效率,节省机械费用,加快施工进度。土方机械化施工常用机械有:推土机、铲运机、挖掘机(包括正铲、反铲、拉铲、抓铲等)、装载机等。

2. 垂直运输机械与设备的生产能力与选择

垂直运输设施在建筑施工中担负垂直运(输)送材料设备和人员上下建筑物的功能,它是施工技术措施中不可缺的重要环节。随着高层建筑、超高层建筑、高耸工程以及超深地下工程的飞速发展,对垂直运输设施的要求也相应提高,垂直运输技术已成为建筑施工中的重要的技术领域之一。

凡具有垂直(竖向)提升(或降落)物料、设备和人员功能的设备(施)均可用于垂直运输作业,种类较多,可大致分以下五大类。

1)塔式起重机

塔式起重机具有提升、回转、水平输送(通过滑轮车移动和臂杆仰俯)等功能,不仅是重要的吊装设备,而且是重要的垂直运输设备,用其垂直和水平吊运长、大、重的物料仍为其他垂直运输设备所不及。

2)施工电梯

多数施工电梯为人货两用,少数为仅供货用。电梯按其驱动方式可分为齿条驱动和绳轮驱动两种。齿条驱动电梯又有单吊箱式和双吊箱两种,并装有可靠的限速装置,适用于20层以上建筑工程;绳轮驱动电梯为单吊箱,无限速装置,轻巧便宜,适用于20层以下建筑工程。

3)物料提升架

物料提升架包括井式提升架(简称井架)、龙门式提升架(简称龙门架)、塔式提升架(简称塔架)和独杆升降台等。

4)混凝土泵

混凝土泵是水平和垂直输送混凝土的专用设备,用于超高层建筑工程时更显示出它的优越性。按工作方式混凝土泵分为固定式和移动式两种;按泵的工作原理则分为挤压式和柱塞式两种。目前,我国已使用混凝土泵施工高度超过300 m以上的电视塔等超高层建筑。

5)采用葫芦式起重机或其他小型起重机具的物料提升设施

这类物料提升设施由小型(一般起重量在1.0 t以内)起重机具如电动葫芦、手扳葫芦、倒链、滑轮、小型卷扬机等与相应的提升架、悬挂架等构成,形成墙头吊、悬臂吊、摇头把杆吊、台灵架等,常用于多层建筑施工或作为辅助垂直运输设施。

## 二、机械设备使用计划

施工机械设备的选择是在施工方案编制时进行的。其原则是:切合需要,实际可行,经济合理;减少闲置,立足现有设备,发挥现有机械设备能力;充分利用社会机械设备租赁资源,同时要将企业自身闲置的机械设备向社会开放,打破封闭自锁的观念,为企业赢得更高的经济效益。

施工机械设备选择的方法有以下几种。

(1)综合因素评分法。

如果有多种机械的技术性能可以满足施工要求,还应对各种机械的下列特性进行综合考虑,包括:工作效率,工作质量,使用费和维修费,能源耗费量,占用的操作人员和辅助工作人员,安全性、稳定性,运输、安装、拆卸及操作的难易程度和灵活性,在同一现场服务项目的多少,机械的完好性和维修的难易程度,对汽修条件的适应性,对环境保护的影响程度等。由于项目较多,在综合考虑时,如果优劣倾向性不明显,则可用合适的方法求出综合指标,再加以比较。评分的方法较多,可以用简单评分法,也可以用加权评分法。

(2)用单位工程量成本比较优选。

在使用机械时,总要消费一定的费用,这些费用可分成两类:一类称为操作费或称为可变费用,它随着机械的工作时间而变化,如操作人员的工资、燃料动力费、小修理费、直接材料费等;另一类是按一定施工期限分摊的费用,称为固定费,如折旧费、大修理费、机械管理费、投资应付利息、固定资产占用率等。用这两类费用计算单位工程量成本的公式是:

$$单位工程量成本 = \frac{(操作时间固定费用 + 操作时间 \times 单位时间操作费)}{操作时间 \times 单位时间产量}$$

(3)用界限使用时间判断。

单位工程量成本受使用时间的制约。如果能将两种机械单位工程量成本相等时的使用时间计算出来,则决策工作更可靠,这个时间称为界限使用时间。

(4)用折算费用法进行优选。

当机械在一项工程中使用时间较长,甚至涉及购置费时,在选择时往往涉及机械的原值(投资);利用银行贷款时又涉及利息,甚至复利计息。这时,可采用折算费用法(又称等值成本法)进行计算,低者为优。

折算费用是预计机械使用时间按年或按月摊入成本的机械费用。这项费用涉及机械原值、年使用费、残值和复利利息。计算公式是:

$$年折算费用 = 每年按等值分摊的机械投资 + 每年的机械使用费$$

在考虑复利和残值的情况下:

$$年折算费用 = (原值 - 残值) \times 资金回收系数 + 残值 \times 利率 + 年度机械使用费$$

$$资金回收系数 = [i(1 + i)^n] / [i(1 + i)^n - 1]$$

式中　$i$——复利率;

　　　$n$——计利期。

## 三、机械设备控制

### (一)工程项目机械设备的来源

随着经济的持续发展,建筑施工的装备水平得到了较大提高,如土石方工程、桩基础工程、结构吊装工程、混凝土及预应力混凝土工程等,许多生产活动都是靠机械设备来完成的。机械设备的广泛使用对减轻劳动强度、提高劳动生产率、保证工程质量、降低工程成本、缩短工期都很重要。

项目需要的施工机械设备通常从本企业专业机械租赁公司或从社会的建筑机械设备租赁市场租用。分包工程任务的施工可由分包施工队伍自带施工机械设备进场。

项目经理部首先应根据施工要求选择设备技术性能适宜的施工机械,并检查机械设备资料是否齐全。例如,选择塔式起重机,如果工作幅度 50 m、臂端起重量 2 t 能满足施工需要,就不要选择更大型号的塔式起重机。同样性能的机械应优先租用性价比较好的设备。租用机械设备,特别是大型起重机和特种设备时,应认真检查出租设备的营业执照、租赁资格、机械设备安装资质及安全使用许可证、设备安全技术定期鉴定证明、机型机种在本地区注册备案资料、机械操作人员作业证等。对资料齐全、质量可靠的施工机械设备,租用双方应签订租赁协议或合同,明确双方对施工机械设备的管理责任和义务。

对于工程分包施工队伍自带设备进入施工现场的,中小型施工机械设备一般视同本企业自有设备管理要求管理。大型起重设备、特种设备一般按外租机械设备管理办法做好机务管理工作。

对根据施工需要新购买的施工机械设备，尤其是大型机械及特殊设备，应在调研的基础上，写出经济技术可行性分析报告，报告有关领导和专业管理部门审批后，方可购买。

**（二）机械设备使用管理**

1.机械设备的操作人员

机械设备实行"三定"制度（定机、定人、定岗位责任），且机械操作人员必须持证上岗。实行"三定"制度，有利于操作人员熟悉机械设备特性，熟练掌握操作技术，合理和正确地使用、维护机械设备，提高机械效率；有利于大型设备的单机经济核算和考核操作人员使用机械设备的经济效果；也有利于定员管理，工资管理。

机械操作人员持证上岗，是指通过专业培训考核合格后，经有关部门注册，操作证年审合格，并且在有效期范围内，所操作的机种与所持操作证上允许操作机种相吻合。此外，机械操作人员还必须明确机组人员责任制，并建立考核制度，奖优罚劣，使机组人员严格按规范作业，并在本岗位上发挥出最优的工作业绩。责任制应对机长、机员分别制订责任内容，对机组人员做到责、权、利三者相结合，定期考核，奖罚明确到位，以激励机组人员努力做好本职工作，使其操作的设备在一定条件下发挥出最大效能。

2.机械设备的合理使用

合理使用，就是要正确处理好管、用、养、修四者的关系，遵守机械运转的自然规律，科学地使用机械设备。

（1）新购、新制、经改造更新或大修后的机械设备，必须按技术标准进行检查、保养和试运转等技术鉴定，确认合格后，方可使用。

（2）对选用机械设备的性能、技术状况和使用要求等应作技术交底。要求严格按照使用说明书的具体规定正确操作，严禁超载、超速等拼设备的野蛮作业。

（3）任何机械都要按规定执行检查保养。机械设备的安装装置、指示仪表，要确保完好有效，若有故障应立即排除，不得带病运转。

（4）机械设备停用时，应放置在安全位置。设备上的零部件、附件不得任意拆卸，并保证完整配套。

**（三）施工机械设备的保养与维修**

1.机械设备的磨损

机械设备的磨损可分为以下 3 个阶段：

（1）磨合磨损。包括制造或大修理中的磨损和使用初期的磨合磨损，这段时间较短。此时，只要执行适当的磨合期使用规定就可降低初期磨损，延长机械使用寿命。

（2）正常工作磨损。这一阶段，零件经过磨合磨损，表面粗糙度降低了，在较长时间内基本处于稳定的均匀磨损状态。这个阶段后期，条件逐渐变坏，磨损就逐渐加快。

（3）事故性磨损。此时，由于零件配合的间隙扩展而负荷加大，磨损激增，可能很快磨损。如果磨损程度超过了极限而不及时修理，就会引起事故性损坏，造成修理困难和经济损失。

2.机械设备的保养

机械设备保养的目的是保持机械设备的良好技术状态，提高设备运转的可靠性和安全性,减少零件的磨损,延长使用寿命,降低消耗,提高机械施工的经济效益。保养分为例行保养和强制保养。

例行保养属于正常使用管理工作,它不占用机械设备的运转时间,由操作人员在机械运转间隙进行。其主要内容包括保持机械的清洁,检查运转情况,防止机械腐蚀,按技术要求润滑等。

强制保养属于是按一定周期,需要占用机械设备的运转时间而停工进行的保养。强制保养是按照一定周期和内容分级进行的。保养周期根据各类机械设备的磨损规律、作业条件、操作维护水平及经济性4个主要因素确定。

3. 机械设备的修理

机械设备的修理,是指对机械设备的自然损耗进行修复,排除机械运行的故障,对损坏的零部件进行更换、修复。机械设备的预检和修理,可以保证机械的使用效率,延长使用寿命。机械设备的修理可分为大修、中修和零星小修。

(1)大修。是对机械设备进行全面的解体检查修理,保证各零部件质量和配合要求,使其达到良好的技术状态,恢复可靠性和精度等工作性能,以延长机械的使用寿命。

(2)中修。是大修间隔期间对少数总成进行大修的一次性平衡修理,对其他不进行大修的执行检查保养。中修的目的是对不能继续使用的部分总成进行大修,使整机状态达到运转平衡,以延长机械设备的大修间隔。

(3)零星小修。一般是临时安排的修理,其目的是消除操作人员无力排除的突然故障、个别零件损坏或一般事故性损坏等问题,一般都是和保养相结合,不列入修理计划之中。大修、中修需要列入修理计划,并按计划的预检修制度执行。

# 小　结

1. 材料、设备采购的范围主要包括建设工程中所需要的大量建材、工具、用具、机械设备和电气设备等,这些材料设备占合同总价的60%以上,大致可包括工程用料、工程机械机电设备、其他辅助办公和试验设备等。

2. 工程项目采购材料、设备而选择供应商与其签订物资购销合同或加工订购合同,多采用以下3种方式:招标选择供应商、询价选择供应商、直接订购。

3. 建设工程材料、设备招标工作内容:资格预审,编制招标文件,开标、评标、定标。

4. 设备招标中的投标总价,主要采用4种报价方式:报供应商所在国的离岸价(FOB),报到达工程所在国的到岸价(CIF),报所供货物的出厂价(EXW)(仓库交货价、展室交货价、货架交货价),报送达施工现场价。在通常情况下,我国招标文件均要求国外供货的供应商报CIF价,国内供货的供应商提出厂价(EXW),如果招标文件允许以其他方式报价的,评标时需将供应商报价统一换为送达施工现场价。

5. 建设工程材料、设备的采购投标的一般程序如下:获取招标信息(招标公告或邀请投标意向书),参加资格审查,领取或购买招标文件和有关技术资料,参加技术交底和招标文件答疑会,编制投标文件,在规定的时间、地点递送投标文件,参加开标会,获取中标通知和设备方签订供货合同。

6. 材料管理主要包括以下内容:材料计划管理、材料进场验收、材料的储存与保管、材料领发、材料使用监督、材料回收、周转材料的现场管理。

7.在项目施工中,节约材料的途径主要有:A、B、C分类法,存储理论,研究材料节约的组织措施,重视价值分析理论在材料管理中的应用,正确选择降低成本的对象,改进设计研究材料代用。

8.土方机械化开挖应根据基础形式、工程规模、开挖深度、地质、地下水情况、土方量、运距、现场和机具设备条件、工期要求以及土方机械的特点等合理选择挖土机械,以充分发挥机械效率,节省机械费用,加速施工进度。土方机械化施工常用机械有:推土机、铲运机、挖掘机(包括正铲、反铲、拉铲、抓铲等)装载机等。

9.机械设备实行"三定"制度(定机、定人、定岗位责任),且机械操作人员必须持证上岗。

# 第八章　质量控制的统计分析方法

1. 了解总体、个体、样本、样本容量的概念。
2. 掌握常见统计量的计算方法。
3. 掌握质量数据的整理分析方法。

建筑结构材料的质量直接影响建筑物的主体结构安全,因此应对材料、施工质量等进行抽样检测,采用统计分析方法,取得代表质量特征的有关数据,科学评价工程质量。

## 第一节　数理统计基本知识

### 一、总体

总体也称母体,是所研究对象的全体。构成总体的基本单位,称为个体。总体中含有个体的数目通常用 $N$ 表示。

总体分为有限总体和无限总体。若总体中个体的数目 $N$ 是有限的,则该总体称为有限总体;若个体的数目是无限的,则该总体称为无限总体。当对一批产品质量检验时,该批产品是总体,其中的每件产品是个体,这时 $N$ 是有限的数值,此时总体为有限总体。当对生产过程进行检测时,应该把整个生产过程过去、现在以及将来的产品视为总体,随着生产的进行 $N$ 是无限的,此时总体为无限总体。

实践中一般把从每件产品检测得到的某一质量数据(强度、几何尺寸、重量等)即质量特性值视为个体,产品的全部质量数据的集合视为总体。

### 二、样本

样本也称子样,是从总体中随机抽取出来的个体,作为代表总体的那部分单位组成的集合体。被抽出来的个体称为样本,样本的数量称样本容量,用 $n$ 表示。

### 三、统计量

样本来自总体,由样本去推断总体的质量特征,需要对样本进行"加工"和"提炼",这就需要构造一些样本的函数,把样本中所含的某一方面(如强度、尺寸、重量)的信息集中起来。若这个样本函数不含任何未知参数,则该函数称为统计量。

常见的统计量有均值、标准差、变异系数等。其中,均值描述数据的几种趋势,标准差、变异系数描述数据的离散趋势。

#### (一)均值

均值又称算术平均数,是消除了个体之间个别偶然的差异,显示出所有个体共性和数据一般水平的统计指标,它由所有数据计算得到,是数据的分布中心,对数据的代表性好。

(1)总体均值 $\mu$:

$$\mu = \frac{1}{N}(X_1 + X_2 + \cdots + X_N) = \frac{1}{N}\sum_{i=1}^{N} X_i \tag{8-1}$$

式中　$N$——总体中个体数;

　　$X_i$——总体中第 $i$ 个的个体质量特征值。

(2)样本均值 $\bar{x}$:

$$\bar{x} = \frac{1}{n}(x_1 + x_2 + \cdots + x_n) = \frac{1}{n}\sum_{i=1}^{n} x_i \tag{8-2}$$

式中　$n$——样本容量;

　　$x_i$——样本中第 $i$ 个的个体质量特征值。

**(二)标准差**

标准差是个体数据与均值离差平方和的算术平均数的算术根,是大于 0 的正数。

标准差是表示绝对波动大小的指标,标准差值小,说明分布集中程度高,离散程度小,均值对总体(样本)的代表性好;标准差的平方是方差,有鲜明的数理统计特征,能确切说明数据分布的离散程度和波动规律,是最常用的反映数据变异程度的特征值。

(1)总体的标准差 $\sigma$:

$$\sigma = \sqrt{\frac{\sum_{i=1}^{N} (X_i - \mu)^2}{N}} \tag{8-3}$$

(2)样本的标准差 $S$:

$$S = \sqrt{\frac{\sum_{i=1}^{n} (x_i - \bar{x})^2}{n-1}} \tag{8-4}$$

样本的标准差 $S$ 是总体标准差 $\sigma$ 的无偏估计。在样本容量较大($n \geqslant 50$)时,式(8-4)中的分母 $n-1$ 可简化为 $n$。

**(三)变异系数 $C_v$**

变异系数又称离散系数,是用标准差除以算术平均数得到的相对数。它表示数据的相对离散波动程度。变异系数小,说明分布集中程度高,离散程度小,均值对总体(样本)的代表性好。

(1)总体的变异系数:

$$C_v = \frac{\sigma}{\mu} \tag{8-5}$$

(2)样本的变异系数:

$$C_v = S\sqrt{x} \tag{8-6}$$

## 四、抽样分布

统计量的分布称为抽样分布。

概率数理统计在对大量统计数据研究中,归纳总结出许多分布类型,如一般计量值数据服从正态分布,计件值数据服从二项分布,计点值数据服从泊松分布等。其中,正态分布最重要、最常见、应用最广泛。正态分布的概率密度曲线可用一个中间高、两端低、左右对称的几何图形表示,如图8-1所示。

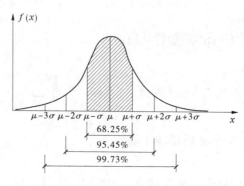

图 8-1　正态分布的概率密度曲线

# 第二节　数据抽样和统计分析方法

质量数据的抽样统计推断工作是运用统计方法在生产过程中或一批产品中,随机抽取样本,通过对样品进行检测和整理加工,从中获取样本质量数据信息,并以此为依据,以概率数理统计为理论基础,对总体的质量状况作出分析和判断。质量统计推断工作过程见图8-2。

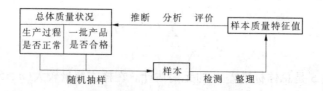

图 8-2　质量统计推断工作过程

数据的抽样统计分析,常指对收集到的有关数据资料进行整理归类并进行研究分析的过程。通常包含三个内容,即收集数据、整理数据、分析数据。

## 一、质量数据的收集

收集数据是进行统计分析的前提和基础。

### (一)材料数据的收集方法

1. 全数检验

全数检验是对总体中的全部个体逐一观察、测量、计数、登记,从而获得对总体质量水平评价结论的方法。

全数检验一般比较可靠,能提供大量的质量信息,但是消耗很多人力、物力、财力和时间,特别是不能用于具有破坏性的检验和过程质量控制,应用上具有局限性;在有限总体中,对重要的检测项目,当可采用简易快速的不破损检验方法时可选用全数检验方法。

## 2.随机抽样

抽样检验是按照随机抽样的原则,从总体中抽取部分个体组成样本,根据对样品进行检测的结果,推断总体质量水平的方法。

随机抽样检验抽取样品不受检验人员主观意愿的支配,每一个体被抽中的概率都相同,从而保证了样本在总体中的分布比较均匀,有充分的代表性,可节省人力、物力、财力、时间等,同时可用于破坏性检验和生产过程的质量监控,完成全数检测无法进行的检测项目,具有广泛的应用空间。

随机抽样的具体方法有以下几种。

### 1)简单随机抽样

简单随机抽样又称纯随机抽样、完全随机抽样,是对总体不进行任何加工,直接进行随机抽样,获取样本的方法。这种方法常用于总体差异不大,或对总体了解甚少的情况。

一般的做法是对全部个体编号,然后采用抽签、摇号、随机数字表等方法确定中选号码,相应的个体即为样品。

### 2)分层抽样

分层抽样又称分类或分组抽样,是将总体按某一特性分为若干组,然后在每组内随机抽取样品,组成样本的方法。

该方法对每组都有抽取,样品在总体中分布均匀,更具代表性,特别适用于总体比较复杂的情况。当研究混凝土浇筑质量时,可以按生产班组分组或按浇筑时间(白天、黑夜,季节)分组或按原材料供应商分组后,再在每组内随机抽取个体。

### 3)等距抽样

等距抽样又称机械抽样、系统抽样,是将个体按某一特性排队编号后均分为 $n$ 组,使每组有 $K = N/n$ 个个体的方法。如在流水作业线上每生产100件产品抽出一件产品做样品,直到抽出 $n$ 件产品组成样本。

### 4)整群抽样

整群抽样一般是将总体按自然存在的状态分为若干群,并从中抽取样品群,组成样本,然后在中选群内进行全数检验的方法。

如对原材料质量进行检测,可按原包装的箱、盒为群随机抽取,对中选箱、盒做全数检验;每隔一定时间抽出一批产品进行全数检验等。

### 5)多阶段抽样

多阶段抽样又称多级抽样,是将各种单阶段抽样方法结合使用,通过多次随机抽样来实现的抽样方法。

如检验钢材、水泥等质量时,可以对总体1万个个体按不同批次分为100群,每群100件样品,从中随机抽取8群,而后在中选的8群中的800个个体中随机抽取100个个体,这就是整群抽样与分层抽样相结合的二阶段抽样,它的随机性表现在群间和群内有两次。

## (二)数据的分布特征

### 1.质量数据的特性

### 1)个体数值的波动性

在实际质量检测中,即使在生产过程是稳定正常的情况下,同一总体(样本)的个体产品的质量特性值也是互不相同的,这种个体间表现形式上的差异性,反映在质量数据上即为个体数值的波动性、随机性。

质量特性值的变化在质量标准允许范围内波动称为正常波动,是由偶然性原因,即由人的技术水平、材质的均匀度、生产工艺、操作方法及环境等不可避免的因素引起的。若是超越了质量标准允许范围的波动则称为异常波动,如工人未遵守操作规程、机械设备发生故障或过度磨损、原材料质量规格有显著差异等情况发生,是由系统性原因引起的。

2)总体(样本)分布的规律性

当运用统计方法对这些大量丰富的个体质量数值进行加工、整理和分析后,我们又会发现这些产品质量特性值(以计量值数据为例)大多都分布在数值变动范围的中部区域,即有向分布中心靠拢的倾向,表现为数值的集中趋势;还有一部分质量特性值在中心的两侧分布,随着逐渐远离中心,数值的个数变少,表现为数值的离中趋势。质量数据的集中趋势和离中趋势反映了总体(样本)质量变化的内在规律性。

2. 质量数据分布的规律性

对大量统计数据研究中,归纳总结出许多分布类型,如一般计量值数据服从正态分布,计件值数据服从二项分布,计点值数据服从泊松分布等。其中,正态分布最重要、最常见,应用最广泛。

实践中只要是受许多起微小作用的因素影响的质量数据,都可认为是近似服从正态分布的,如构件的几何尺寸、混凝土强度等。如果是随机抽取的样本,无论它来自的总体是何种分布,在样本容量较大时,其样本均值也将服从或近似服从正态分布。

(三)质量数据的特征值

样本数据特征值是由样本数据计算的描述样本质量数据波动规律的指标。统计推断就是根据这些样本数据特征值来分析、判断总体的质量状况。

在材料的质量检测中,常用的数据特征值有均值、标准差、变异系数等。

## 二、数据的整理与分析

整理数据就是按一定的标准对收集到的数据进行归类汇总的过程。

分析数据指在整理数据的基础上,通过统计运算,得出结论的过程,它是统计分析的核心和关键。数据分析通常可分为两个层次:第一个层次是用描述统计的方法计算出反映数据集中趋势、离散程度和相关强度的具有外在代表性的指标;第二个层次是在描述统计基础上,用推断统计的方法对数据进行处理,以样本信息推断总体情况,并分析和推测总体的特征和规律。

数据的整理与分析常用的方法有以下几种。

(一)统计调查表法

统计调查表法又称统计调查分析法,它是利用专门设计的统计表对质量数据进行收集、整理和粗略分析质量状态的一种方法。

在质量控制活动中,利用统计调查表收集数据,简便灵活,便于整理,实用有效。它没有固定格式,可根据需要和具体情况,设计出不同统计调查表。常用的统计调查表有:

(1)分项工程作业质量分布调查表;

(2)不合格项目调查表;

（3）不合格原因调查表；

（4）施工质量检查评定用调查表等。

**（二）分层法**

分层法又叫分类法，是将调查收集的原始数据，根据不同的目的和要求，按某一性质进行分组、整理的分析方法。分层法是质量控制统计分析方法中最基本的一种方法。

分层的结果使数据各层间的差异突出地显示出来，层内的数据差异减少了。在此基础上再进行层间、层内的比较分析，可以更深入地发现和认识质量问题的原因。由于产品质量是多方面因素共同作用的结果，因而对同一批数据，可以按不同性质分层，使我们能从不同角度来考虑、分析产品存在的质量问题和影响因素。

**（三）排列图法**

排列图法是利用排列图寻找影响质量主次因素的一种有效方法。它是由两个纵坐标、一个横坐标、几个连起来的直方形和一条曲线所组成，如图8-3所示。左侧的纵坐标表示频数，右侧纵坐标表示累计频率，横坐标表示影响质量的各个因素或项目，按影响程度大小从左至右排列，直方形的高度示意某个因素的影响大小。

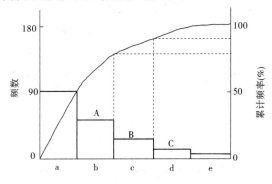

**图 8-3　排列图示例**

实际应用中，通常按累计频率划分为（0 ~ 80%）、（80% ~ 90%）、（90% ~ 100%）三部分，与其对应的影响因素分别为 A、B、C 三类。A 类为主要因素，B 类为次要因素，C 类为一般因素。

排列图可以形象、直观地反映主次因素。其主要应用有：

（1）按不合格点的内容分类，可以分析出造成质量问题的薄弱环节。

（2）按生产作业分类，可以找出生产不合格品最多的关键过程。

（3）按生产班组或单位分类，可以分析比较各单位技术水平和质量管理水平。

（4）将采取提高质量措施前后的排列图对比，可以分析措施是否有效。

（5）此外，还可以用于成本费用分析、安全问题分析等。

**（四）因果分析图法**

因果分析图法是利用因果分析图来系统整理分析某个质量问题（结果）与其产生原因之间关系的有效工具。因果分析图因其形状常被称为树枝图或鱼刺图。

因果分析图基本形式如图8-4所示。从图可见，因果分析图由质量特性（即质量结果指某个质量问题）、要因（产生质量问题的主要原因）、枝干（指一系列箭线表示不同层次的原因）、主干（指较粗的直接指向质量结果的水平箭线）等组成。

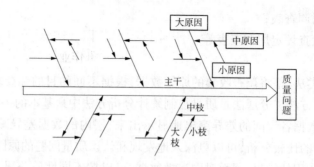

**图 8-4  因果分析图的基本形式**

使用因果分析图法时应注意的事项如下：

（1）一个质量特性或一个质量问题使用一张图分析。

（2）通常采用小组活动的方式进行，集思广益，共同分析，必要时可以邀请小组外有关人员参与，广泛听取意见。

（3）分析是要充分发表意见，层层深入，列出所有可能的原因。

（4）在充分分析的基础上，由各参与人员采取投票或其他方式，从中选择 1~5 项多数人达成共识的主要原因。

**（五）直方图法**

直方图法即频数分布直方图法，它是将收集到的质量数据进行分组整理，绘制成频数分布直方图，用以描述质量分布状态的一种分析方法。用随机抽样方法抽取的数据，一般要求数据在 50 个以上。

1. 通过直方图的形状，判定生产过程是否有异常

常见的直方图形状如图 8-5（a）所示。横坐标代表质量特性，纵坐标代表频数或频率。直方图的分布形状及分布区间宽窄是由质量特性统计数据的平均值和标准差所决定的。

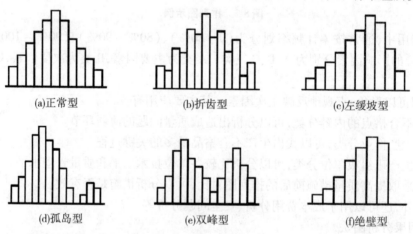

**图 8-5  常见的直方图形状**

正常型直方图如图 8-5（a）所示，中间高，两侧低，左右接近对称。反映生产过程质量处于正常、稳定状态。当出现非正常型直方图时，表明生产过程或收集数据作图有问题。

折齿型直方图，是数据分组太多，测量仪器误差过大或观测数据不准确等造成的，此时

应重新收集数据和整理数据。

左(或右)缓坡型直方图,主要是操作中对上限(或下限)控制太严造成的。

孤岛型直方图,是原材料发生变化,或者临时他人顶班作业造成的。

双峰型直方图,是由于用两种不同方法或两台设备或两组工人进行生产,然后把两方面数据混在一起整理产生的。

绝壁型直方图,是数据收集不正常,可能有意识地去掉下限以下的数据,或是在检测过程中存在某种人为因素所造成的。

2. 直方图的分析及应用

通过对正常型直方图进行观察与分析,可了解产品质量的波动情况,掌握质量特性的分布规律,以便对质量状况进行分析判断。同时可通过质量数据特征值的计算,估算施工生产过程总体的不合格品率,评价过程能力等。

(1)正常型直方图与质量标准相比较,一般有6种情况,如图8-6所示。

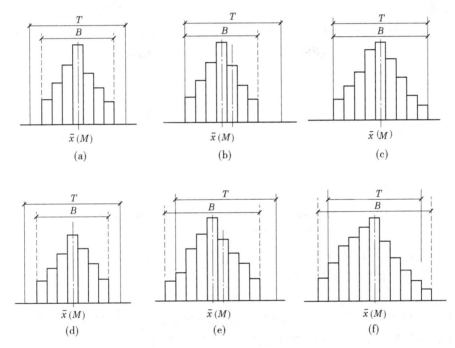

$T$—质量标准要求界限;$B$—实际质量特性分布范围

**图8-6 实际质量分析与标准比较**

①如图8-6(a)所示,$B$在$T$中间,质量分布中心与质量标准中心$M$重合,实际数据分布与质量标准相比较两边还有一定余地。这样的生产过程质量是很理想的,说明生产过程处于正常的稳定状态。在这种情况下生产出来的产品可认为全都是合格品。

②如图8-6(b)所示,$B$虽然落在$T$内,但质量分布中心与$T$的中心$M$不重合,偏向一边。这样如果生产状态一旦发生变化,就可能超出质量标准下限而出现不合格品。出现这样情况时应迅速采取措施,使直方图移到中间来。

③如图8-6(c)所示,$B$在$T$中间,且$B$的范围接近$T$的范围,没有余地,生产过程一旦发生小的变化,产品的质量特性值就可能超出质量标准。出现这种情况时,必须立即采取措

施,以缩小质量分布范围。

④如图8-6(d)所示,$B$ 在 $T$ 中间,但两边余地太大,说明加工过于精细,不经济。在这种情况下,可以对原材料、设备、工艺、操作等控制要求适当放宽些,有目的地使 $B$ 扩大,从而有利于降低成本。

⑤如图8-6(e)所示,质量分布范围 $B$ 已超出标准下限之外,说明已出现不合格品。此时必须采取措施进行调整,使质量分布位于标准之内。

⑥如图8-6(f)所示,质量分布范围完全超出了质量标准上、下界限,散差太大,产生许多废品,说明过程能力不足,应提高过程能力,使质量分布范围 $B$ 缩小。

（2）统计特征值的应用。

在质量控制中,可通过计算数据的统计特征值,进一步定量地描述直方图所显示的质量分布状况,用以估算总体(某一生产过程)的不合格品率,评价过程能力等。

①估算总体的不合格品率。

当计算出样本的均值 $\bar{x}$ 和标准差 $S$ 后,估计总体的均值 $\mu$ 和标准差 $\sigma$,并绘出总体的质量分布曲线。如果曲线与横坐标值围成的面积有超出公差标准上、下限以外的部分,就是总体的不合格品率,如图8-7所示。

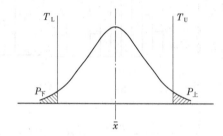

$T_U$、$T_L$—公差标准的上、下限;$P_上$、$P_下$—超上、下限的不合格品率

**图8-7　总体产品不合格率示意图**

根据标准正态分布,即可求得 $P_上$、$P_下$。

不合格品率合计为:$P = P_上 + P_下$。

②评价过程能力。

过程能力指产品生产的每个过程对产品质量的保证程度,反映的是处于稳定生产状态下的过程的实际加工能力。过程能力的高低可以用标准差 $\sigma$ 的大小来衡量。$\sigma$ 越小则过程越稳定,过程能力越强;$\sigma$ 越大过程越不稳定,过程能力越弱。

# 小　结

总体也称母体,是所研究对象的全体。构成总体的基本单位称为个体。被抽出来的个体称为样本,样本的数量称样本容量。常见的统计量有均值、标准差、变异系数等。其中,均值描述数据的集中趋势,标准差、变异系数描述数据的离散趋势。

数据的抽样统计分析,常指对收集到的有关数据资料进行整理归类并进行研究分析的过程。通常包含三个内容,即收集数据、整理数据、分析数据。数据的整理与分析常用的方法有:统计调查表法、分层法、排列图法、因果分析图法、直方图法、控制图法。

# 参 考 文 献

[1] 中华人民共和国住房和城乡建设部.GB 50009—2012 建筑结构荷载规范[S].北京:中国建筑工业出版社,2012.

[2] 中华人民共和国住房和城乡建设部.GB 50011—2010 建筑抗震设计规范[S].北京:中国建筑工业出版社,2010.

[3] 中华人民共和国住房和城乡建设部.GB 50010—2011 砌体结构设计规范[S].北京:中国建筑工业出版社,2011.

[4] 中华人民共和国建设部.GB 50017—2003 钢结构设计规范[S].北京:中国建筑工业出版社,2003.

[5] 中华人民共和国住房和城乡建设部.GB 50007—2011 建筑地基基础设计规范[S].北京:中国建筑工业出版社,2011.

[6] 吴承霞.混凝土与砌体结构[M].北京:中国建筑工业出版社,2012.

[7] 沈祖炎.钢结构基本原理[M].北京:中国建筑工业出版社,2012.

[8] 陈绍蕃.钢结构设计原理[M].北京:科学出版社,1998.

[9] 吕西平,周德源.建筑结构抗震设计原理与实例[M].上海:同济大学出版社,2002.

[10] 全国二级建造师执业资格考试用书编写委员会.建设工程项目管理[M].北京:中国建筑工业出版社,2011.

[11] 王立霞.项目施工组织与管理[M].郑州:郑州大学出版社,2007.

[12] 王辉.建设工程施工项目管理[M].北京:冶金工业出版社,2009.

[13] 姚玉娟,翟丽旻.建筑施工组织与管理[M].北京:北京大学出版社,2009.

[14] 河南建筑职业技术学院.建筑施工组织[DB/OL]. http://jpkc.hnjs.com.cn:8080/C6/Course/Index.htm.

[15] 中华人民共和国建设部.GB 50019—2003 采暖通风与空气调节设计规范[S].北京:中国计划出版社,2004.

[16] 高明远.建筑设备工程[M].3版.北京:中国建筑工业出版社,2005.

[17] 王付全,杨师斌.建筑设备[M].北京:科学出版社,2011.

[18] 韦节廷.建筑设备工程[M].武汉:武汉理工大学出版社,2010.

[19] 周业梅.建筑设备识图与施工工艺[M].北京:北京大学出版社,2012.

[20] 汤万龙.建筑设备[M].北京:化学工业出版社,2010.

[21] 邵正荣,张郁,宋勇军.建筑设备[M].北京:北京理工大学出版社,2011.

[22] 王东萍,王维红.建筑设备工程[M].哈尔滨:哈尔滨工业大学出版社,2009.

[23] 张思忠.建筑设备[M].郑州:黄河水利出版社,2011.

[24] 陈明彩,毛颖.建筑设备安装识图与施工工艺[M].北京:北京理工大学出版社,2009.

[25] 中华人民共和国建设部.GB 50016—2006 建筑设计防火规范[S].北京:中国计划出版社,2006.

[26] 中华人民共和国住房和城乡建设部.GB 50015—2003(2009年版) 建筑给水排水设计规范[S].北京:中国计划出版社,2010.

[27] 中华人民共和国建设部.GB 50242—2002 建筑给水排水及采暖工程施工质量验收规范[S].北京:中国建筑工业出版社,2002.

[28] 中华人民共和国建设部.GB 50243—2002 通风与空调工程施工质量验收规范[S].北京:中国计划

出版社,2002.

[29] 王明昌.建筑电工学[M].重庆:重庆大学出版社,2010.

[30] 徐晓宁.建筑电气设计基础[M].广州:华南理工大学出版社,2007.

[31] 张瑞生.建筑工程安全管理[M].武汉:武汉理工大学出版社,2007.

[32] 卢军.建筑环境与设备工程概论[M].重庆:重庆大学出版社,2003.

[33] 本书编写组.建筑施工手册[M].4版.北京:中国建筑工业出版社,2004.

[34] 中华人民共和国建设部.GB 50300—2001 建筑工程施工质量验收统一标准[S].北京:中国建筑工业出版社,2002.

[35] 姚谨英.建筑施工技术[M].4版.北京:建筑工业出版社,2012.

[36] 中华人民共和国建设部.GB 50208—2002 地下防水工程质量及验收规范[S].北京:中国建筑工业出版社,2002.

[37] 中华人民共和国建设部.GB 50207—2002 屋面工程质量验收规范[S].北京:中国建筑工业出版社,2002.

[38] 钟汉华,李念国.建筑工程施工工艺[M].北京:北京大学出版社,2009.

[39] 中华人民共和国住房和城乡建设部.GB 50204—2002 混凝土结构工程施工质量验收规范(2011年版)[S].北京:中国建筑工业出版社,2011.

[40] 夏锦红.建筑力学[M].郑州:郑州大学出版社,2007.

[41] 刘志宏.建筑工程基础(下)[M].南京:东南大学出版社,2005.

[42] 滕春,朱缨.建筑识图与构造[M].武汉:武汉理工大学出版社,2012.

[43] 肖芳.建筑构造[M].北京:北京大学出版社,2012.

[44] 李少红.房屋建筑构造[M].北京:北京大学出版社,2012.

[45] 赵妍.建筑识图与构造[M].2版.北京:中国建筑工业出版社,2008.

[46] 王崇杰.房屋建筑学[M].2版.北京:中国建筑工业出版社,2008.

[47] 金勇进.抽样:理论与应用[M].北京:高等教育出版社,2010.

[48] 茆诗松,吕晓玲.数理统计学[M].北京:北京大学出版社,2012.

[49] 冯士雍,倪加勋,邹国华.抽样调查理论与方法[M].2版.北京:中国统计出版社,2012.

[50] 刘纯霞,苏元涛.统计学[M].北京:中国商业出版社,2012.

[51] 朱缨,关瑞.建设工程招投标与合同管理[M].北京:西苑出版社,2011.

[52] 全国一级建造师执业资格考试用书编写委员会.建设工程项目管理[M].北京:中国建筑工业出版社,2011.